U0201793

芯科技

现代集成电路制造技术

Integrated Circuit Fabrication

（印）库玛尔·舒巴姆　安卡·古普塔　著
Kumar Shubham　Ankaj Gupta

石广丰　张景然　译

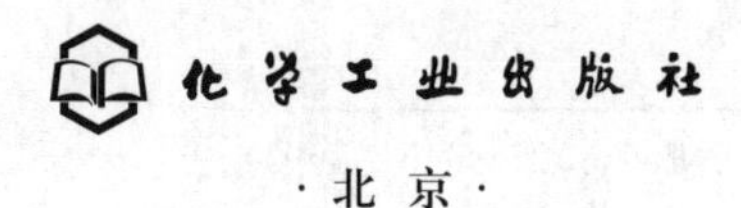

化学工业出版社
·北京·

内容简介

本书详细介绍了半导体芯片制造中的晶片制备、外延、氧化、光刻、蚀刻、扩散、离子注入、薄膜沉积、封装以及VLSI工艺集成等内容，涵盖了集成电路制造工艺流程中主要步骤。本书图文并茂，内容全面，理论与实践紧密结合，有助于从事集成电路和半导体相关工作的技术人员迅速了解集成电路制造技术的关键工艺。

本书可供半导体制造领域从业者阅读，也可供高校微电子、集成电路等相关专业教学参考。

Integrated Circuit Fabrication 1st Edition by Kumar Shubham and Ankaj Gupta
ISBN：978-1-032-01429-6

北京市版权局著作权合同登记号：01-2024-0778

图书在版编目（CIP）数据

现代集成电路制造技术/（印）库玛尔·舒巴姆（Kumar Shubham），（印）安卡·古普塔（Ankaj Gupta）著；石广丰，张景然译. —北京：化学工业出版社，2024.7
书名原文：Integrated Circuit Fabrication
ISBN 978-7-122-45481-2

Ⅰ.①现… Ⅱ.①库… ②安… ③石… ④张… Ⅲ.①集成电路工艺 Ⅳ.①TN405

中国国家版本馆CIP数据核字（2024）第080527号

责任编辑：贾　娜　毛振威　　　装帧设计：史利平
责任校对：边　涛

出版发行：化学工业出版社
（北京市东城区青年湖南街13号　邮政编码100011）
印　　装：河北鑫兆源印刷有限公司
710mm×1000mm　1/16　印张16½　字数317千字
2024年8月北京第1版第1次印刷

购书咨询：010-64518888　　　售后服务：010-64518899
网　　址：http://www.cip.com.cn
凡购买本书，如有缺损质量问题，本社销售中心负责调换。

定　　价：128.00元

译者的话

本书是由印度 Delhi Technical Campus 的 Kumar Shubham 和 Ankaj Gupta 两位学者共同编著而成的。本书系统地论述了集成电路制造工艺流程中主要步骤及其基本理论，包含了该领域的技术重点和难点，是作者多年科学研究的成果结晶。本书具有以下突出特点。

1. 全面性：本书涵盖了集成电路制造工艺的主要步骤，依次介绍了外延、氧化、光刻、蚀刻、扩散、离子注入、薄膜沉积、封装全套工艺流程。

2. 新颖性：本书引用了 400 多篇参考文献，其中 30% 是在过去十年中发表的，包括 200 多幅技术插图，其中 45% 是最新的。

3. 适用性：本书在每章末尾列出了习题，这些习题有利于读者对本章内容的理解与深化，适合作为教学和培训的教材。

目前，我国已成为半导体行业的制造大国，但还不是制造强国。我国作为全球最大的半导体市场，对集成电路产品的需求持续快速增长。掌握核心技术、开展集成电路制造装备及成套工艺技术攻关显得尤其重要。在这种发展趋势和技术需求背景下，本书对于国内致力于集成电路制造领域研究的学生、研究人员、工程师等人员将提供有益帮助。

本书由长春理工大学石广丰教授、张景然副教授翻译，其他参与辅助工作的人员包括长春理工大学车建伟博士，以及硕士研究生：孙赫禹、刘纪业、兰奇、赫灵川、于明、杨永明、毛宇航、李晶、李子东、李胜、管延吉。

本书的翻译力图保持原著的表达形式和写作风格，但限于译者的学识和专业水平，译文中难免有疏漏和不当之处，敬请广大读者批评指正。

译　者

原著前言

本书综述了集成电路制造技术，供工程技术学科的学生使用，对从事集成电路制造工艺的专业人士也会有非常大的帮助。本书涵盖了集成电路制造工艺流程中主要步骤的理论和实践，它既便于用作集成电路制造方面整学期课程的授课教材，也可以作为半导体行业工程技术人员和科研人员的参考书。

在快速发展的工业领域，集成电路对技术的要求越来越高，机会增加得也越来越多。集成电路技术开发和应用领域的快速进步使得微电子制造工程作为一个独立学科而出现。

集成电路制造方面的教材通常将该技术的工艺流程划分为许多单元过程，而这些单元过程对于形成集成电路来说过于重复。很多读者学过这些教材后，很难完整地形成自己的一套系统的理论，这些教材缺乏系统性。

本书组成：

第 1 章简要介绍了主要半导体器件的历史概况和重要技术发展，以及基本的制造步骤，介绍了晶体生长和单晶硅制备工艺。

第 2 章介绍了外延。外延的目的是生成一层厚度均匀、电学性能可精确控制的硅，从而为后续的器件加工提供完美的衬底。

第 3 章介绍了硅的氧化。它指的是硅片到氧化硅（SiO_2 或更通常表示为 SiO_x）的转换。硅形成氧化层的能力非常重要，这是选择硅而不是锗的原因之一。

第 4 章讨论光刻技术。它是将掩模上几何形状图样转移到覆盖在半导体晶片表面的辐射敏感材料薄层（称为光刻胶）的工艺。

第 5 章介绍蚀刻工艺，包括不同材料的干法蚀刻和湿法蚀刻工艺。

第 6 章介绍扩散，即向高温下的晶片表面添加掺杂剂的整个工艺。

第 7 章讨论了离子注入技术。离子注入技术可取代集成电路制造中的扩散工艺，从而实现可靠且重复的掺杂。

第 8 章介绍了薄膜沉积技术，包括电介质薄膜沉积和金属化两部分。它包含在集成电路中用作钝化材料的 SiO_2 和 Si_3N_4 薄膜沉积。金属化是指硅衬底上制造的各种器件结构电气互连的金属层。薄膜铝是使用最广泛的金属化材料，被认为是集成电路制造中的第三大主要材料成分，另外两个是硅和 SiO_2。

第 9 章介绍了封装技术，这是集成电路制造的最后阶段。在这个阶段，半导体材料的微型块被封装在一个支撑容器中，以防止物理损坏和腐蚀。

第 10 章都是关于超大规模集成（VLSI）工艺的内容。它介绍了集成硅的工艺步骤和创建硅器件的基本原理。

本书引用了超过 400 个参考文献，其中 30%是最近十年出版的，同时包括 200 多种技术的说明，其中 45%是新技术。每章末尾的习题组成了相应主题发展不可或缺的一部分。我们还尝试了在每个章节结束的位置加入了对未来趋势的一些讨论。本书叙述紧密、条理清晰，与该领域一般性主题的其它教科书有所不同。

如果您能对本书提出进一步的改进建议，我们将不胜感激。

著　者

目录

第1章 硅（Si）晶片处理概论

1.1 简介

设计一台像笔记本电脑或移动电话这样体积紧凑的复杂电子装置时，为了使设备性能更加先进总是需要增加其内在的组件数量，而这类装置的逻辑运算部分是通过半导体材料制成的集成电路来实现的。单片集成电路把原本分离的二极管、晶体管、电阻器、电容器和所有连接线路放置在同一个单晶（或“芯片”）上。曾经有两个互不了解的发明家几乎在同一时间发明了近乎相同的集成电路，这表明单片集成电路注定要被发明出来。

1958 年，德州仪器公司主研陶瓷丝印电路板和晶体管助听器的工程师杰克·基尔比（Jack Kilby）与工程师罗伯特·诺伊斯（Robert Noyce）提出了同样的想法，就是在单个芯片上制作整个电路。罗伯特·诺伊斯曾于 1957 年与他人联合创立了仙童半导体公司。

杰克·基尔比说：“我们没有意识到集成电路会将电子功能的成本降低至百万分之一，以前没有任何东西能做到这一点。”

1961 年，第一个商用集成电路来自仙童半导体公司。

图 1.1 Jack Kilbe（左图）和 Robert Noyce（右图）

杰克·基尔比是著名的便携式计算器的发明者（1967 年），拥有六十多项发明专利，1970 年被授予美国国家科学奖章。1968 年，罗伯特·诺伊斯创立了英特尔公司，该公司主营微处理器的发明，拥有 16 项专利。这两个人发明的集成电路在历史上是人类最重要的创新之一，因为几乎所有的现代产品都使用芯片技术。基尔比使用锗作为半导体材料，而诺伊斯使用硅。

所有的计算机都开始使用芯片制造代替组装单个晶体管及其附属部件。1962年，德州仪器公司首次在空军计算机和“民兵”导弹中使用了芯片技术，之后又生产了第一台便携式电子计算器。第一批集成电路只有一个晶体管、三个电阻和一个电容，电容的尺寸就同成年人小拇指的大小一样。而现在，一个小于一分钱硬币的集成电路可以容纳超过10亿个晶体管。

集成电路的优点如下：

① 由于减小了器件的尺寸，其具有尺寸小的优点；

② 由于拥有较小的尺寸，其具有重量轻的优点；

③ 由于拥有较小的尺寸和较低的阈值功率要求，其具有功率要求低的优点；

④ 由于大规模生产和材料廉价，其具有成本低的优点；

⑤ 由于没有焊点，其具有可靠性高的优点；

⑥ 由于具有便利性强的优点，其为大量的集成设备和组件提供了便利；

⑦ 由于提高了器件性能，即使在高频区域也有良好的性能。

集成电路的缺点如下：

① 集成电路电阻的范围有限；

② 由于体积庞大，一般电感不能用在集成电路中；

③ 变压器不能使用集成电路形成。

1.2 超大规模集成电路的产生

以前，第一批半导体集成电路芯片由一个晶体管、三个电阻和一个电容组成，现在，技术的进步使得芯片中可增加越来越多的晶体管。

最早出现的是小规模集成电路（SSI），后来技术的进步实现了拥有数百万到数十亿逻辑门的器件——超大规模集成电路（VLSI）。

当今的微处理器有数百万个逻辑门和晶体管。英特尔联合创始人戈登·摩尔在1965年发表了一篇关于集成电路技术未来预测的文章。

摩尔定律指出“更小、更紧凑、更便宜和更高效集成电路”的原则。戈登·摩尔的经验关系以多种形式被引用，但它的基本论点是每隔18个月在单个芯片上制造的晶体管数量将翻一番。

1969年，威克斯在他的论文中根据在单个芯片上实现的逻辑门的数量，把SSI、中等规模集成电路（MSI）和大规模集成电路（LSI）进行分类，其中单个等效逻辑门被视为基本构造块。SSI是具有1～10个等效逻辑门的电路，MSI是具有10～100个逻辑门的电路，LSI是具有100个以上逻辑门的电路。例如，随机存取双极存储模块具有大约500个等效逻辑门，而其它高级模块预计具有4倍的数量。

大规模集成电路成功后，超大规模集成电路、特大规模集成电路（ELSI）、超特大规模集成电路（ULSI）已经能执行非常复杂的逻辑功能，或者在很短的时间内执行大量简单的逻辑功能。

第一代集成电路只包含数十个晶体管的电路，被称为“小规模集成电路”。

小规模集成电路用于早期的航空航天项目和导弹项目，当时的两个主要项目“民兵”导弹和阿波罗计划的惯性制导系统中都需要轻型数字计算机。阿波罗计划促进了集成电路技术的发展，“民兵”导弹使其进入了大规模生产阶段，进而使小规模集成电路商业化。1960—1963 年，这些项目几乎全部依靠集成电路来实现，并通过改进生产技术来降低成本，使生产成本从 1000 美元/电路（以 1960 年的美元计算）降至仅 25 美元/电路（以 1963 年的美元计算）。在国防工业成功实现之后，集成电路开始出现在消费者产品中，典型的应用就是电视接收机中的调频载波间声音处理。

20 世纪 60 年代末，集成电路发展为在每个芯片上引入数百个晶体管，称为中等规模集成电路。

MSI 比 SSI 更有吸引力，处理速度更快，允许使用更小的电路板生产更复杂的系统，具有更少的组装工作（因为有更少的独立组件），以及许多其它优势，但它们的生产成本并不比 SSI 设备高。

第一代和第二代微处理器、计算机存储器、计算器芯片引领了大规模商业生产用集成电路的进一步发展，因此 LSI 在 20 世纪 70 年代初开始出现，每个芯片上包含数万个晶体管，最后从 1974 年至 20 世纪 80 年代初发展到每个芯片上包含数十万个晶体管的 VLSI，进而到数百万个晶体管。这导致了不同新产品中芯片生产使用量的增加，以及芯片尺寸的缩小和成本的降低。图 1.2 为 LSI 技术。

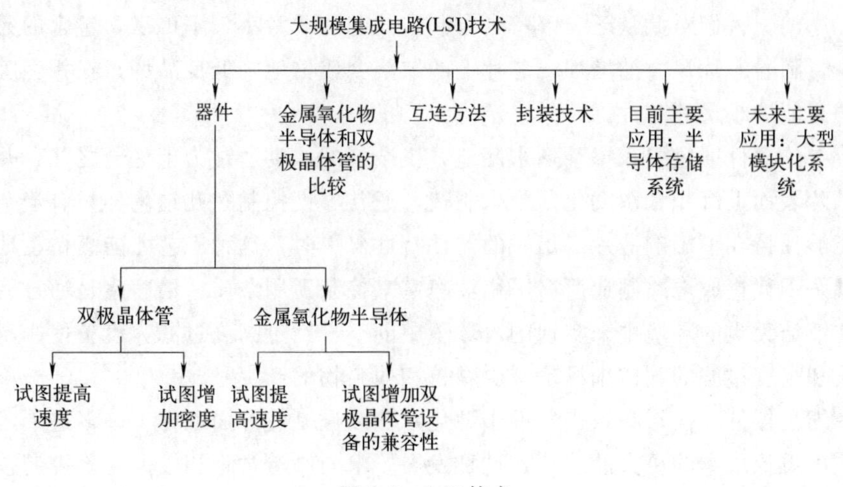

图 1.2　LSI 技术

表 1.1 中也给出了一种集成电路尺度划分的方法。

表 1.1 集成电路尺度划分

集成规模	晶体管数量	功能
小规模集成电路(SSI)	少于 10	输入和输出门直接连接到封装上
中等规模集成电路(MSI)	10～99	执行数字功能,如解码器、加法器、寄存器
大规模集成电路(LSI)	100～9999	包括数字系统,如处理器、内存芯片和可编程模块
超大规模集成电路(VLSI/ULSI)	10000～99999	包括大型存储阵列和复杂的微计算机芯片

在 2000 年以前，每个芯片中约有 1 亿个器件，但 2011 年约有 10 亿个，这一增长率显示出在定义、设计和处理复杂芯片方面的困难。当今集成电路中使用的器件主要是互补金属氧化物半导体（CMOS）、双极性 CMOS（Bi-CMOS）、砷化镓材料（GaAs）和鳍式场效应晶体管（FinFET）。在 1980 年 VLSI 时代开始时，芯片最小特征尺寸为 2μm，2000 年缩小到 0.1μm，2011 年缩小到 0.022μm。器件小型化导致成本降低、性能提高。自 1960 年以来，设备运行速度提高了四个数量级。一方面的好处是，更高的速度可提高集成电路功能处理能力，数字集成电路能够以 10Gbit/s 或更高的速率执行数据处理、数值计算和信号调理；另一方面的好处是降低功耗，因为器件变得更小，所以功耗更低，并且减少了每次开关操作所用的能量。

1.3 洁净室

1965 年的芯片制造工厂是脏乱的，晶片（wafer，也译作晶圆、圆片）清洗程序是无序的，人们对此缺乏了解。当时制造的芯片非常小、不可靠，包含的元件也非常少。随着芯片尺寸的增加，芯片上的缺陷会成倍地降低良品率，在相当脏乱的环境中只能造小尺寸芯片。

半导体器件通过引入掺杂剂来制造，掺杂剂的浓度通常为十亿分之几，并且通过在晶片表面上沉积和图案化薄膜来制造，通常厚度控制在几纳米。只有当杂散污染物能够保持在不影响芯片产出时的器件特性水平时，这种工艺才能高精度地制造和再现。现代集成电路制造厂房采用洁净室来控制无用杂质。洁净室是通过将芯片制造在清洁无尘的环境中来实现的，环境中的空气经过高度过滤，设备使用超纯化学物质和高度过滤的气体来尽量减少颗粒和残余物的产生。

在缩小器件几何形状（指器件小型化）和改进制造方面取得了许多进展，才可以制造出更低成本的更大的芯片。这种发展要求与制造过程相关的缺陷控制技术也要改善。表 1.2 总结了美国半导体行业协会（SIA）的数据。

表 1.2　半导体行业增长对缺陷尺寸、密度和污染水平的潜在影响

动态随机存储器(DRAM)的出货年份	1999	2003	2006	2009	2012	2015
临界缺陷尺寸/nm	90	65	50	35	25	18
起始晶圆总的局部光散射(LLS)/cm^{-2}	0.29	0.14	0.06	0.03	0.015	0.05
DRAM 绝缘体上锗(GOI)缺陷密度/cm^{-2}	0.03	0.014	0.006	0.003	0.001	0.001
逻辑 GOI 缺陷密度/cm^{-2}	0.15	0.08	0.05	0.04	0.03	0.01
标准晶圆 Fe 总浓度/cm^{-2}	1×10^{10}	低于 1×10^{10}	低于 1×10^{10}	低于 1×10^{10}	低于 1×10^{10}	低于 1×10^{10}
清洁后晶片表面上的关键金属/cm^{-2}	4×10^9	2×10^9	1×10^9	$<10^9$	$<10^9$	$<10^9$
起始材料复合寿命/μs	≥325	≥325	≥325	≥450	≥450	≥450

显而易见，必须确保芯片制造工厂尽量清洁。即使在超净的环境中，且经常彻底地清洁晶片，要实现所有杂质都被排除在硅晶片之外也是不现实的。杂质/掺杂剂/灰尘的临界粒度大约是器件最小特征尺寸的一半，大于该尺寸的颗粒很有可能导致制造缺陷。在集成电路制造过程中，晶片的加工和处理流程非常多。

生产芯片的制造单位必须拥有清洁的设备。沉积在硅片上并导致缺陷的颗粒可能有许多来源，包括人体接触的灰尘、加工化学品的机器、工艺和残留气体。这种颗粒可能是空气传播的，也可能悬浮在液体或气体中。通常用“10 级”或“100 级”来表征集成电路设施中的空气洁净度。图 1.3 说明了这些术语的含义。

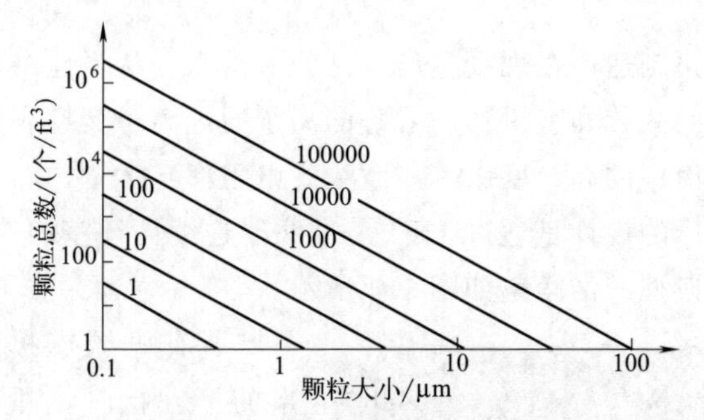

图 1.3　各类洁净室的粒度分布曲线。纵轴表示大于给定颗粒尺寸的颗粒总数

10 级表示在制造单元中，每立方英尺[1]空气里尺寸大于 0.5μm 的微粒总数少于 10 个。一般大学教室大约是 100000 级，而在当今先进制造的设施里，关键区域的空气洁净度通常为 1 级。这种等级的洁净度是通过空气过滤和循环相结合、洁净室设计以及通过认真消除特定污染源得到的。

[1] 英尺，ft。1ft＝0.3048m。

在制造厂的空气中，微粒通常有以下几个主要来源，包括在工厂中工作的人员、工厂中所操作的机器以及带入工厂的消耗品。许多研究也已经表明了各种微粒来源以及各种微粒来源的相对重要性。例如，人们每分钟通常会在每平方厘米的表面上排放几百个微粒。衣服、皮肤与头发的实际微粒排放率是不同的，但最终结果显示，一般人每分钟能排放500万～1000万个微粒。因此大多数的现代化集成电路制造厂使用机器人来处理晶片，尽量减少人类的处理工作，从而减少微粒的污染。

减少微粒首先要尽量减少它们的来源。工厂里的人们应该穿上“兔子服”(Bunny Suit，防护服)，从而遮住他们的身体和衣装，也可以避免来自这些地方的微粒排放，同时佩戴面罩以及单独的空气过滤器以防止呼出的微粒进入室内空气。在洁净室入口处设置几分钟的风淋，以便在人们进入洁净室之前将松散的微粒物吹走，同时执行洁净室规程，以尽量减少微粒物的产生。工厂中处理晶片的机器是专门设计的，以尽量减少微粒的产生，并选择在工厂内部使用尽量减少微粒排放的材料。

微粒源永远不可能完全消除，但是可以使用持续的空气过滤来去除产生的微粒，这是使空气通过高效微粒空气（HEPA）过滤器再循环来实现的。这些过滤器由超细玻璃纤维（直径$<0.5\mu m$）的多孔薄片组成。室内空气以大约50cm/s的速度通过过滤器。较大的微粒被过滤器截留，当纤维通过过滤器时，小微粒会撞击纤维，并主要通过静电力黏附在这些纤维上。HEPA过滤器对空气颗粒的净去除率达99.98%。

大多数集成电路制造厂在现场生产自己的清洁水，从当地供水开始，这些水经过过滤来去除溶解的微粒和有机物。溶解的离子通过离子交换或反渗透去除，就得到了在工厂中大量使用的高纯度水（兆欧级高电阻率）。

现代芯片制造厂的设计是通过HEPA过滤器连续循环室内空气的，以保持10级或1级的环境。典型的洁净室如图1.4所示。

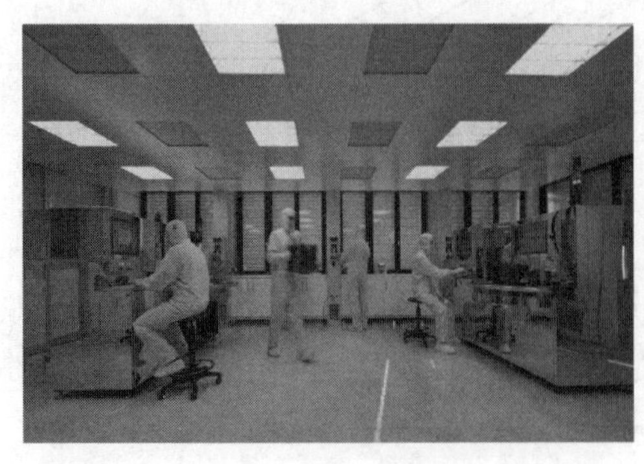

图1.4　典型现代集成电路制造洁净室
（图片由graphene. manchester. ac. uk提供）

所有机械支撑设备都位于洁净室的下方，以尽量减少这些机器的污染。HEPA过滤器位于洁净室的天花板上。循环空气的风扇通常放置在HEPA过滤器的上方。在洁净室内部，指状墙或凹槽为空气回流提供了一条通道，同时引入电力、蒸馏水和气体。科学家和工程师们穿着“兔子服”，以尽量减少微粒排放。

1.4 半导体材料

半导体是一类具有独特性质的材料，通过引入掺杂剂可以在很广的范围内控制其导电性。掺杂剂是一类原子，通常在其最外层的壳层中含有的电子比宿主半导体多一个或少一个。与宿主原子相比，它们提供了一个额外的电子或一个缺失的电子（“空穴”）。这些多余的电子和空穴是半导体器件中的载流子。集成电路的关键在于控制半导体晶体的局部掺杂和局部电子特性。

元素半导体本质上具有共价键或共享排列，会填充每个原子的整个外壳层，形成一个稳定的结构，其中所有电子都至少要在非常低的温度下与原子结合。这种结合方式的元素位于元素周期表的第Ⅳ列，如图1.5所示。这种同类型的键排列可以通过元素周期表中其它列元素的混合来产生，也被称为化合物半导体。例如，GaAs由交替的Ga（第Ⅲ列）和As（第Ⅴ列）原子组成，它们平均每个原子有4个电子。ZnO由交替的Zn（第Ⅱ列）和O（第Ⅵ列）原子组成，它们平均每个原子有4个电子，因此共价键组合也是同样的作用原理。更复杂的例子，如$Al_xGa_{1-x}As$、$Hg_xCd_{1-x}Te$、$Al_{1-x}Ga_xAs_yP_{1-y}$也是可能的。因此，自然界中提供了许多可以用作半导体的材料。

	Ⅲ	Ⅳ	Ⅴ	Ⅵ
	5 **B** 10.81	6 **C** 12.01	7 **N** 14.01	8 **O** 16.00
	13 **Al** 26.98	14 **Si** 28.09	15 **P** 30.97	16 **S** 32.06
30 **Zn** 65.38	31 **Ga** 69.72	32 **Ge** 72.63	33 **As** 74.92	34 **Se** 78.97
48 **Cd** 112.41	49 **In** 114.82	50 **Sn** 118.71	51 **Sb** 121.76	52 **Te** 127.60

图1.5 元素周期表中部分元素半导体和化合物半导体

在绝对零度以上的温度下，热能可以破坏半导体的一些共价键，从而产生一个自由或可移动的电子和一个可移动的空穴。电子和空穴的浓度完全相等的纯半导体称为本征半导体。纯半导体的导电性取决于温度引起的共价键断裂。所以在纯半导体中，自由电荷载流子很少。幸运的是，半导体具有可以掺杂其它材料的特性。掺杂导致晶体结构中的第Ⅴ列（磷、砷）或第Ⅲ列（硼、铝）原子取代半导体原子。

这种掺杂剂或者给晶体贡献一个额外的电子（第Ⅴ列），成为n型掺杂剂，或者贡献一个空穴（第Ⅲ列），成为p型掺杂剂。掺杂剂一对一地引入电子和空穴。掺杂可以通过扩散或离子注入来完成，而现代集成电路技术通常使用离子注入来掺杂半导体，这也使得百万分之几到百分之几的掺杂原子能够受控引入。因此，半导体的导电性可以在非常大的范围内被控制，能够制造许多类型的半导体器件。半导体制造涉及大量的加工步骤，由于在加工过程中不会分解元素，半导体（硅、锗）比化合物半导体具有优势。虽然硅在半导体工业中占主导地位（约95%），但它不是各方面的最佳选择。对于光电器件，作为间接带隙半导体的硅并不是首选的，而直接带隙的化合物半导体才是首选的，例如GaAs，而它的加工技术也最发达。硅超过锗成为目前集成电路首选元素半导体，有下面几个原因：

① 硅在室温下比锗（0.7eV）具有更大的带隙（1.1eV），因此硅中热电子-空穴对的产生现象小于锗。这意味着在相同的温度下，硅的噪声小于锗的噪声。

② 硅的获得和加工相对容易且便宜，因此价格低，而锗是稀有材料，通常存在于铜、铅或银沉积物中，因此相对而言价格昂贵且难以加工。

③ 与锗不同，硅很容易在其表面形成天然氧化物（二氧化硅薄层），这是一种非常好的绝缘体，可以非常容易地加工。氧化物薄层对于形成场效应晶体管的门极非常有用。锗不容易在其表面形成自然氧化层，并且获得锗器件的技术更加复杂。

④ 硅中的反向电流以纳安的数量级流动，而锗中的反向电流以微安的数量级流动，因此锗二极管在反向偏压下的绝缘精确性会下降。硅二极管的反向击穿电压约为70～100V，而锗二极管的反向击穿电压约为50V。

⑤ 因为硅的高带隙温度稳定性很好，它通常可以承受140～180℃的温度，而锗一旦达到70℃就会对温度非常敏感。

1.5 晶体结构

微电子器件所用的材料可分为三类（单晶、非晶和多晶），这取决于它们所拥有的原子序数。

第一类是单晶。在单晶材料中，晶体中几乎所有的原子都占据明确且规则的位置，也就是晶格位。在半导体产品中，基层是由晶片或衬底提供的单晶。如果有额外的单晶层，它会在衬底上外延生长。

第二类是非晶。非晶材料处于相反的极端，即其原子没有长程有序性，如二氧化硅。相反，其化学键却有一定范围的长度和方向。

第三类是多晶。多晶材料是相互之间随机取向的小单晶集合。这些晶体的尺寸和方向在加工过程中经常变化，有时甚至在电路工作过程中也会变化。

硅工业依赖于高质量单晶晶片的成熟供应。

晶体一般以其最基本的结构元素“晶胞”来描述，能简单地排列成阵列，在三维空间上以非常规则的方式重复。这种晶胞具有立方对称性，晶胞的每个边缘都具有相同的长度。

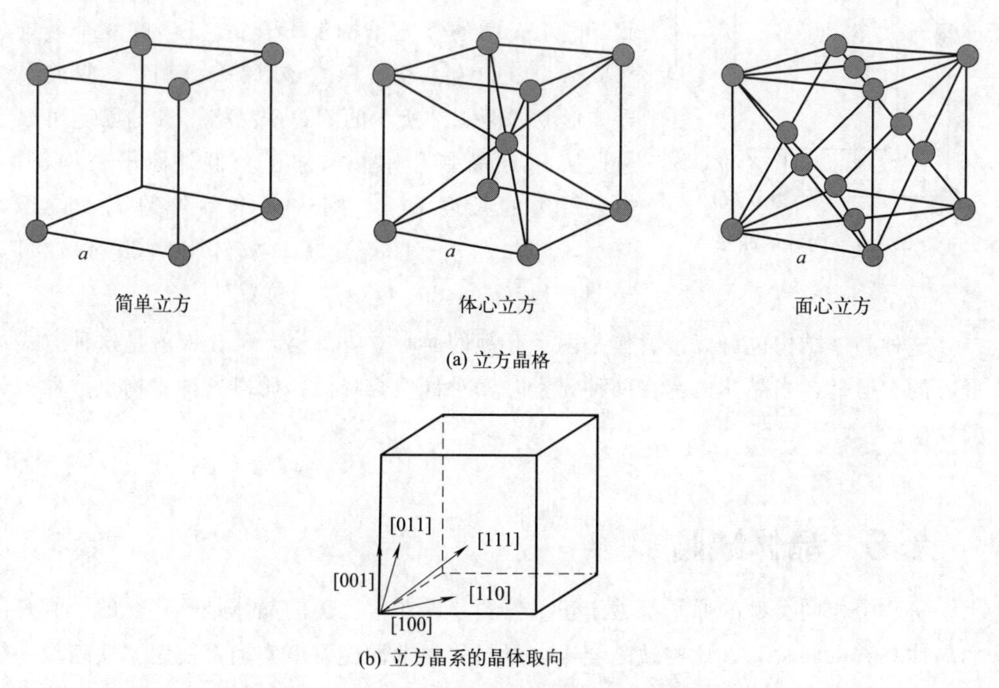

(a) 立方晶格

(b) 立方晶系的晶体取向

图 1.6 基于立方结构的三种晶体晶胞结构

简单立方（SC）：钋晶体在一个很有限的温度范围内呈现这种结构。SC 晶胞在晶胞的角点上有原子。

体心立方（BCC）：钼、钽和钨具有这种晶体结构。BCC 晶胞在立方体的中心位置有一个比简单立方晶体多出的原子。

面心立方（FCC）：大量的元素表现出这种结构，如：铜、金、镍、铂和银等。这种晶胞在立方体每个面的中心位置各有一个比简单立方晶体多出的原子。

晶体中的方向可以用笛卡儿坐标系表示为 $[x,y,z]$。对于立方晶体，晶面构成了垂直于坐标轴的平面。符号 (x,y,z) 用于表示垂直于从原点沿 $[x,y,z]$ 方向所成向量的特定平面。图 1.6（b）表示了几种常见的晶体方向。以这种方式描述平面的一组数字 h、k 和 l 称为平面的米勒指数。对于给定的平面，可以通过取该平面与三个坐标轴相交点的倒数，再乘以最小可能的因数，从而使 h、k 和 l 为整数。符号 $\{h,k,l\}$ 也用于表示晶面。这种表示不仅包括给定的平面，还包括所有等价的平面。例如，在立方对称性的晶体中，(1 0 0) 面将具有与 (0 1 0) 和 (0 0 1) 面完全相同的性质，唯一的区别是坐标系的任意选择，符号 {1 0 0} 就指的是这三个晶面。

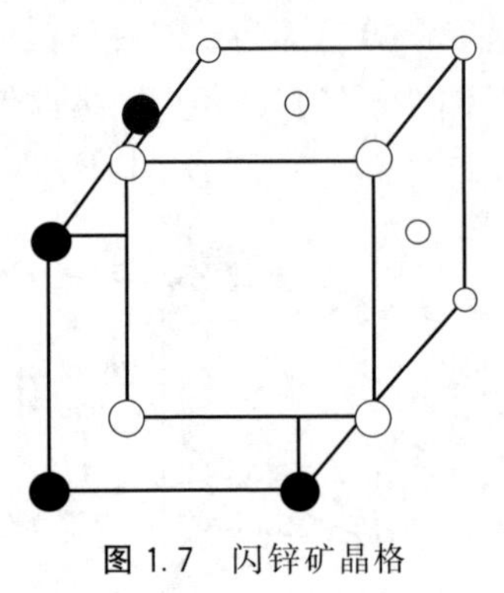

图 1.7 闪锌矿晶格

硅和锗都是Ⅳ族元素。它们有 4 个价电子，还需要 4 个价电子来完成它们的价壳层。在晶体中，这是通过与 4 个最近的相邻原子形成共价键来实现的，因此，图 1.6 中的立方结构都不合适。SC 有 6 个最近邻原子，BCC 有 8 个，FCC 有 12 个。相反，Ⅳ族半导体形成如图 1.7 所示的闪锌矿晶格。Si 的晶胞可以通过从 FCC 晶胞开始并添加 4 个额外原子来构建，如果每边的长度为 a，则这 4 个额外的原子位于 $(a/4,a/4,a/4)$、$(3a/4,3a/4,a/4)$、$(3a/4,a/4,3a/4)$ 和 $(a/4,3a/4,3a/4)$ 位置处。

这种晶体结构也可以被看作是两个互锁的面心立方晶格，砷化镓就是这种方式形成的。但是，当晶体内存在两种元素时，对称性会降低，所以这种结构也被称为闪锌矿。

1.6 晶体缺陷

每一个相同类型的原子都处于正确位置，即非常完美的晶体是不存在的。所有的晶体都有一些缺陷，这些缺陷会影响材料的力学性能。事实上，使用“缺陷”一词有点不恰当，因为这些特征常常被用来操控材料的力学性能，如向金属中添加合金元素就是一种引入晶体缺陷的方式。尽管如此，“缺陷”一词可用来提醒晶体缺陷并不总是坏的。半导体晶片是非常完美的单晶。晶体中有几种常见的缺陷，然而晶体缺陷在半导体制造中起着重要的作用。如图 1.8 所示，半导体缺陷根据维度不

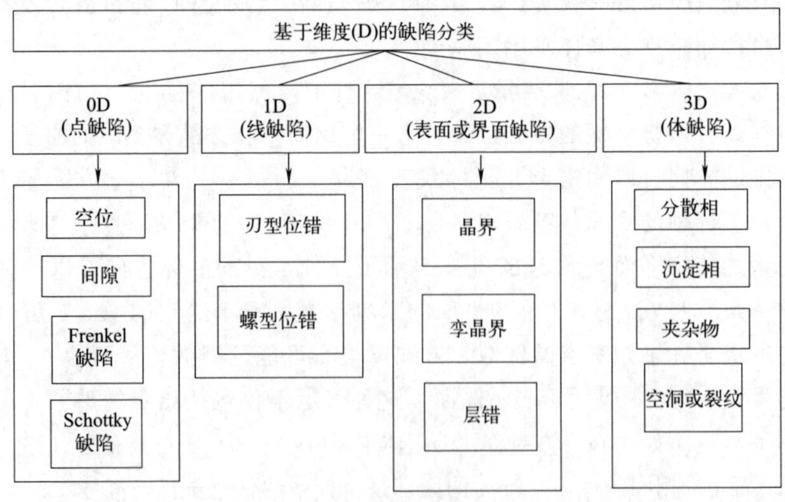

图 1.8 基于维度的缺陷分类

同可以分为四种类型：点缺陷、线缺陷、面缺陷、体缺陷。

点缺陷： 点缺陷易于观察，在杂质扩散中起着至关重要的作用。通俗地讲，除了晶格点上的硅原子以外，任何东西都可以产生点缺陷。根据以上定义，点缺陷就是空间中掺杂的其它杂质原子。主要的点缺陷可进一步分为两类，一类是缺少硅晶格原子或空位，另一类是多出额外的硅原子。

点缺陷包括空位、间隙、错位原子、为控制半导体的电子性质而故意引入的掺杂杂质原子，以及在材料生长或加工过程中用作污染物的杂质原子。图 1.9 中显示了晶格中不同类型的点缺陷。

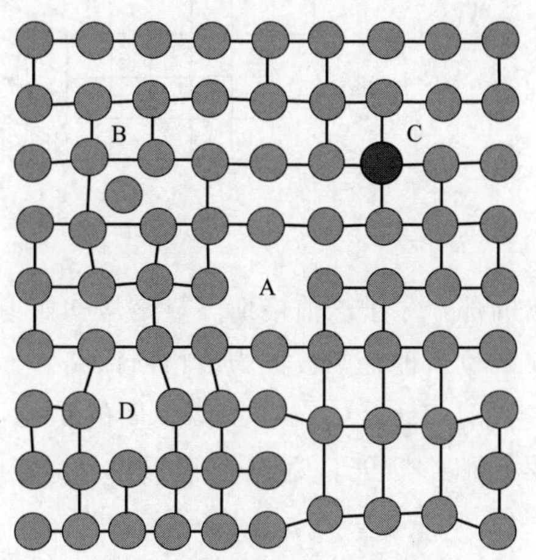

图 1.9　常见的半导体缺陷

A—空位；B—间隙；C—置换杂质；D—刃型位错

空位是最常见的点缺陷类型之一，图 1.9 中的 A 就表示的这种空位缺陷。与其相邻的点缺陷是不存在于晶格位置的原子，而是存在于相邻晶格位置之间的空间，如图 1.9 中 B 所示的间隙。如果间隙原子或空位原子与晶格中的原子是相同的材料，这就属于自间隙。在某些情况下，间隙来自附近的空位，这种空位间隙组合被称为 Frenkel 缺陷。间隙或空位可能不会留在原来的位置，特别是在加工条件下出现的高温环境中，这两种缺陷都可以穿过晶体。任何一种缺陷都可能迁移到晶片的表面，然后在表面消失。

半导体中可能存在的第二种点缺陷称为非本征缺陷，如图 1.9 中的 C 所示。这是由间隙位置或晶格位置的杂质原子引起的，被称为取代杂质，例如，需要掺杂剂原子来调节半导体导电性，这基本上是由取代缺陷引起的。取代杂质和间隙杂质对器件性能有很大影响。一些倾向于占据间隙位置的杂质在带隙中心附近具有电子态。其结果是，它们成为了电子-空穴对再结合的有效位置点。这些再结合中心形成耗尽区，降低双极晶体管的增益，并可能导致 pn 二极管泄漏。

线缺陷： 线缺陷或位错是固体晶体中整行或整列原子排列的不规则线。如图 1.10 所示，沿着一条称为位错线的线，所产生的间距不规则性最为严重。线缺陷主要是由于离子未对准或沿着线存在空位，这些空位可以削弱或增强固体，当一个完美的离子阵列中缺少离子线时，就会出现延展性的刃型位错。事实上，刃型位错的运动经常导致材料的碰撞和拉伸，位错的运动导致了它们的塑性行为。线位错通常不会在晶体内部结束，它们会形成环或在单晶表面结束。

位错可以用伯格斯（Burgers）矢量来表征。如果你想从某个原子出发绕着位错线走并且精确地返回，同时想遇到出发方向上一样多的原子，但是你却回不到初

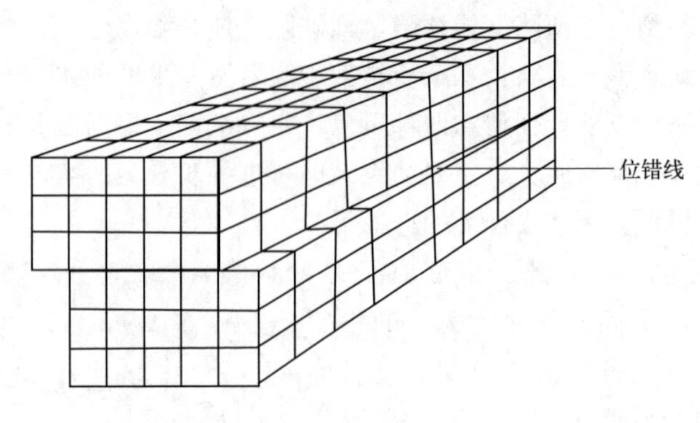

图 1.10　线缺陷

始的那个原子。伯格斯矢量是从初始原子指向这次路径的结尾原子，这个“路径”在线位错理论中被称为伯格斯回路。

图 1.11（a）中晶体表面的示意图显示了围绕刃型位错的伯格斯回路的行程。伯格斯矢量近似垂直于位错线，而缺失的原子线存在于伯格斯行程的某个区段内。

如果错位使一团离子逐渐向下或向上移动，从而形成类似螺旋的变形，就会形成螺型位错，如图 1.11（b）所示。

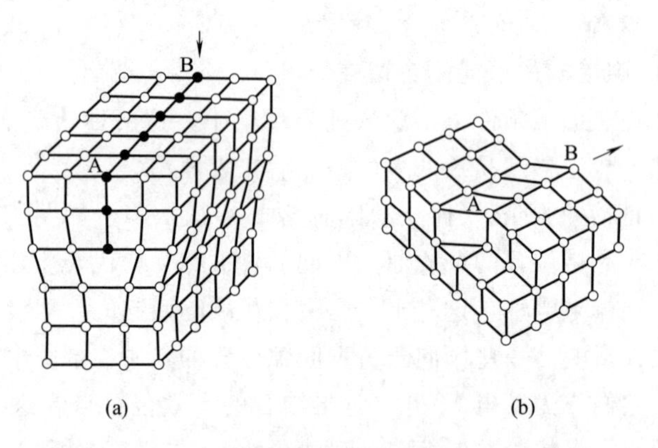

图 1.11（a）晶体中刃型位错的形成；（b）晶体中螺型位错的形成

线缺陷影响固体密度方面的力学性能，并沿一维空间破坏结构。力学性能也受到线缺陷类型的影响。因此，对于结构材料来说，位错的形成和研究尤为重要。

面缺陷：这些缺陷可能出现在两个晶粒之间的边界，或者两个晶体的合并，例如小晶体在大晶体中。如图 1.12 所示，两种不同晶粒中的成排原子可能在稍微不同的方向上运行，导致晶界上的不匹配。晶体的外表面也会出现表面缺陷，因为表面上的原子会重新定位，以适应相邻原子的缺失。

体缺陷：体缺陷是三维缺陷，包括裂纹、孔隙、外部夹杂物和其它一些相。这些缺陷通常是在制造步骤中引入的。所有这些缺陷都能够增加应力，因此对母体材料的力学性能有害。然而，在某些情况下，有选择地和有目的地添加外来颗粒，以机械地强化材料。外来粒子阻碍位错运动从而促进塑性变形的过程称为弥散硬化。第二相颗粒以两种不同的方式起作用——第一，颗粒可能被位错切割；第二，颗粒抵抗切割，位错被迫绕过它们。由于有序颗粒的存在，强化是许多合金具有良好高温强度的原因。然而孔隙是有害的，因为它们减少了有效承载面积并充当了应力集中点。

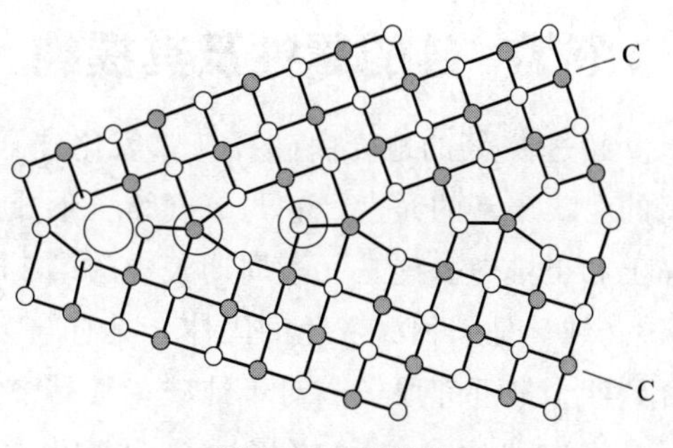

图 1.12　面缺陷

在综合了颗粒大小和效应的不精确分类中，通常将原子或空位的聚集物分为四类，这四类类别包括：

① **沉淀相**，尺寸为几分之一微米级，并嵌在晶体表面；

② **分散相或第二相颗粒**，其大小从几分之一微米到正常晶粒尺寸（10～100μm），但是是被有意引入微结构中的；

③ **夹杂物**，尺寸从几微米到宏观尺寸不等，是相对较大的不良颗粒，是作为污染或沉淀物进入系统的；

④ **空洞或孔隙**，即固体中的孔，是由捕获的气体或空位的积累形成的。

沉淀相是通过固态反应引入基体的小颗粒。沉淀相有多种用途，最有用的是通过阻碍位错运动来提高结构合金的强度。这样做的效率取决于几个因素，例如它们的内部性质、大小以及它们在整个晶格中的分布。然而，它们在微观结构中的作用是改变晶体基体的行为，而不是作为单独的相发挥作用。

分散相是较大的颗粒，表现为第二相，并影响第一相的行为。它们可能是分布在微结构中的大沉淀物、晶粒或多粒状颗粒。

夹杂物是外来颗粒或大的沉淀颗粒。它们通常是微观结构中不需要的成分。夹杂物对结构合金的强度有不利影响，因为它们是失效的优先部位。在微电子器件中，它们在大多数时候都是有害的，因为它们通过干扰制造来改变器件的几何形状，或者通过承载它们自己的不良属性来改变器件的电气特性。

空洞是由于固化过程中捕获的气体或固态中的空位凝结而产生的，所以它们一直都是令人讨厌的缺陷。它们的主要影响就是降低机械强度，并在小负载下诱发断裂。

1.7 硅的属性及其提纯

超过90%的地壳由硅石（二氧化硅）或硅酸盐组成，使硅成为地球上仅次于氧的第二丰富的元素。它与氧气结合形成二氧化硅或硅酸盐，存在于岩石、沙子、黏土和土壤中。硅是元素周期表中的第14个元素，也是一个碳族元素（ⅣA族元素）。纯硅是一种深灰色的固体，具有与金刚石相同的晶体结构，每个原子共价结合到四个最近邻原子。对于纯硅，其晶格常数在300K温度时为5.43086Å[1]。金刚石晶格中硅原子之间的最近邻距离为2.35163Å。硅的熔点为1410℃，沸点为2355℃，密度为2.33g/cm^3。

硅工业依赖于廉价且高质量单晶硅片的成熟供应。集成电路制造商通常指定物理参数（直径、厚度、平整度、机械缺陷等）、电参数（n型或p型、掺杂剂、电阻率等）以及最后在购买晶片时的杂质水平（尤其是氧和碳）。对于单晶硅片来说，硅必须被提纯并转化为晶体形式。这通常是以石英砂（二氧化硅）开始的多级工艺，将石英砂转化为冶金级硅（MGS）是提纯工艺的第一步。图1.13显示了电弧炉生产MGS的过程，这一过程通常发生在一个熔炉中，石英岩和碳源（煤或焦炭）的混合物被加热到接近2000℃。

$$2C(s)+SiO_2(s)=\!=\!=Si(l)+2CO(g)$$

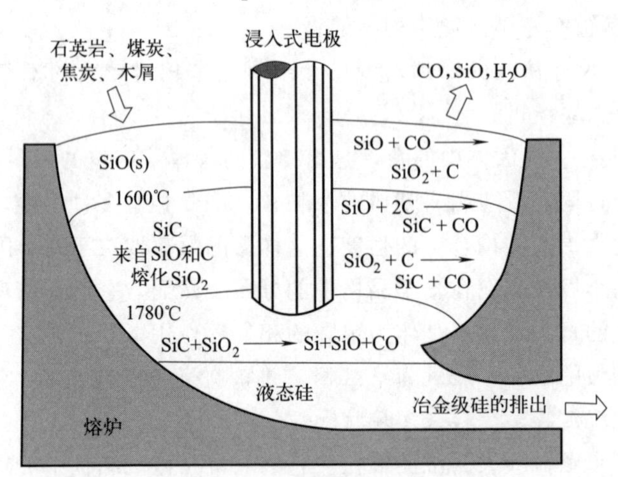

图1.13 通过电弧炉形成冶金级硅

产生的MGS纯度约为98%，铝和铁是两种主要杂质，大多数MGS用于制造铝或硅的聚合物。

将MGS转化为高纯度的多晶电子级硅（EGS）需要多阶段工艺。纯EGS一般

---

[1] 埃，1Å=10^{-10}m=0.1nm。

要求掺杂元素降低到 ppm（1ppm＝10^{-6}）浓度范围内，碳杂质应小于 2ppm。MGS 中的主要杂质是硼、碳和残留的施主。西门子工艺法是将 MGS 转换为 EGS 的主要技术之一。将 MGS 转换为 EGS 的步骤：第一步是 MGS 与气态 HCl 反应，通常是将 MGS 研磨成细粉，然后在催化剂存在的高温下进行反应。该过程可以形成任意数量的 Si-H-Cl 化合物（SiH_4→硅烷；SiH_3Cl→氯硅烷；SiH_2Cl_2→二氯硅烷；$SiHCl_3$→三氯硅烷；$SiCl_4$→四氯化硅）。

$$Si(s)+3HCl(g)\longrightarrow SiHCl_3(g)+H_2(g)+\text{热量}$$

EGS 是在化学气相沉积反应器中用提纯的氯化硅制备的，使用电阻加热的硅棒作为成核点，被称为多晶硅沉积的“细棒”。

$$2SiHCl_3(g)+2H_2(g)\longrightarrow 2Si(s)+6HCl(g)$$

沉积的多晶硅可能有几米长，且直径可达几百毫米。通过硅烷热解生产 EGS 的替代工艺开始受到商业关注。

$$SiH_4(g)\xrightarrow{900℃}Si(s)+2H_2(g)$$

得到的最终材料是 EGS，其杂质水平非常低，通常在 ppb（1ppb＝10^{-9}）浓度或 $10^{13}\sim10^{14}cm^{-3}$ 的数量级，这也接近了最终单晶晶片所需的水平，但与 MSG 一样，EGS 本质上也是多晶的。图 1.14 表示了 MGS 转换为 EGS 的不同步骤。晶片的形成需要单晶硅衬底，但 EGS 仍然是多晶，因此需要将其转化为硅单晶棒。将多晶硅破碎成块装入直拉法或悬浮区熔法晶体生长技术的坩埚中，得到单晶硅。

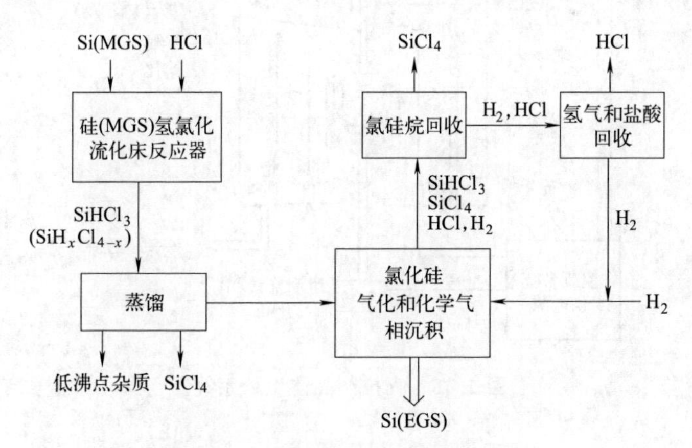

图 1.14 MGS 到 EGS 的转换步骤

1.8 单晶硅制造

单晶棒用于获得最终晶片，将多晶 EGS 转化为单晶硅棒主要有两种技术：

① **直拉技术（CZ）**：这是当前用于集成电路制造的单晶硅片的主要技术。约80％～90％的硅晶片生产制造商采用直拉技术。

② **区熔技术（FZ，即悬浮区熔法、浮区法）**：区熔技术占领了10％～20％的硅片市场，主要用于生产低氧杂质浓度的特殊硅片。该技术主要用于小尺寸晶片生产。

1.8.1 直拉法晶体生长技术

CZ技术是由波兰科学家J. Czochralski于1918年发明的。如图1.15所示，直拉法晶体生长装置也称为拉晶机。拉晶机有四个子系统，如下所示。

① 炉子：坩埚、基座和旋转机构、加热元件、电源和炉膛。

② 拉晶机构：籽晶轴或链条、旋转机构和籽晶夹头。

③ 环境控制：气源、清洗管、流量控制和排气系统。

④ 控制系统：传感器微处理机和输出。

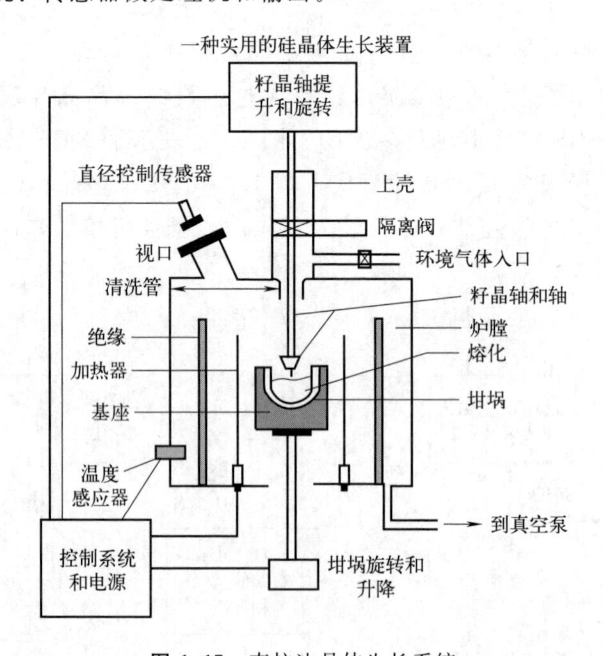

图1.15 直拉法晶体生长系统

熔炉

生长系统最重要的组成部分是坩埚。该坩埚材料应具有热硬度、化学稳定性、高熔点，因为它含有硅熔体且应不与熔融硅反应，以供重复使用。通常使用的高温材料，如TiC、TaC、SiC是不合适的，因为它们会在晶体中引入不可接受的杂质。坩埚材料的其它选择是Si_3N_4和熔融SiO_2。

熔融石英（SiO_2）与硅反应，将硅和氧气释放到熔体中。溶解速率在（8～

25)$\times 10^7$ g/(cm^2 · s) 范围内，是相当可观的。实际侵蚀率是熔体在熔化温度下对流条件的函数。大量的氧气在熔体中通过形成气态的一氧化硅流出，这在冷凝时会在拉晶机中造成清洁问题。硅的纯度也受到石英纯度的影响，因为二氧化硅可以捕获足够的受主杂质，限制正在生长的硅的最大电阻率值。碳在熔体中的存在也以高达两倍的速率加速溶解。

$$C(s)+SiO_2(s)\longrightarrow SiO(g)+CO(g)$$

用于大型直拉技术的坩埚，其直径与高度之比约为1或稍大：常见的直径为25cm、30cm、35cm和45cm，装料分别为12kg、20kg、30kg和45kg。0.25cm壁厚的石英十分软，需要使用基座进行机械支撑。冷却时，残留的Si和SiO_2之间的热失配通常会导致坩埚断裂。化学气相沉积（chemical vapor deposition，CVD）氮化物已经证明了使用Si_3N_4作为坩埚材料的可行性。作为消除坩埚生长晶体中氧气的一种手段，它是具有吸引力的。然而，即使是氮化物也会被侵蚀，导致晶体中掺杂氮，变得不纯。化学气相沉积氮化物是唯一具有足够纯度能供坩埚使用的氮化物形式。

如前所述，基座的主要功能是支撑石英坩埚并提供更好的热条件。高纯度核级石墨是基座的首选材料。为了获得高纯度，必须防止杂质污染晶体，这些杂质会在所涉及的温度下从石墨中挥发出来。基座的位置在基架上，基座的轴连接到提供旋转的电机。整个组件通常可以上下提升，以保持熔体水平与自动直径控制所需的固定参考点等距。

覆盖单晶炉的炉室必须满足以下条件，即应能方便地接触到单晶炉部件，以便维护和清洁。单晶炉必须设计成此种规格，以防止大气环境的污染，以及加热产生的蒸气压力不会成为影响结晶的因素。一般情况下，提拉装置最热的部分是通过水冷散热的。通常加热器和室壁之间有隔热层。

在熔化炉料方面，使用了当前已有的射频（感应加热）或电阻加热方法。感应加热用于小尺寸的熔体，但电阻加热专门用于大型拉伸装置。在所涉及的功率水平下，电阻加热器通常更小、更便宜、更容易装备且更有效率。石墨加热器与直流电源相连。

拉晶机构

拉晶机构必须具备最轻微的振动与极高的精度。对生长过程的控制必须考虑两个参数：拉晶速率和晶体旋转。通常使用螺杆来提取和旋转晶体。这种方法使晶体相对于坩埚居中，但生产长晶体时，可能需要足够高的设备。由于长轴很难保持精准的公差，使用电缆提拉可能是必要的。使用电缆会使坩埚与晶体难以对准中心，但电缆能提供平稳的提拉动作。晶体通过一条管道离开单晶炉，晶体被沿平面方向通过的周围环境气体冷却，这条管道叫做清洗管。通过清洗管之后，晶体进入上室，该室由一个隔离阀与炉分开。

环境控制

直拉法生长硅时应提供惰性气体环境或真空环境，一是为了防止侵蚀，热的石墨部分必须隔绝氧气；二是熔化的硅不应与周围气体发生反应。在真空环境中生长晶体满足上述要求；它还具有从系统中去除氧化硅的优点，从而防止其在炉室内积累。在气体环境中生长硅晶体通常使用惰性气体，如氦气和氩气，但在工业中更常用氩气。

控制系统

控制系统可以采取多种方法来控制工艺参数，如拉晶速率、旋转速度、晶体直径和温度。大量的熔体热量聚集阻碍了所有基于温度加工的短期控制。为了控制直径，可针对熔化晶体界面使用红外温度传感器来检测弯月形液面的温度变化。传感器的输出与拉晶机构相连接，通过改变拉晶速率来控制直径。控制系统的发展趋势是使用基于系统的数字微处理器。

晶体生长理论

晶体生长涉及从固相、液相或气相转换为结晶固相。直拉技术晶体生长涉及液相到固相的转化，即界面上的原子凝聚。图 1.16 展示了原子迁移过程和温度梯度。从宏观上看，界面上的热量传输模型可以用以下公式表示：

$$L\frac{\mathrm{d}m}{\mathrm{d}t}+k_1\frac{\mathrm{d}T}{\mathrm{d}x_1}A_1=k_s\frac{\mathrm{d}T}{\mathrm{d}x_2}A_2 \tag{1.1}$$

式中 L——熔化潜热；

$\frac{\mathrm{d}m}{\mathrm{d}t}$——质量凝固速率；

T——温度；

k_1，k_s——分别为液体和固体的热导率；

$\frac{\mathrm{d}T}{\mathrm{d}x_1}$，$\frac{\mathrm{d}T}{\mathrm{d}x_2}$——热梯度；

A_1，A_2——分别为位置 1 和 2 的等温线的面积。

由式（1.1）可以推导出晶体的最大拉晶速率，条件是熔体中的热梯度 $\left(\frac{\mathrm{d}T}{\mathrm{d}x_1}\right)$ 为零。通过成品密度和面积可将质量凝固速率换算为生长速率，可以得到：

$$V_{\max}=\frac{k_s}{Ld}\times\frac{\mathrm{d}T}{\mathrm{d}x} \tag{1.2}$$

式中 $V_{\max}$——最大拉晶速率；

d——固体硅的密度。

实际上，最大拉晶速率并不常用。拉晶速率影响着杂质融入晶体和晶体缺陷产生，进而影响结晶质量，靠近熔体的材料具有非常高密度的点缺陷。为了防止这些缺陷聚集，快速冷却固体是可取的，但快速冷却会导致表面出现大的热梯度（因此会产生较大的应力），特别是对于大直径的晶圆。当熔体中的温度梯度较小时，传递的热量是熔化潜热。这意味着晶体直径与拉晶速率成反比变化。基于热因素的考虑，实际获得的速率应该比建议的最大值慢 30%～50%。

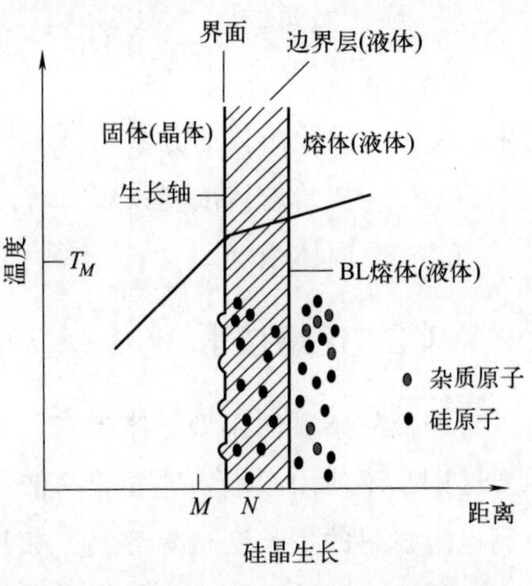

图 1.16 Czochralski 生长过程所涉及的迁移过程、固化和温度梯度

晶体的生长速率或许是最重要的生长参数，但实际上与拉晶速率不同，因为拉晶速率是净凝固速率的指标，而生长速率是瞬时凝固率。由于界面附近的温度波动，两者并不相同。生长速率在微观层面上影响着晶体中掺杂剂分布和缺陷结构。拉晶速率以下列方式影响 CZ 晶体的缺陷特性：当晶体从凝固温度高于 950℃ 冷却时，热的点缺陷会凝结成小的位错环。2mm/min 的拉晶速率消除了缺陷的形成，前提是在它们聚集成大于 75mm 的直径之前通过对晶格中的点缺陷进行淬火来完成。拉晶速率也是决定生长界面形状的一个因素，熔体径向温度梯度和晶体表面冷却条件也是决定生长界面形状的因素。这两种类型的杂质，无意或者有意地都会在硅棒中产生。有意的掺杂物来源于晶体生长过程中的熔体，而无意的杂质则来自坩埚、环境等。在熔体和固体中，常见的杂质有不同的溶解度。平衡偏析系数 k_0 定义为固体中杂质的平衡浓度与液体中杂质的平衡浓度之比，即：

$$k_0=\frac{C_s}{C_l} \tag{1.3}$$

各种常见掺杂剂和杂质的平衡偏析系数列于表 1.3 中。在拉晶时，所有的平衡偏析系数都在 1 以下（小于 1），这意味着杂质优先隔离到熔体中，并且熔体逐渐富含这些杂质。

表 1.3 硅中常见杂质的偏析系数

杂质	铝	砷	硼	碳	铜	铁	氧	磷	锑
k_0	0.002	0.3	0.8	0.07	4×10^{-6}	8×10^{-6}	0.25	0.35	0.023

生长晶体中杂质的分布可以用正态关系进行数学描述：

$$C_s = k_0 C_0 (1-X)^{k_0 - 1} \tag{1.4}$$

式中 X——固化熔体的分数；

C_0——初始熔体浓度；

C_s——固体浓度。

1.8.2 区熔技术

对于低氧杂质的小型晶体生产，区熔（FZ）技术应用最广泛，它和直拉法的主要区别是不使用坩埚，这显著降低了所得晶体中的杂质含量，尤其是氧含量，并使高电阻材料的生长变得更容易。使用 FZ 法已经实现了低至 10^{11}cm^{-3} 的载流子浓度。这种生长技术的基本特征是样品的熔融部分完全由固体部分支撑，因此不需要坩埚。该过程如图 1.17 所示。

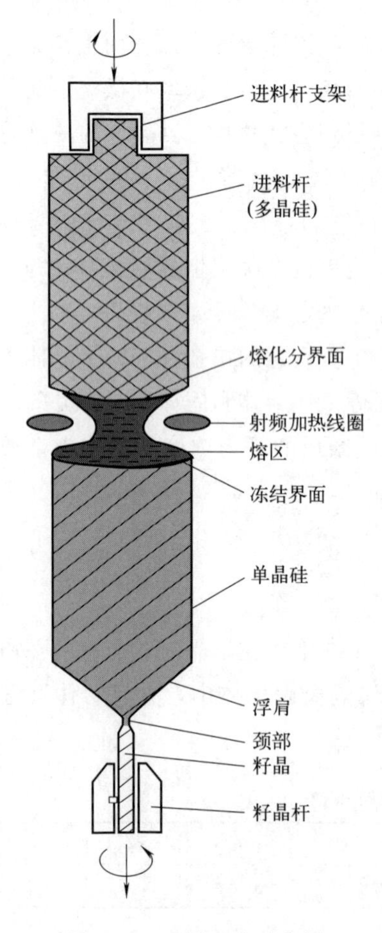

图 1.17 区熔工艺示意图

在 FZ 工艺中，本质上是将多晶的电子级硅棒两端夹住，底端与所需单晶取向的籽晶融合。将其放入惰性气体炉中，然后通过一个移动的射频（RF）线圈沿着棒的长度熔化，射频线圈提供的功率在硅中产生大电流，并通过 I^2R 的功率加热，将其局部熔化。通常熔融区长约 2cm。射频场产生的悬浮和表面张力使系统保持稳定。如果籽晶端部区域开始熔化并且棒缓慢向上移动，则凝固区域具有与籽晶相同的方向。为了减少气态杂质，炉内充满惰性气体，如氩气。此外，由于该过程不需要坩埚，因此可以用于生产无氧硅晶片。困难在于将这种技术扩展到大型晶片上就会产生大量的位错，因此适用于需要低氧含量晶片的小型专业应用。晶体的掺杂可以通过从掺杂的多晶硅棒（掺杂棒）开始，或者通过在 FZ 工艺过程中保持包含稀释浓度的所需掺杂剂的气体周围环境来实现。FZ 生长的一个缺点是难以引入相同浓度的掺杂剂。可以使用四种方法：核心掺杂、填装掺杂、气相掺杂和中子嬗变。核心掺杂的起始材料是掺杂的多晶硅棒。在该棒的顶部，沉积额外的未掺杂多晶硅，直到达到平均的所需浓度。如果有必要，该过程可以重复几次。核心掺杂是硼的首选工艺，因为它的扩散系数高，并且不容易从棒的表面蒸发。忽略前几个熔体长度后，晶体中硼的浓度非常均匀。掺杂是通过使用气体掺杂材料如 PH_3、$AsCl_3$ 或 BCl_3 来完成的。气体可以在沉积多晶硅棒时注入，或者可以在区熔期间通过熔融环处注入。通过在棒顶部钻一个小孔并将掺杂剂插入孔中来提供填装掺杂。如果掺杂剂具有小的偏析系数，那么它将随熔体携带并穿过晶棒的整个长度，导致适度的不均匀性。镓和铟掺杂以这种方式工作良好。最后，对于轻 n 型掺杂，区熔硅可以通过称为嬗变掺杂的工艺进行掺杂。在此过程中，晶体暴露于高亮度的中子源。

1.9　硅整形

硅是一种硬而脆的材料。工业级金刚石是最适合用于成形和切割硅的材料，尽管也有使用碳化硅和氧化铝，甚至使用二氧化硅等材料的。商业晶圆或即用型晶圆加工首先需要六次加工工序、两次化学工序和一到两次抛光工序，以将硅棒转化为抛光的晶圆。成品晶圆受制于许多尺寸公差，由器件制造技术的需求决定，原因有两个：一是它们有助于标准化晶圆生产，从而提高效率和节约成本；二是在设计器件时了解晶圆尺寸有助于生产工艺设备和夹具。

制造单个晶圆的工艺始于将生长的晶体或晶棒加工成统一的直径，如图 1.18 所示。现代晶体生长设备在生长过程中无法保持对晶体直径的完美控制，因此晶体通常生长得稍微过大并被修整到所需的最终直径。

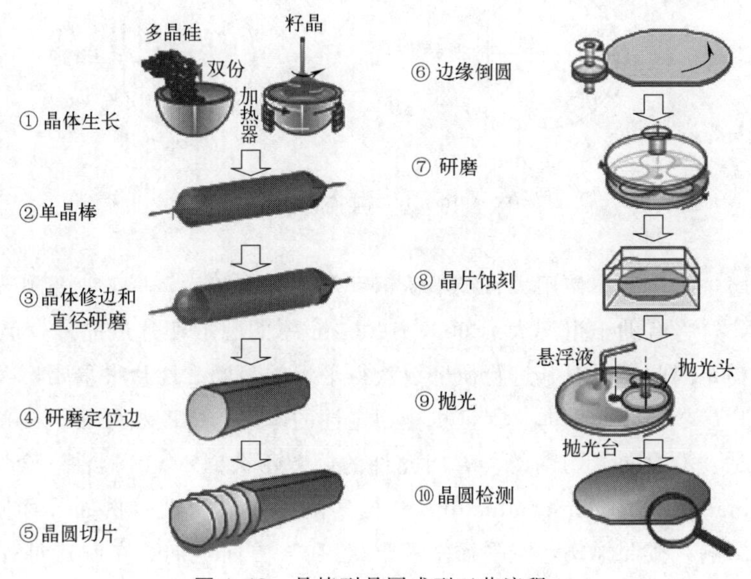

图 1.18　晶棒到晶圆成型工艺流程

硅棒切边和切片

从直拉或区熔工艺获得硅晶棒后，下一步是晶棒成形操作，包括两个步骤：

① 晶棒的前端和后端（即籽晶端和柄端）被移除；

② 硅棒表面接地，以在晶棒长度上获得均匀且恒定的直径。

在进一步加工之前，晶棒必须通过电阻率和方向检查。通过第 6 章讨论的四点探针技术检查电阻率，确认沿晶棒长度方向的掺杂剂浓度以确保均匀性。未通过电阻率和完整性评估的那部分晶棒被切除。直径通常为 100mm、150mm、200mm 或 300mm。晶棒的方向是通过 X 射线衍射（XRD）方法在末端测量的，以确定晶片的类型并通过平面研磨使它们成形。晶体取向平面也沿晶棒的长度研磨，并由两种类型的平面定义：

① **主平面**：定义特定的晶体方向并作为晶圆方向的视觉参考。

② **次平面**：定义用于识别晶片、掺杂剂类型和方向。

在基于平面查看晶片时，根据图 1.19 可以轻松分析出所描述的晶片类型。

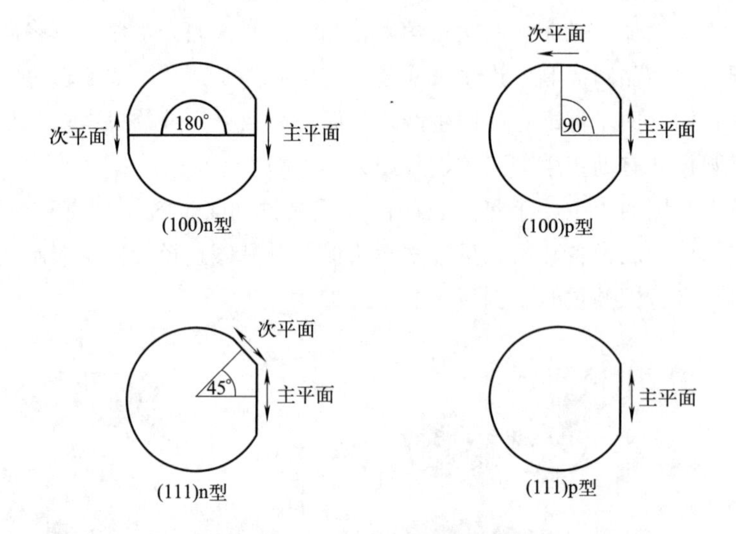

图 1.19 基于平面识别晶片

在研磨过程之后，使用大直径不锈钢锯片将晶棒切片，将工业金刚石嵌入内径切割边缘。这将有助于生产大约 600～1000μm 厚的圆形切片或晶片，但表面会变得非常粗糙，因此必须对其进行研磨以获得平坦的表面。切片很重要，因为它决定了四个晶片参数：表面取向、保证机械稳定性的厚度、锥度和弓形。〈100〉取向的晶圆通常是“沿取向”切割的。取向允许的公差不会对 MOS 器件［金属-氧化物-半导体（metal-oxide-semiconductor）结构的晶体管］特性（例如界面陷阱密度）产生不利影响。按照惯例，主平面垂直于〈110〉方向定向。在制造过程中，晶圆上后来构建的 IC 通常是矩形的，并与晶圆平面上的（110）平面平行或垂直排列，这意味着芯片的边缘在｛110｝晶面上。当完成的芯片准备好分离以进行封装时，执行切割操作，其中相邻芯片之间的划线处被部分锯穿，然后可以通过这些被锯穿的划线部分简单机械式地分离这些晶片。实际上，硅沿｛111｝面自然劈裂。在〈100〉晶体中，｛111｝平面和彼此互相垂直的直角面沿〈100〉方向成54.7°相交，因此平行和垂直于晶片平面设置划线位置会容易切割。两个共同的表面取向通常使用适当取向的籽晶产生，然后允许垂直于〈100〉取向的晶棒切割单个晶片，通常在“取向”上切割。另一种常见的〈111〉取向通常是“偏离取向”（约3°）切割的，以满足外延的要求。

晶片厚度基本上取决于切割，尽管最终值取决于后续成形操作。在集成电路制造过程中需要足够机械支撑的晶圆厚度，对于200mm直径的晶圆通常约为725μm，最终切完的晶圆必须比这要更厚一些。尽管如此，为了保证给后续的研磨、蚀刻和抛光留有足够的损失量，锯切的晶片厚度通常约为850μm。由于锯片本身约400μm厚，因此每次切割晶片时，此厚度的材料都会从硅晶棒粉尘中损失。所以，包括籽晶端和尾端的损失，只有约50%的晶棒以晶片形式留下。一个主要的问题就是锯片从晶体上平面切割晶片的持续能力。如果刀片在切割过程中变形，切割则无法实现。因此，在刀片附近放置电容传感装置，可以监控刀片位置和刀片中的振动，并实现更高质量的切割。机械式双面研磨操作是在压力作用下，使用平面均匀度在2μm以内的晶片进行。最终成形步骤是边缘控制，在晶圆的边缘磨削到一定半径。该过程通常在盒式高速设备中完成。在器件制造过程中，边缘圆滑的晶圆会产生更少的边缘碎片，并有助于控制晶圆边缘的光刻胶。有缺口的边缘是热循环过程中可能引入位错的地方，也是可能引发晶片断裂的地方。如果从缺口边缘产生的硅颗粒存在于晶片表面，则会增加集成电路工艺的缺陷密度，从而降低良品率。

蚀刻

根据加工操作的具体情况，成形操作会使晶片的表面和边缘受到损坏和污染，并且会受到工作的损坏深度的影响。受到损坏和污染的区域在10μm深的级别是可以通过化学蚀刻去除的。以前就已经使用氢氟酸、硝酸和乙酸这三种酸的混合物，而使用最广泛的还有氢氧化钾或氢氧化钠的碱性蚀刻。

该工艺设备包含了一个容酸槽，用来保存蚀刻溶液，以及两个或多个位置用水冲洗晶片。为了保持其均匀性，在酸蚀刻过程中应使用最好的工艺设备来旋转晶片。为了确保消除所有的损伤，处理过程中通常以相当快的速度进行。通常情况是每侧去除20μm。经常通过测量蚀刻前后的晶片厚度来检查蚀刻工艺。

蚀刻工艺包括氧化还原步骤，然后是氧化产物的溶解。在氢氟酸、硝酸和醋酸的蚀刻体系中，硝酸是氧化剂，氢氟酸根据以下反应溶解氧化产物：

$$3Si(s)+4HNO_3(l)+18HF(l)\longrightarrow 3H_2SiF_6(l)+NO(g)+8H_2O(l)$$

在富含 HF 的溶液中，反应会在氧化步骤中受到限制。这种氧化反应对晶体的掺杂取向和缺陷结构非常敏感。使用富含 HNO_3 的混合物来限速蚀刻，这也是防止工件损坏的首选方法。以 4∶1∶3 的比例混合 HNO_3（质量分数 79%）、HF（质量分数 49%）和 CH_3COOH 的混合酸是一种常见的蚀刻剂。对于较大直径的晶片，其尺寸均匀性是通过研磨引入的，在抛光过程中不能保持与表面平整度的兼容。在溶液中旋转大尺寸晶片的流体动力学使其无法形成均匀的边界层，这会导致晶片产生锥度。因为投影光刻对表面平整度有要求，所以必须使用碱性蚀刻。在碱性蚀刻中，表面取向显然占主导地位。在酸性蚀刻中，当使用 KOH/H_2O 或 $NaOH/H_2O$ 的混合物时，反应是双重的。典型的配比就是使用质量分数 45% 的 KOH 溶液（即 45% KOH 和 55% H_2O），在 900℃ 下可对 {100} 表面达到 25μm/min 的蚀刻速率。

抛光

通过在晶片上涂上一层抛光剂，对晶片进行镜面抛光。操作者在装卸过程中要相当注意。根据设备的不同，它可以作为单个晶圆或批量晶圆工艺进行。该工艺要用到由人造纤维制成的抛光垫，例如聚酯毡、聚氨酯层压材料。晶片被安装在夹具上，在高压下压靠在抛光垫上并相对于抛光垫旋转。这种抛光是通过使用 1μm 直径的铝研磨粉末或抛光液和水的混合物滴到抛光垫上来实现的。抛光液是细小二氧化硅颗粒在氢氧化钠水溶液中的胶体悬浮物。在进行抛光后，晶片仍然有大约 2μm 深的表面损伤，可以通过额外的化学蚀刻来消除，有时也可以通过最终的抛光阶段来处理。

晶片的另一面采用正常的研磨程序，以获得一定比例的平坦表面以及令人满意的平行度。一旦晶片抛光操作完成，下一步为晶片清洗、干燥，然后准备用于下一个处理步骤。

1.10 晶片加工注意事项

一旦晶片在抛光后作好准备，后续工艺就可以采用以下步骤顺序。

化学清洗： 抛光完成后，要对晶片彻底清洗。执行此清洁操作是为了去除一些重金属或有机薄膜。因此，常用的清洁剂是 NH_4OH/H_2O_2 混合物、HCl/H_2O_2 混合物和 H_2SO_4/H_2O_2 混合物。尽管所有上述溶液都可以很好地去除金属杂质，但是 HCl/H_2O_2 混合物根据文献报道是最好的。

吸杂处理： 过渡族元素中的金属杂质位于间隙或取代型晶格位点，并作为生成-再结合中心。这些硅化物具有导电性。这些缺陷和杂质的沉淀形式通常是硅化物。当涉及 VLSI 或 ULSI 时，这些过渡族元件的性能会下降，特别是在 DRAM（动态随机存取存储器）和窄衬底双极晶体管的情况下，因为两者都对导电杂质沉淀非常敏感。为了去除杂质，通常采用一种被称为吸杂处理的工艺。通过使用吸杂工艺，可以使晶片去除来自制造器件过程中的杂质或缺陷。当晶片加工有用于下一级器件处理的槽时，缺陷和杂质会通过再吸杂工艺被去除。

1.11 本章小结

集成电路已经发展到令人难以置信的复杂程度，每个芯片具有超过110亿个晶体管。本章回顾了从第一代SSI到VLSI的历史。在VLSI器件领域，本章回顾了半导体材料的一些最基本的特性。介绍了晶体的相图，并对晶体的点、线、面和体缺陷进行了基本描述，因为这些参数会影响半导体的电学性能和力学性能。本章的后半部分介绍了硅晶体的生长方法，直拉法生长是制备硅晶体的最常见方法。另一种硅的生长技术是区熔工艺，它产生的污染比通常的直拉法造成的污染要低。区熔晶体主要用于需要高电阻率材料的高功率、高压设备。区熔工艺主要生产小直径晶片（$<$150mm），而直拉法技术则用于生产大直径晶片，如350mm。在晶体生长后，通常要经过晶片成形操作，最终得到具有特定直径、厚度和表面取向的高度抛光晶片的最终产品。

习题

1. 计算去除4000个直径为150nm的晶片上的加工损伤所需的HF和HNO_3的用量。

2. 计算在1100℃下会导致失配位错形成的晶体中的硼浓度。

3. CZ熔体同时掺杂硼至10^{16}原子/cm^3的水平和掺杂磷至9×10^{16}原子/cm^3的水平。在生长过程中会形成pn结吗？如果是，在什么比例固化？

4. 什么是洁净室？为什么需要它？典型洁净室的国际标准是什么？

5. 列出在晶格中的各类晶体缺陷。

6. 什么是吸杂工艺？

参考文献

1. Digest of the IEEE International Solid-State Circuits Conferences, held in February of each year. (http://www.sscs.org/isscc)

2. C. L. Yaws, R. Lutwack, L. Dickens, and G. Hsiu, "Semiconductor Industry Silicon: Physical and Thermodynamic Properties," *Solid State Technical*., 24, 87(1981).

3. J. C. Brice, "Crystal Growth Processes", Wiley, New York, (1986).

4. W. R. Runyan, "Silicon Semiconductor Technology", McGraw-hill, New York, (1965).
5. R. B. Hering, "Silicon Wafer Technology-State of the Art 1976," *Solid State Technical*, 19, 37 (1976).
6. P. F. Kane and G. B. Larrabee, "Characterization of Solid Surfaces", Plenum Press, (1974).
7. D. K. Schroder, "Semiconductor Material and Device characterization", John Wiley & Sons, (1990).
8. The international Technology Roadmap for Semiconductors, The Semiconductor Industry Association(SIA), San Jose, CA, (1999).
9. M. Stavola, J. R. Patel, L. C. Kimerling, and P. E. Freeland, "Diffusivity of Oxygen in Silicon at the Donor Formation Temperature," *Appl. Phys. Lett.* 42:73(1983).
10. W. J. Taylor, T. Y. Tan, and U. Gosele, "Carbon Precipitation in Silicon: Why Is It So Difficult?" *Appl. Phys. Lett.* 62:3336(1993).
11. T. Fukuda, "Mechanical stength of Czochralski silicon crystals with carbon concentrations from 10^{14} to 10^{16} cm^{-3}," *Appl. Phys. Lett.* 65:1376(1994).
12. X. Yu, D. Yang, X. Ma, J. Yang, Y. Li, and D. Que, "Grown-in Defects in Nitrogen doped Czochralski Silicon," *J. Appl. Phy.* 92:188(2002).
13. K. Sumino, I. Yonenaga, and M. Imai, "Effects of Nitrogen on Dislocation Behavior and Mechanical Strength in Silicon Crystals," *Appl. Phys. Lett.* 59:5016(1983).
14. D. Li, D. Yang, and D. Que, "Effects of Nitrogen on Dislocations in Silicon During Heat Treatment," *Physica B* 273-74:553(1999).
15. D. Tian, D. Yang, X. Ma, L. Li, and D. Que, "Crystal Growth and Oxygen Precipitation Behavior of 300 mm Nitrogen-doped Czochralski Silicon," *J. Cryst. Growth*, 292:257(2006).
16. G. K. Teal, "Single Crystals of Germanium and Silicon—Basic to the Transistor and the Integrated Circuit," *IEEE Trans. Electron Dev.*, 23:621(1976).
17. W. Zuhlehner and D. Huber, "Czochralski Grown Silicon," *Crystals 8*, Springer-Verlag, Berlin, (1982).
18. S. Wolf and R. Tauber, "*Silicon Processing for the VLSI Era*," *Vol. 1*, Lattice Press, Sunset Beach, CA, (1986).
19. S. N. Rea, "Czochralski Silicon Pull Rates," *J. Cryst. Growth* 54:267(1981).
20. W. C. Dash, "Evidence of Dislocation Jogs in Deformed Silicon," *J. Appl. Phys.* 29:705 (1958).
21. W. C. Dash, "Silicon Crystals Free of Dislocations," *J. Appl. Phys.* 29:736(1958).
22. W. C. Dash, "Growth of Silicon Crystals Free from Dislocations," *J. Appl. Phys.* 30:459 (1959).
23. T. Abe, N. G. Einspruch and H. Huff, "Crystal Fabrication," in *VLSI Electron—Microstructure Sci.* 12, Academic Press, Orlando, F2, (1985).
24. W. Von Ammon, "Dependence of Bulk Defects on the Axial Temperature Gradient of Silicon Crystals During Czochralski Growth," *J. Cryst. Growth* 151:273(1995).

25. K. M. Kim and E. W. Langlois, "Computer Simulation of Oxygen Separation in CZ/MCZ Silicon Crystals and Comparison with Experimental Results," *J. Electrochem. Soc.* 138:1851(1991).
26. K. Hoshi, T. Suzuki, Y. Okubo, and N. Isawa, "Extended Abstracts of E. C. S. Spring. Meeting," *Electrochem. Soc. Ext. Abstr.* St. Louis Meet., 811(1980).
27. J. B. Mullin, B. W. Straughan, and W. S. Brickell, "Liquid encapsulation crystal pulling at high pressures," *J. Phys. Chem. Solid*, 26:782(1965).
28. I. M. Grant, D. Rumsby, R. M. Ware, M. R. Brozea, and B. Tuck, "Etch Pit Density, Resistivity and Chromium Distribution in Chromium Doped LEC GaAs," *Semi-Insulating Ⅲ-Ⅴ Materials*, Shiva Publishing, Nantwick, U. K., 98(1984).
29. K. W. Kelly, S. Motakes, and K. Koai, "Model-Based Control of Thermal Stresses During LEC Growth of GaAs. Ⅱ: Crystal Growth Experiments," *J. Cryst. Growth* 113(1-2):265(1991).
30. R. M. Ware, W. Higgins, K. O. O'Hearn, and M. Tiernan, "Growth and Properties of very Large Crystals of Semi-Insulating Gallium Arsenide," *GaAs IC Symp.*, 2:54(1996).
31. P. Rudolph and M. Jurisch, "Bulk Growth of GaAs: An Overview," *J. Cryst. Growth* 198-199: 325(1999).
32. S. Miyazawa, and F. Hyuga, "Proximity Effects of Dislocations on GaAs MESFET," *IEEE Trans. Electron. Dev.*, 3:227(1986).
33. R. Rumsby, R. M. Ware, B. Smith, M. Tyjberg, M. R. Brozel, and E. J. Foulkes, "Technical Digest of 1983 GaAs IC Symposium", Phoenix, 34(1983).
34. H. Ehrenreich and J. P. Hirth, "Mechanism for Dislocation Density Reduction in GaAs Crystals by Indium Addition," *Appl. Phys. Lett.* 46:668(1985).
35. G. Jacob, "*Proc. Semi-Insulating Ⅲ-Ⅴ Materials*," Shiva Publishing, Nantwick, U. K., 2 (1982).
36. C. Miner, J. Zorzi, S. Campbell, M. Young, K. Ozard, and K. Borg, "The Relationship Between the Resistivity of Semi-Insulating GaAs and MESFET Properties," *Mat. Sci. Eng B.*, 44:188 (1997).
37. K. Hoshi, N. Isawa, T. Suzuki, and Y. Okubo, "Czochralski Silicon Crystals Grown in a Transverse Magnetic Field," *J. Electrochem. Soc.*, 132:693(1985).
38. T. Suzuki, N. Izawa, Y. Okubo, and K. Hoshi, "*Semiconductor Silicon 1981*," 90(1981).
39. R. N. Thomas, H. M. Hobgood, P. S. Ravishankar, and T. T. Braggins, "Melt Growth of Large Diameter Semiconductors: Part Ⅰ," *Solid State Technol.* 33:163(April 1990).
40. S. Sze, "*VLSI Technology*," McGraw-Hill, New York, (1988).
41. N. Kobayashi, "Convection in Melt Growth—Theory and Experiments," *Proc. 84th Meet. Cryst. Eng.* Jpn. Soc. Appl. Phys., 1(1984).
42. M. Itsumi, H. Akiya, and T. Ueki, "The Composition of Octahedron Structures Thtat Act as an Origin of Defects in Thermal SiO_2 on Czochralski Silicon," *J. Appl. Phys.* 78:5984(1995).
43. H. Ozoe, JS. Szymd and K. Suzuki, "Effect of a Magnetic Field in Czochralski Silicon Crystal Growth," in *Modelling of Transport Phenomena in Crystal Growth*," MIT Press, Cam-

bridge, MA, (2000).

44. R. E. Kremer, D. Francomano, G. H. Beckhart, K. M. Burke, and T. Miller, *Mater. Res. Soc. Symp. Proc.* 144:15(1989).
45. C. E. Chang, V. F. S. Kip, and W. R. Wilcox, "Vertical Gradient Freeze Growth of GaAs and Naphthalene: Theory and Practice," *J. Cryst. Growth* 22:247(1974).
46. R. E. Kremer, D. Francomano, B. Freidenreich, H. Marshall, K. M. Burke, A. G. Milnes and C. J. Miner, "*Semi-Insulating Materials* 1990," Adam-Hilger, London, (1990).
47. W. Gault, E. Monberg, and J. Clemans, "A Novel Application of the Vertical Gradient Freeze Method to the Growth of High Quality Ⅲ-Ⅴ Crystals," *J. Cryst. Growth*, 74:491(1986).
48. E. Buhrig, C. Frank, C. Hannis, and B. Hoffmann, "Growth and Properties of Semi-Insulating VGF-GaAs," *Mat Sci. Eng. B.* 44:248(1997).
49. R. Nakai, Y. Hagi, S. Kawarabayashi, H. Migajima, N. Toyoda, M. Kiyama, S. Sawada, N. Kuwata, and S. Nakajima, "Manufacturing Large Diameter GaAs Substrates for Epitaxial Devices by VB Method," *GaAs IC Symp.*, 243(1998).
50. W. Keller and A. Muhlbauer, "*Float-Zone Silicon*," Dekker, New York, (1981).

第2章 外延

2.1 简介

超大规模集成电路芯片在通电时要有最小的闩锁效应，为此它需要在重掺杂的单晶硅顶部形成轻掺杂的薄膜单晶硅。通过保持低的集电极电阻在重掺杂衬底上生长轻掺杂晶体层时，可以实现更高的击穿电压以及更高的运行速度和改善双极型特性。在当今世界，硅外延已成为生产结（pn 结）、器件［二极管、双极晶体管（BJT）、互补金属氧化物半导体（CMOS）、双极互补金属氧化物半导体（BiCMOS）和鳍式场效应晶体管（FinFET）］以及化合物半导体的必要条件，因为它有助于重要技术材料的高质量晶体生长。外延有助于最小化闩锁效应的发生，还可以提高器件的性能，更好地控制器件上的掺杂浓度。

外延（epitaxy）一词指的是“在晶体衬底表面上生长晶体层（epi）且衬底表面的晶体取向影响生长薄膜上的晶序（taxis）”，即生长的薄膜具有一定厚度的晶体结构。生长薄膜的晶体结构可能与其本体不同，因此外延沉积具有在晶体表面添加和排列原子的能力。

外延是一种晶体材料在另一种晶体材料上按照规则定向生长。所以基层材料作为籽晶，并且在低于熔化温度的情况下发生该过程。外延的商业重要性主要来自它在半导体材料生长中的应用，用于在电子和光子器件中形成层和量子阱。电子、光电和磁光器件基于单层/多层薄膜结构通过外延工艺沉积在单晶衬底上。器件的可靠性、可重复性、性能和寿命由生长薄膜的纯度、结构完善性、化学计量、表面平整度、界面和外延层的均匀性决定。某些应用需要控制外延层中的晶体完整性和掺杂浓度。外延有两种不同的类型：

① 同质外延生长，外延层和衬底的材料相同。如果生长薄膜和衬底有不同的晶格常数但具有相同的晶格，则薄膜将受到应变，其晶格常数与其自身体积将会略有不同，并且由于界面上的电子杂化，可能会产生一些新的性质。大多数商业硅外

延是同质外延。

② 异质外延生长，外延层和衬底采用的材料不同。如果要获得单晶生长，并且要避免在外延衬底界面处出现大量的缺陷，则两个晶体结构应该非常相似，如在砷化镓衬底上的 $Al_xGa_{1-x}As$。

外延生长技术在很大程度上取代了电子电路制造过程中的体生长，因为要制造的器件只需要达到几微米的尺寸。因此，外延生长的使用减少了生长时间、成本，并消除了生长、清洁、切割、抛光等过程中造成的浪费。外延的主要优点是成分的均匀性、可控的生长参数以及生长原理更好理解。

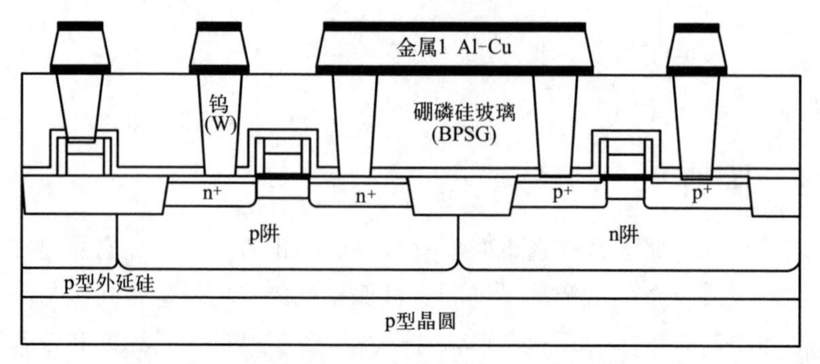

图 2.1 用于制造 CMOS 集成电路的外延晶圆示意图

有多种外延技术可用于生长材料和化合物半导体的外延层。这些技术中最突出的是：

- 液相外延（LPE）；
- 气相外延（VPE）；
- 分子束外延（MBE）；
- 化学束外延（CBE）；
- 原子层外延（ALE）。

本章介绍一些基本技术。

2.2 液相外延

液相外延（LPE）是一种通用、灵活的方法，可用于生长元素薄层以及Ⅲ-Ⅴ、Ⅱ-Ⅵ和Ⅳ-Ⅳ族化合物，用于材料研究和器件应用。器件结构制造的最新进展，如双异质（DH）激光二极管、pin 光电二极管、雪崩光电二极管、耿氏二极管、集成双极晶体管-激光电路、pin 场效应晶体管光接收器、多量子阱激光器和稀土掺杂注入激光器等，使得液相外延技术相对其它外延生长方法具有独特特性。

液相外延是指在定向晶体衬底上从金属溶液中生长薄膜。溶剂元素可以是生长固体的组成部分（例如 Ga 或 In），溶剂含有少量的溶质（例如 Ga 或 In 中的 As），用于生长外延层（例如 GaAs、InAs）；这些物质被输送到液-固界面。液相外延的生长采用多种方法，外延层生长所需的溶剂是根据技术经验来决定的。而外延沉积可以从高温下的浓溶液或低温下的稀释溶液中完成，甚至可以从接近熔点的熔体中完成。

在液相外延的实际应用中，更倾向于在低温下使用稀释溶液，因为这样可以提供较低的生长速率、更好的厚度控制、结构完美性和化学计量性，以及减少衬底和外延层热膨胀差异而引起的不利影响，并且还能降低不需要的自发成核晶体的风险。液相外延生长设备仅允许在受控温度条件下进行，将所需成分的生长溶液与衬底接触放置一段时间。在该技术中，沉积所需的过饱和是通过降低温度来实现的。为了正确地了解生长过程，必须理解相图预测的温度和溶解度二者之间的关系。

如果载流子输运仅通过扩散发生，则该过程可得到最佳控制。溶液中的推进力是溶质的浓度梯度。图 2.2 所示的生长系统通常被设计为基本只发生垂直于界面的扩散，而对流和表面张力相关的传输被抑制，并且与高度和曲率半径相比，利用更大的衬底尺寸可将温度梯度最小化。应用这些约束，液相外延过程可以被视为一维扩散过程，其中增长速度将受到扩散的限制。

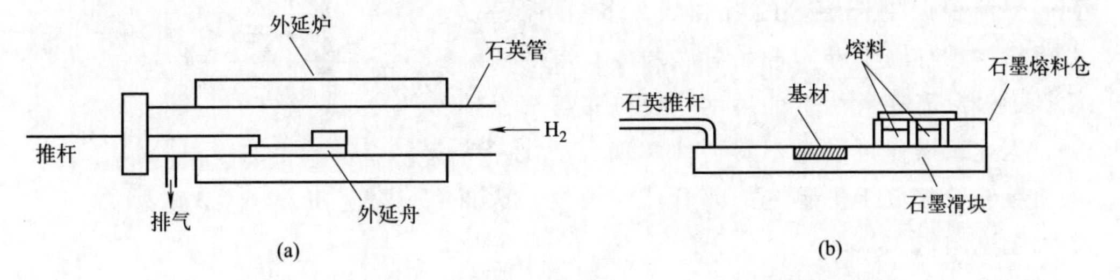

图 2.2 （a）液相外延的生长系统；（b）外延舟局部放大图

有三种主要的液相外延生长技术：

① 倾倒；

② 浸渍；

③ 滑动。

在倾倒技术中，衬底被紧紧地固定在石墨舟的上端，而生长溶液则放在另一端。通过倾斜衬底，使其与溶液接触，然后随炉缓慢冷却，外延层则开始在衬底上生长。溶液在规定的温度间隔内与衬底保持接触，并通过将反向倾倒至其原始位置来停止生长。残留在薄膜表面的溶液可以通过擦拭并溶解在合适的溶剂中而被除去。倾倒过程使用倾倒炉，

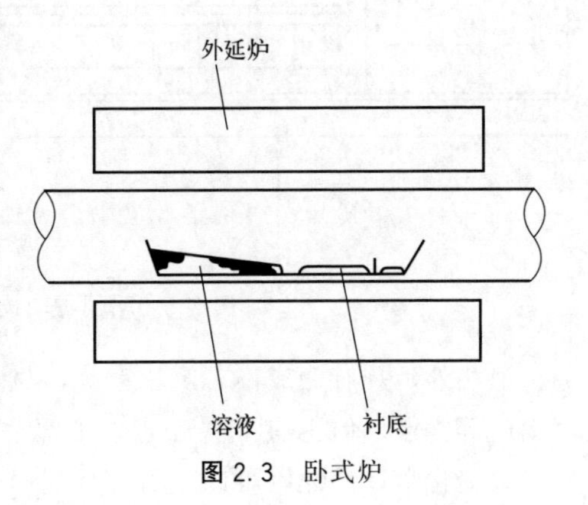

图 2.3 卧式炉

也称为卧式炉，如图 2.3 所示。

对于浸渍技术，使用的立式炉如图 2.4 所示。溶液包含氧化铝或石墨坩埚在三区炉的底部。而固定在可移动支架中的衬底最初位于溶液上方，在所需温度下，将衬底浸入溶液中开始生长，并在惰性气体的环境下，通过从溶液中取出衬底来终止生长。用于倾倒和浸渍技术的设备非常简单且易于操作。然而，利用这些技术的多层生长则需要相当复杂的设备。

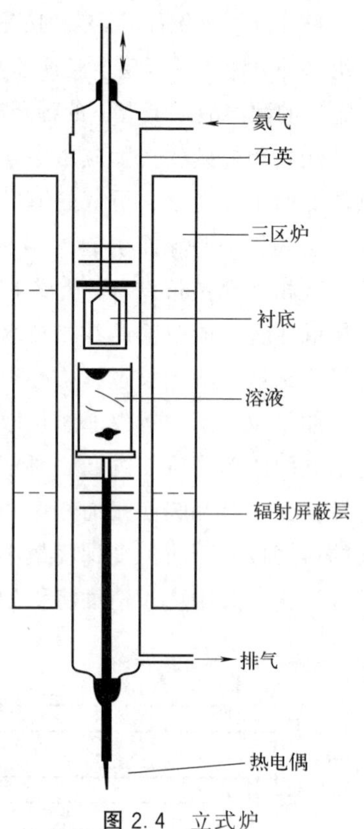

图 2.4　立式炉

第三种液相外延技术为滑动技术，使用多仓石墨滑块来生长多个外延层。图 2.5 显示了采用滑动技术的液相外延系统，该设备的主要部件是一个带有石墨滑块的块状分裂石墨筒、一个提供保护气体的熔融石英生长管和一个水平电阻炉。而石墨筒根据生长层数的需要配有多个溶液室，并且滑块具有用于母体籽晶衬底和生长层的两个槽。通过滚筒在滑块上的运动，使衬底与溶液接触，因此该操作可以毫不费力地实现自动化。熔融石英管通常位于炉膛内的热管热衬板里，从而确保温度均匀。

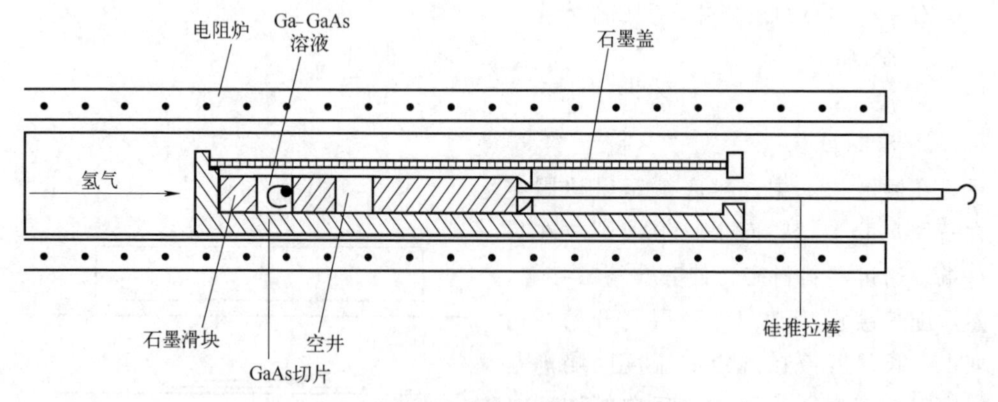

图 2.5　采用滑动技术的液相外延系统

液相外延具有低成本、沉积率高、材料纯度高、无残留有毒气体和掺杂剂选择范围广等优点。但也有一些缺点，如无法产生突变（单层）界面，大面积均匀性差，改变化学计量性困难以及对三元Ⅲ-Ⅴ族化合物的再现性控制较差。液相外延设备的进步使得可以产生 200～300Å 厚的超晶格结构。尽管液相外延取得了这样的进展，但仍不适合大规模、大批量的自动化制造。

2.3　气相外延/化学气相沉积

气相外延即利用气体的化学反应在热表面上形成外延层。化学反应引起的自由能变化正是合适的沉积力。材料的气相外延可以通过不同的化学物质来实现：氢化物、卤化物或有机金属。而卤化物和氢化物的系统在硅半导体工业中很常见。在硅半导体工业中，通常通过氯硅烷的氢还原或硅烷的热解来沉积外延膜。化学气相沉积（CVD）是硅外延最广泛使用的气相外延形式，并且化学气相沉积是一种广泛使用的材料加工技术，主要应用包括将固体薄膜镀制到表面，生产高纯度的散装材料和粉末，还通过渗透技术生成复合材料。化学气相沉积是利用热、紫外线、射频、等离子体或多种源的组合，通过气体化学物质的分解，形成稳定的固体。

化学气相沉积是一项相当古老的技术，在 19 世纪用于精炼难熔金属，在 20 世纪初用于生产爱迪生的白炽灯碳丝，在 20 世纪 50 年代用于硬金属涂层。通过化学气相沉积制备半导体材料始于 20 世纪 60 年代。目前，商业硅外延生产主要通过化学气相沉积完成，其通过使用热量作为能源分解气体的化学物质，可以在同一晶体内部的小距离内产生硅材料性质的根本变化，因此这种能力允许在重掺杂单晶硅的基础上生长轻掺杂单晶硅。单晶硅的化学气相沉积通常在石英反应器中进行，并且石英反应器的放置为衬底晶片提供机械支撑和均匀的热环境。沉积发生在高温下，当工艺气体流入反应室时会发生多种化学反应。因此，在化学气相沉积操作中，母体被引入反应室，反应室由平衡流量调节器和控制阀控制。母体分子被吸入边界层，穿过衬底并沉积在衬底表面。

常见的气相外延流程如图 2.6 所示。在外延层沉积工艺之前，首先用氮气或氢气对生长系统进行短期的清洁，然后进行蒸气 HCl 蚀刻。然后通过将反应气体导

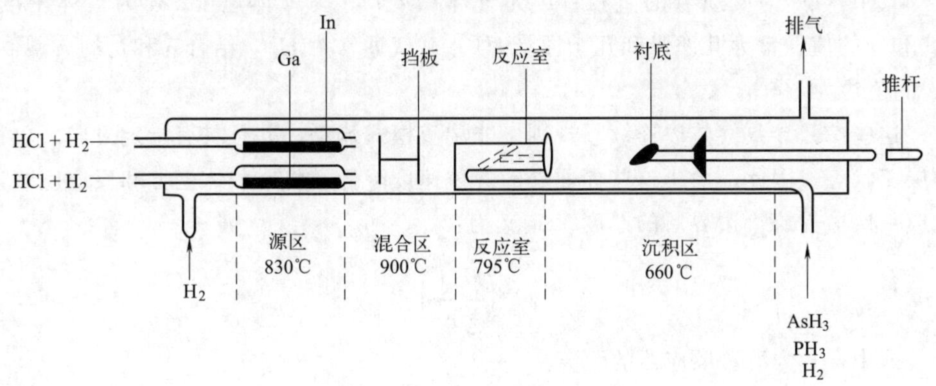

图 2.6　典型的气相外延工艺

入预热衬底的反应室来启动沉积过程。

气相外延的生长方法可分为以下步骤，处理步骤流程如图 2.7 所示：

① 将反应物质引入并转移至衬底区域；

② 反应物质在衬底表面吸附；

③ 衬底表面发生表面扩散、位点调节、化学反应、层沉积等表面反应；

④ 从衬底表面解吸残留反应物和副产物；

⑤ 从衬底区域转移并去除残留反应物和副产物。

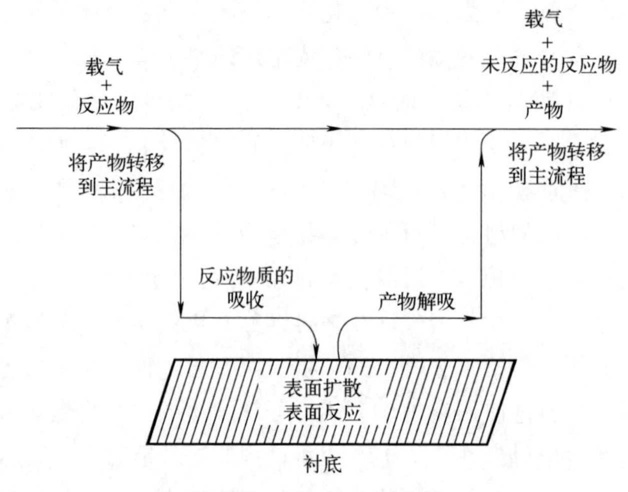

图 2.7　气相外延流程图

2.3.1　生长模型及理论

反应器中的流体流动类型通过雷诺数（Re）表征：

$$Re=\frac{D_{\mathrm{r}}v\rho}{\mu} \tag{2.1}$$

式中，D_{r} 为反应管的直径；μ 为气体黏度；v 为气体速度；ρ 为气体密度。D_{r} 和 v 的值通常为几厘米和几十厘米/秒。载气通常为 H_2，结合 ρ 和 μ 的典型值，Re 的值约为 100。

这些参数导致气体以连续、规则、非湍流模式流动，并且具有指定方向，也称为层流状态。因此，由于这些界面处的气体速度降低，将在载体上方和反应室壁上形成一层边界层。边界层的厚度 y 定义为：

$$y=\left(\frac{D_{\mathrm{r}}x}{Re}\right)^{\frac{1}{2}} \tag{2.2}$$

式中，x 为沿着反应器的距离。

图 2.8 中显示的是该边界层的生长过程。反应物被输送到衬底表面，而反应副

产物将会穿过该边界层扩散回主气流中。在晶圆表面来回的物质通量是反应物、浓度、层厚度和环境（如温度、压力等）的复杂函数。按照惯例，通量 J 定义为 D 和 dn/dy 的乘积，是单位时间单位面积内的分子反应物通量，估算为：

$$J=\frac{D(n_g-n_s)}{y} \tag{2.3}$$

式中，D 为气相扩散率（也称扩散系数），它是压力和温度的函数；n_g 和 n_s 分别为气流和表面反应物浓度；y 为边界层厚度。

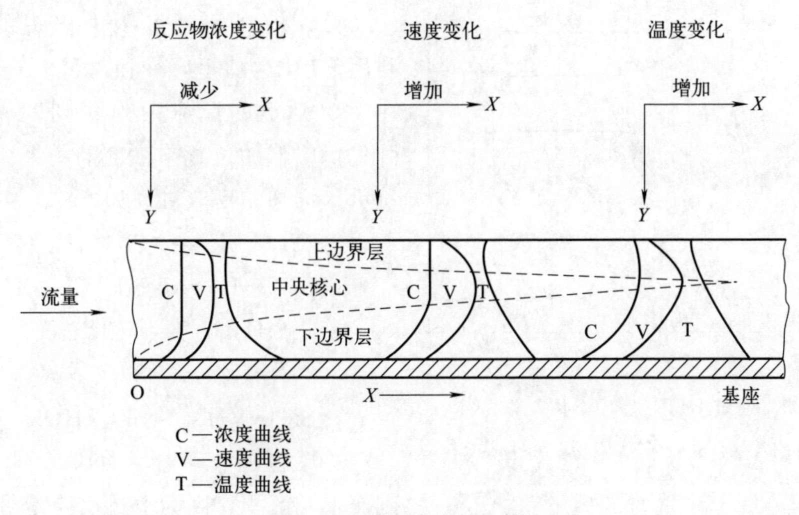

图 2.8 边界层形成示意图

穿过边界层的反应物通量等于取样表面稳态下的化学反应速率 k_s。则有：

$$J=k_sn_s \tag{2.4}$$

以及

$$n_s=\frac{n_g}{1+\frac{k_sy}{D}} \tag{2.5}$$

D/y 通常称为气相传质系数（h_g）。因此有两种极限情况：(a) 当 n_s 趋于零时，反应将受到反应物通过边界层传输的限制；(b) 当 $n_s \approx n_g$ 时，表面化学反应速率主导生长过程。

2.3.2 生长化学

硅外延的起始化学物质是四氯化硅（$SiCl_4$）。就载气中的氧化剂而言，$SiCl_4$ 的反应活性低于其它的氯化氢硅化合物。实验结果表明，存在许多中间化学物质和残留物。总体反应是：

$$SiCl_4(g)+2H_2(g)\rightleftharpoons Si(s)+4HCl(g)$$

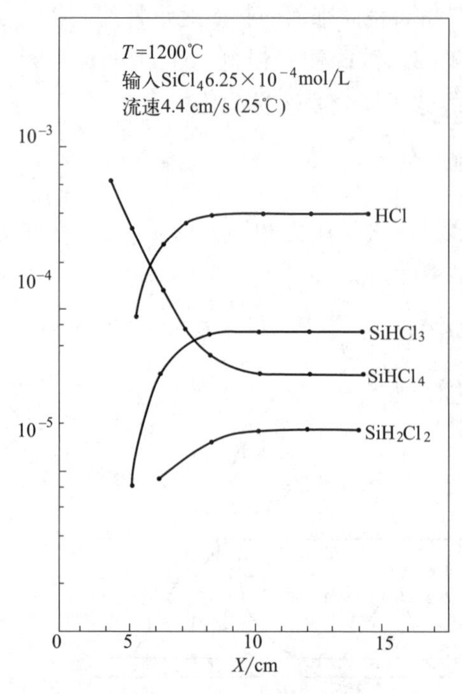

图 2.9 通过 FTIR 光谱技术检测 $SiCl_4$ 和 H_2 在卧式反应器中得到的物质

分析的出发点是调节 Si-Cl-H 体系、每个可能反应的平衡常数和目标温度下的气体物质分压。平衡的实验计算表明，有 14 种物质与固体硅处于平衡状态。实际上，许多物质可以忽略不计，因为它们的分压小于 10^{-6}atm（1atm＝1.01325×10^5Pa）。这针对特定的 Cl/H 比率（0.01），代表外延沉积中出现的比率。利用 FTIR（傅里叶变换红外）光谱技术在 1200℃下的反应中观察到四种物质，卧式反应器的位置与浓度的关系如图 2.9 所示。详细的反应机理如下：

$$SiCl_4 + H_2 \rightleftharpoons SiHCl_3 + HCl$$

$$SiHCl_3 + H_2 \rightleftharpoons SiH_2Cl_2 + HCl$$

$$SiH_2Cl \rightleftharpoons SiCl_2 + H_2$$

$$SiHCl \rightleftharpoons SiCl_2 + HCl$$

$$SiCl_2 + H \rightleftharpoons Si + 2HCl$$

总反应速率可能为负值，即发生蚀刻而不是沉积，因为上述反应是可逆的。

图 2.10 是阿伦尼乌斯生长速率图，说明了整个反应过程。在区域 A 中，该过程可以被描述为反应速率或动力学受限，即其中一个化学反应是速率限制步骤，甚至是可逆的；区域 B 表示传输过程是速率受限制的情况。当生长速率受到反应产物扩散或达到晶片表面的反应物量的限制。这种体系称为质量传输或扩散受限以及气体生长。区域 B 在较高温度下的生长速率略有增加是由于气相物质的扩散系数随温度的升高而增加。常压下的工业过程通常在区域 B 中进行，可以尽量减少温度变化对外延均匀层生长速率的影响，正如图 2.10 所示。

2.3.3 掺杂

杂质原子氢化物通常用作外延生长过程中的掺杂源。例如：

$$2AsH_3(g) \longrightarrow 2As(s) + 3H_2(g)$$

$$2As(s) \longrightarrow 2As^+(s) + 2e^-$$

掺杂剂的掺入过程如图 2.11 所示。

自掺杂工艺除了从衬底中引入专门的掺杂剂之外，还会引入一些非故意掺杂剂。掺杂剂可以通过固态扩散或蒸发从衬底中释放出来，还可以通过界面扩散或气

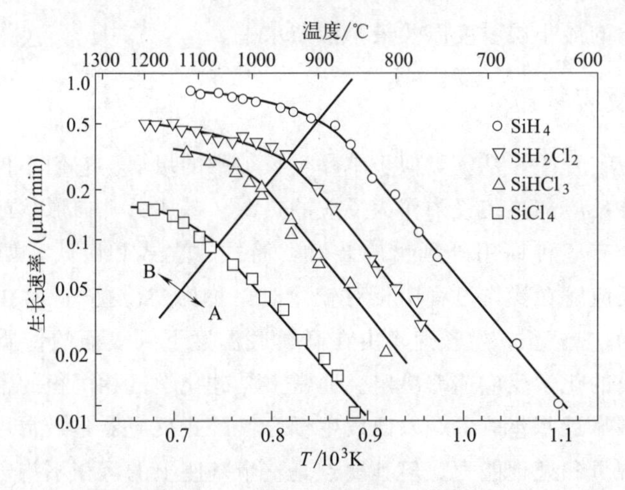

图 2.10 阿伦尼乌斯生长速率图

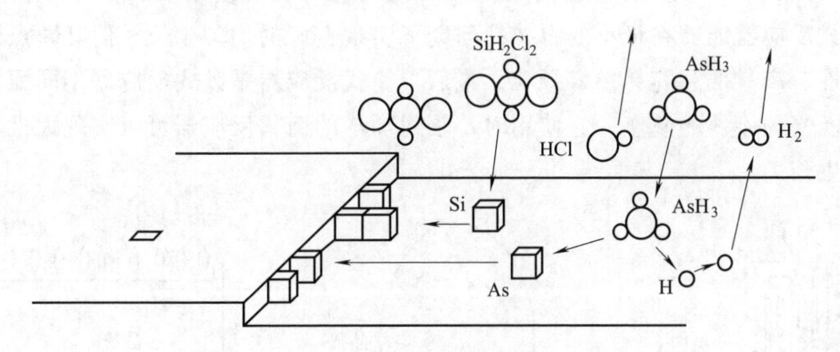

图 2.11 砷化氢掺杂掺入和生长过程示意图

体扩散调整到生长层中。自动掺杂作为层和衬底之间的增强区域被显示出来。图 2.12 显示了外延层的掺杂分布，详细说明了自掺杂的各个区域，区域 A 的出现是由于从衬底的固态外扩散，如果生长速度小于 $2(D/t)^{1/2}$ 时（其中，D 是掺杂扩散常数；t 表示沉积时间），则由余误差函数近似。B 区起源于气相自掺杂，因为从晶片表面蒸发的掺杂剂是通过固态扩散从晶片内部提供的，并且暴露表面的掺杂剂通量会随着时间的推移而减少，一旦自掺杂减少，故意掺杂将占主导地位，并且曲线轮廓变得平坦。因此，自掺杂限制了受

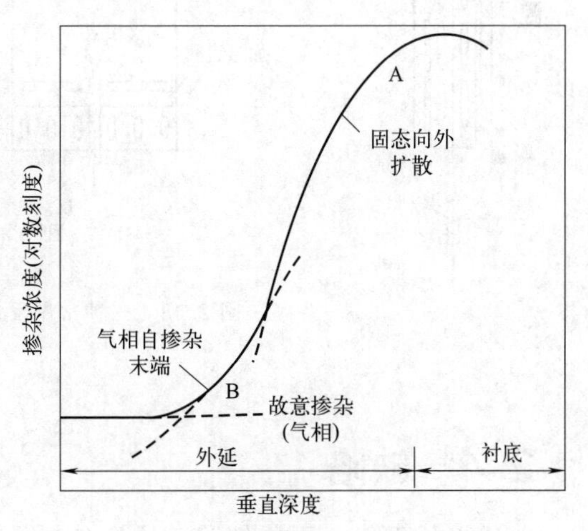

图 2.12 具有不同自掺杂区域的外延层综合掺杂分布

控掺杂可以生长的最小层厚度以及最小掺杂水平。

2.3.4 反应装置

在外延反应装置中，基座类似于单晶生长炉中的坩埚。它们不仅可作晶片的机械支撑，同时在反应加热装置中作为反应的热源。基座的几何形状或配置通常对应反应装置名称。有三种商用外延反应装置：筒式、立式和卧式，如图 2.13 所示。在反应器中，反应管在操作过程中相对较冷时，称为“冷壁”，而在反应器系统相对较热时，称为“热壁”。生长速率由在高衬底温度下到表面的传质速率和在低衬底温度下表面上的化学反应速率决定。通常多晶硅化学气相沉积的常用工艺是热壁操作。水冷线圈靠近基座放置，以便发生耦合。卧式反应器是最常用的系统，因为它提供了高的容量和处理能力，但其缺点是整个基座上的沉积不均匀。可以通过将基座倾斜到 1.5°～3°来最大程度地减少不均匀性，从而使缺点影响最小。与之相比，立式反应器能够在最小的自掺杂问题下实现良好的均匀生长，但其缺点包括机械复杂性、产量低和容易掺入颗粒。最后，筒式反应器是卧式反应器不同配置下的扩展版。当与倾斜的基座一起使用时，辐射加热的筒式反应器可以实现大批量生产和均匀生长。

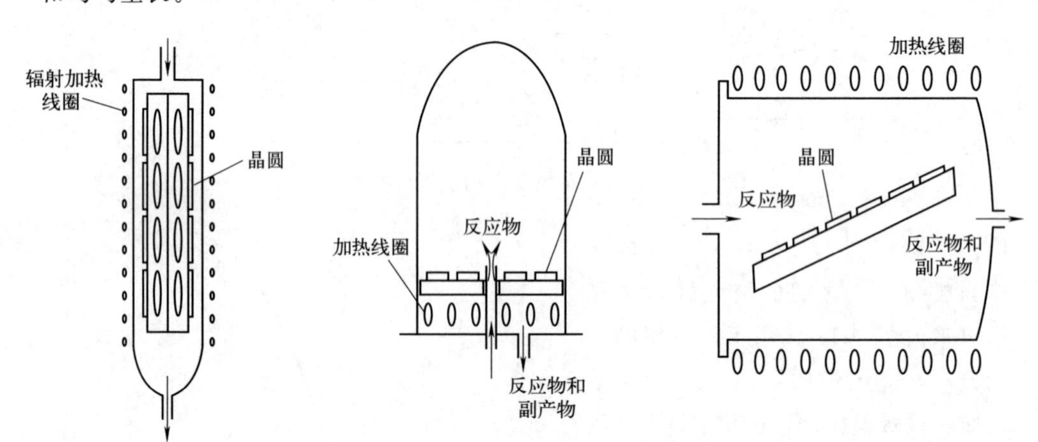

图 2.13　三种常用反应器示意图

2.4 缺陷

外延生长不仅会引入缺陷，还会传播缺陷。如果这些缺陷位于制造晶体管晶片的有源区域中，它们通常会导致器件发生故障。这些故障可能直接由与缺陷相关的电子状态引起，从而导致过度泄漏。故障也可能不那么直接。晶体的完整性通常低于外延层，但永远不会超过衬底。晶体的完整性是外延工艺和衬底晶片本身特性的一个体现。在加工过程中，缺陷可能会捕获晶圆中导致这些电子状态的其它杂质。这些缺陷还可能导致加工过程中过度的杂质扩散，从而改变物理器件结构。

图 2.14 说明了外延层中的一些常见结构问题。通常，可以通过高温、高真空压力、较低的生长速率和较清洁的衬底表面来减少缺陷。典型的外延衬底预清洁工艺包括湿法清洁、稀释的 HF 浸渍以及原位 HCl 或 SF_6 蒸气蚀刻。

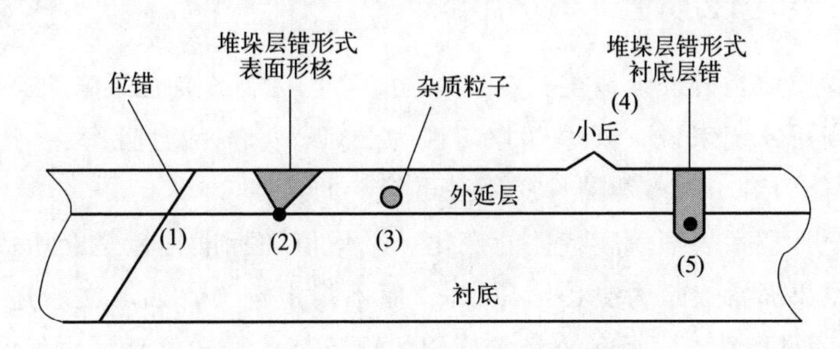

图 2.14 外延层中常见缺陷的图形表示

1—线（或边缘）位错首先出现在衬底中，然后扩展到外延层；2—衬底表面杂质污染导致的外延堆垛层错；3—由外延工艺污染引起的杂质沉淀；4—生长尖峰；5—体堆垛层错，其中一个与衬底表面相交，从而延伸到层中

外延硅层中最常见的缺陷类型是位错和堆垛层错。图 2.14 中，位错（1）是额外或缺失的原子线；堆垛层错是插入晶体的额外原子平面或晶体中缺失的原子平面，并且位错是堆垛层错的二维模拟。晶圆表面的位错不太明显，但却会引起严重的良品率问题。位错还可以简单地从衬底位错传播。硅中的堆垛层错（2）通常发生在〈111〉方向。对于（100）晶圆，堆垛层错显示为沿〈110〉方向的线。尖峰（4）是来自外延层的突起，由图可见稍微或没有与晶体方向对齐，这可能与三维生长的开始有关。堆垛层错和尖峰通常源自原始晶圆表面上的缺陷。这些原始缺陷包括氧、金属或合金杂质、晶圆上的氧化诱导以及堆集在晶圆表面上的颗粒。晶圆清洁程序的改进显著降低了生产硅气相外延中的堆垛层错密度。

微观生长过程

在化学气相沉积（CVD）工艺中要考虑的最后一点是获得单晶薄膜的条件及其生长机制。发生化学反应后，硅原子开始在衬底表面被吸收。这些原子必须通过表面迁移找到在晶体上的有利位置，从而结合到晶格中。在高增长率下，没有足够的时间进行表面迁移，这样会导致硅外延的多晶生长。这些有利的位置位于单层高台阶的前沿，因此，生长不是垂直的，而是横向的。这种效应解释了生长速率随表面方向的变化，因为这些位置的可用性和台阶的移动取决于方向。被吸收的硅原子与掺杂原子、氢、氯和其它原子将会竞争这些位置。掺杂剂原子的浓度通常低到可以忽略不计，但是诸如碳之类的杂质会影响硅原子在表面上的运动，并可能使堆垛层错或三锥缺陷成核。这种横向生长机制解释了在图案偏移和变形偏离晶圆〈111〉方向条件下讨论过的影响。

2.5 化学气相沉积硅外延的技术问题

2.5.1 均匀性/质量

均匀性和质量是硅外延最重要的技术方面，因为器件性能通常直接取决于这些因素。对于商用系统来说，其厚度均匀性为±(2～4)%，电阻率均匀性为±(4～10)%，这种能力对于大多数器件应用是可接受的。

通常用统计技术表征薄膜特性的变化。平均值和标准偏差是众所周知的概念，然而，这些结果通常表示为±(x～y)%，而不指定定义，如上文所述。上述均匀性适用于90%的测量点。另一个经常使用的规范是从最大值到最小值的总变化量，用平均值的±(x～y)%表示。最大-最小值的变化可通过公式很容易地计算：

$$\pm 变化\% = \frac{(最大值-最小值)}{(最大值+最小值)} \times 100$$

“90%的数据点”可以与标准偏差直接相关。假设数据呈正态分布，“90%的数据点”可能等于1.64个标准差。最大-最小值变化与统计计算没有直接的关系；然而，三个标准差通常会包含99.6%的数据点。

外延质量包括晶体和表面缺陷，以及金属污染。

2.5.2 埋层图案转移

埋层图案对于双极型集成电路的构建至关重要。外延生长之前，在晶圆表面中创建埋层（原始衬底表面中的重掺杂区域的图案），以便为双极晶体管的集电极提供低电阻欧姆路径。生长外延层的原因通常是为了降低寄生电阻，这种情况是通过在重掺杂晶圆或局部掩埋区域的顶部生长轻掺杂外延层来实现的。晶体管封装在外延层中，而重掺杂区本质上是晶体管底部的埋置触点。如果后续图案未直接对准这些埋层图案上方，则晶体管将无法按照规范操作。

由于掺杂剂浓度较高的区域氧化速率较高，因此在晶圆表面形成埋层图案。当在埋层扩散后去除氧化物时，较高的氧化速率在每个埋层区域的晶圆表面会留下凹陷，这些凹陷可以用于在创建集成电路时对准后续的掩模。初始氧化物在p型衬底上生长并形成图案用于保护环扩散。当保护环被推进，氧化物被剥离，并且第二层氧化物被生长时，该氧化物被图案化，用于集电极注入并推进收集器，剥离氧化物，生长第三层氧化物。这种氧化物是为衬底注入而形成图案。注入衬底时，剥离氧化物，激活衬底，生长第四层氧化物。然后对该氧化物进行图案化以用于发射极注入。发射极被注入，氧化物被剥离，最终层氧化物被生长。该氧化物为基极接触（也称为非本征衬底）形成图案。完成 p^+ 的注入，在最后的热步骤中激活基极触点和发射极，然后沉积接触玻璃，制作触点，应用金属化层并形成图案。最后，可以通过同时注入外源衬底和内源衬底来消除外源衬底注入掩模。如果该注入物保持较浅且浓度低于发射极，则发射极扩散将淹没晶体管器件有源区中的非本征基极，但不会影响外部器件区中的非本征基极。必须付出的代价是更大的发射极-基极电容、更低的击穿电压和更高的基极接触电阻，基本三维技术的最初改进之一是增加了隐埋集电极。这是集电极下的重掺杂扩散，使原本较大的集电极串联电阻短路，并且隐埋集电极的使用意味着集电极必须在衬底上外延生长，这种技术被称为标准隐埋集电极（SBC）。20 世纪 70 年代中期，氧化物隔离 SBC 一直是双极集成电路行业的支柱。

对于双极晶体管，需要将上部器件层与埋层对准。为此，可以在外延生长之前将对准标记蚀刻到衬底中。图案的移位是指取向标记位置在生长后出现移动的趋势（图 2.15），图案移位的原因是由生长速率对暴露的晶体取向的依赖性造成的。而与（111）相比，（100）晶圆中的图案偏移要小得多。通常，较低氯含量的母体（SiH_2Cl_2 和 $SiHCl_3$）也会随着在较高温度下的生长而显示较少的图案移位。测量薄膜厚度的首选方法是 FTIR 光谱法，用于相对较厚的外延层，其中红外源通过分束器发送到可移动反射镜和晶圆表面，并且来自两个表面的反射辐射会被添加并发送到探测器中。清除镜像路径的距离，监测反射光束的强度，并作为反射镜的位置函数。这些峰之间的间隔与外延层的厚度成正比。

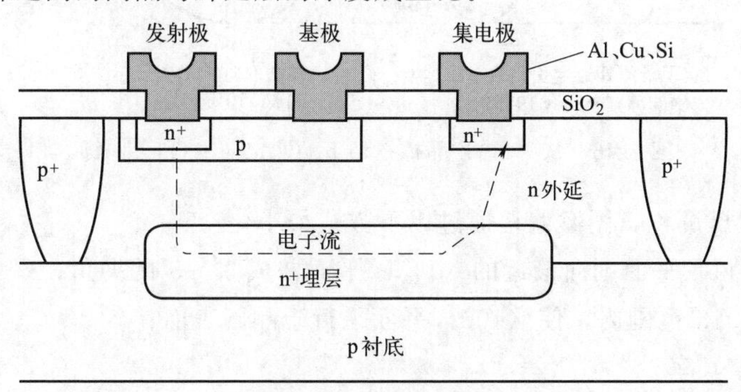

图 2.15 埋层图案

由于在不同晶向上的生长速率不同，埋层图案可能相对于高掺杂区域发生偏移，并且图案可能被扭曲或洗掉。图案失真是原始图案尺寸的变化，通常伴随着侧壁提取，并且根据晶圆的沉积条件和方向，出现放大、缩小、小平面和几乎消失。图案失真出现时：

- 当偏离方向是沿着最近的（110）平面内的方向时，伴随着偏离方向为〈111〉的表面上对称图案发生偏移；

• 伴随着在偏离方向的（100）表面上的不对称图案偏移；

• 但在定向的（100）表面上没有图案偏移。

图案失真可通过如下方式减少：

• 降低沉积气体中的氯浓度；

• 提高生长温度；

• 降低增长压力。

图案偏移是指表面图案相对于重掺杂埋层区域的运动。图案偏移率是偏移量除以外延层的厚度。必须控制图案偏移，以使后续掩模与实际埋层图案精确对准。零图案偏移率是合乎需要的，但在商业生产中，除非通过减压沉积，否则无法实现。行业中通常采用1∶1到1.5∶1的图案偏移率。

当晶圆从〈111〉取向的晶体上切割时，它在特定的偏离取向的方向上切割，如图2.16所示，这种从（111）平面向最新（110）平面的取向偏离消除了粒状表面生长，并在外延生长期间提供对称图案偏移。很容易注意到，位错蚀刻坑的对称性反映了偏向切割的对称性，如图2.16所示。该观察结果为不正确偏离方向的晶圆提供了有用的测试。

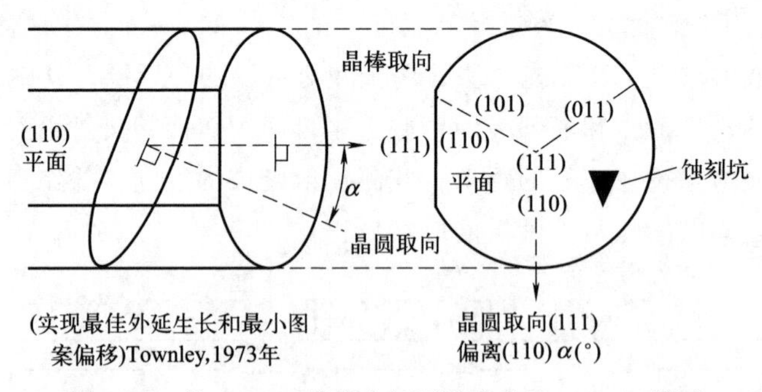

图2.16 从（111）晶棒上切下的非定向〈111〉晶圆

对于大气压沉积，图案偏移通过以下方式最小化：

• 使（111）平面朝向最近的（110）平面并成3°～5°的夹角；

• 在±0.15°范围内，使（100）平面平行于晶圆表面；

• 降低增长率；

• 提高生长温度；

• 降低增长压力；

• 降低工艺气体的氯含量。

幸运的是，减少图案偏移的条件基本与减少图案失真的条件相同，只是图案失真对于取向为〈100〉的表面可能非常显著。

SiH_4 在减少图案偏移和失真的方面上提供了最佳效果；然而，由于钟罩涂层和气相反应，SiH_4 的生长速率通常小于 0.25μm/min。对于厚度大于约 1.5μm 的外延层，最佳的方案被认为是 SiH_2Cl_2，在减压下操作，生长速率在 0.3～0.5μm/min 范围内。对于小于 1.5μm 的外延层，SiH_4 具有温度较低的优点，但缺点是对氧化剂泄漏更敏感。对于较低的生长压力，图案偏移的程度较小，变为零，然后变为“负”，因为图案偏移的方向与大气压力的方向相反。图 2.17 说明了图案偏移对压力的影响，其中，在 1080℃的圆筒式反应器中，使用 SiH_2Cl_2 以 0.3μm/min 的速度在低于 100Torr❶ 的压力下发现了“负”图案偏移。

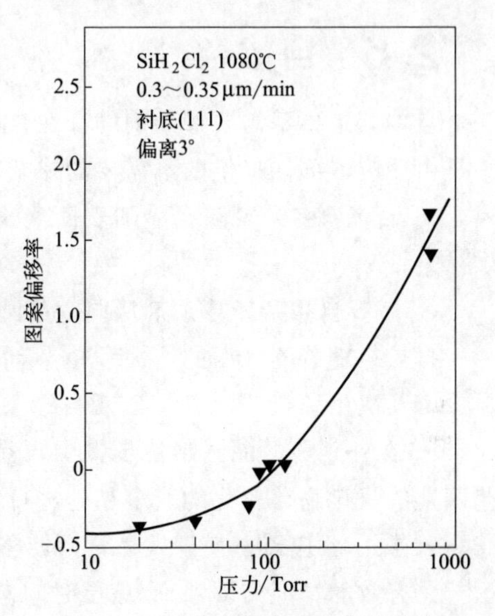

图 2.17 压力对图案偏移率的影响

由于“负”图案偏移的概念，“减少”图案偏移的工艺变化必须在代数意义上进行度量。也就是说，如果存在“负”图案偏移，那么“增加”图案偏移的工艺变化实际上会导致“负”偏移接近于零。“减少”图案偏移的工艺变化实际上会导致“负”图案偏移从零变为更“负”或更远离零。图 2.18 给出了辐射加热圆筒和感应加热立式反应器的图案偏移率与压力的关系。对于高于零的图案偏移率，减小压力和生长速度会使偏移更接近零。对于低于零的图案偏移率，增加压力和生长速度使偏移接近零。

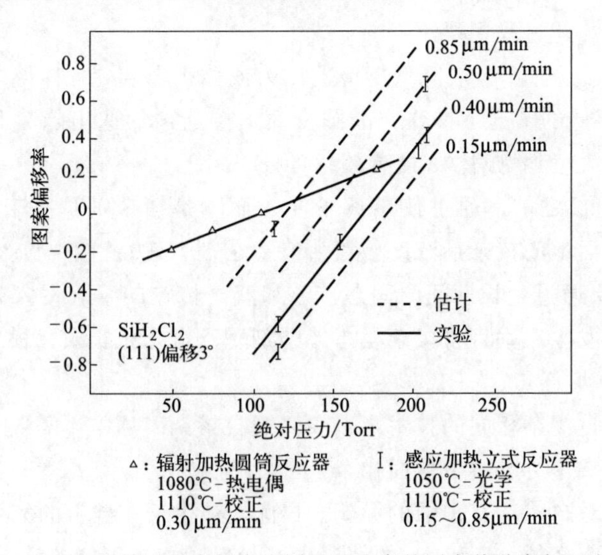

图 2.18 立式和圆筒式反应器中不同生长速率的图案偏移率与压力的关系

❶ 压力单位，1Torr=1mmHg=133.3324Pa。

生长温度对图案偏移的影响最大。仅 20～30℃的变化就会对图案偏移率有重大影响，并且降低沉积温度会导致图案偏移率绝对值的增加，即对于“负”图案偏移，降低沉积温度使图案偏移接近于零。

2.6 自掺杂

自掺杂是指不需要掺杂剂的存在，晶圆本身就有助于外延层生长。本征掺杂水平是由反应器部件提供的不需要的掺杂剂。自掺杂可分为两种类型：

• 宏观自掺杂，来自晶圆表面（正面和背面）的掺杂剂通常对所有生长层提供掺杂；

• 微观自掺杂，掺杂剂从同一晶圆上的一个位置迁移到另一个位置。

自掺杂随着蒸气压的增加和掺杂剂扩散速率的增加而增加。Sb 引起的自掺杂最少，其次是 As、B 和 P。宏观自掺杂可以通过多种技术来减少，包括：

• 在外延前的晶圆制备步骤中，晶片的背面可通过化学气相沉积（CVD）工艺制造的氧化物、氮化物或多晶硅进行密封。

• 操作反应器，使硅发生背面转移，以便在 HCl 蚀刻期间密封晶圆背面。该工艺是有效的，但需要蚀刻/涂层时间。

• 采用两步工艺，首先沉积未掺杂薄盖层，然后用频率清洗系统，对所需的外延层吹扫。该过程对于气体成分可以快速改变的推流式反应器也同样有效。

• 采用低温/高温顺序，即通过高温烘烤耗尽晶圆表面的掺杂剂，然后进行低温外延生长步骤。此过程主要用于 As。

• 通过增加总流量和/或降低反应器压力或体积来减少气体停留时间。

• 在压力降低的情况下操作，晶圆表面上掺杂剂的逸出趋势和每分钟的体积变化数量将会大大增加（对 As 最有效）。

• 在外延生长之前，通过使用离子注入而不是掺杂剂扩散来掺杂晶圆表面，从而降低晶圆表面上的掺杂剂浓度（对所有掺杂剂有效）。微观自掺杂如图 2.19 所示。这里 n^+ 埋层通过生长期间的固态扩散和蒸气传输的组合侵入外延层，垂直和横向自掺杂都会发生。垂直自掺杂是指掺杂剂垂直进入生长层；横向自掺杂是指向埋层区域两侧移动。

通过与宏观自掺杂相同的技术来减少微观自掺杂。通常不需要背面密封，因为集成电路加工通常是为了避免背面掺杂。

预外延氧化对自掺杂有很强的影响。B 优先被生长在硅上的氧化物吸收，使单晶表面附近的浓度降低。P 和 As 的情况正好相反。如果可能的话，As 和 P 的预外延掺杂应该用更高的温度、干法氧化而不是更低的温度、湿法氧化来完成。B 的情况正好相反。

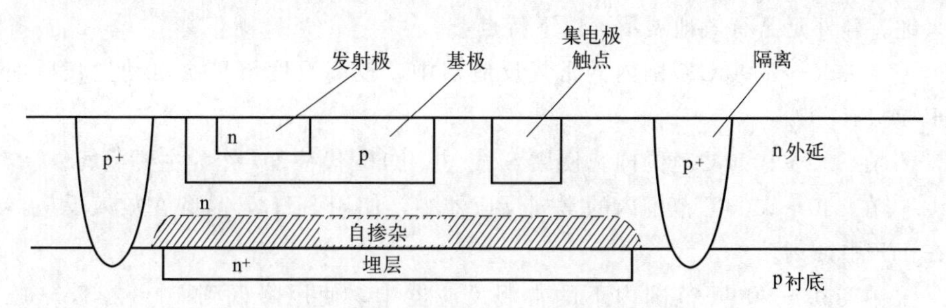

图2.19 埋层双极器件结构中的微观自掺杂

2.7 选择性外延

选择性外延是指在晶圆表面热生长氧化物上蚀刻的窗口中生长单晶硅。对于在氧化物顶部生长或不生长受控的多晶硅，选择性外延是可能的。没有多晶硅过度生长的氧化物进行选择性外延的条件是通过没有成核条件的沉积来实现的。这些条件包括：

- 通过向沉积气体中添加 HCl，氯与硅的比例约为 3∶1。
- 在较高的温度下，提高氯的蚀刻速率。
- 在降低的压力下，挥发性氯化硅的逸出增加。
- 目前推荐的生长温度为1000℃，使用 SiH_2Cl_2 和 3∶1 的 HCl∶SiH_2Cl_2 在100Torr下进行选择性外延，而不会出现多晶过度生长。

外延横向过度生长是选择性外延的另一种变体，其中选择性外延允许在窗口外和氧化物表面上生长。可蚀刻氧化物顶部的单晶层，将其与单个衬底断开，从而在热生长氧化物顶部形成高质量的单晶岛。这种结构对于三维器件结构具有十分可观的应用前景。

多晶硅过度生长选择性外延，利用促进成核的沉积条件，例如：

- 不含氯；
- 使用 SiH_4；
- 使用较低温度和较高压力。

利用 SiH_4 在975℃和760Torr的沉积压力下，可实现多晶硅过度生长的选择性外延。在器件应用中，在不影响更轻掺杂器件区域的情况下，多晶硅过度生长提供了一个与单晶区域的重掺杂接触的场所。

2.8 低温外延

在较低温度下，通过化学气相沉积（CVD）进行硅外延现在引起了人们的极大兴趣。硅外延已有效地展示了以下特点：

• 在 800～1000℃范围内的常规反应器中，较高温度下首次启动生长后使用 SiH_4 或 SiH_2C_2。

• 在 800～1000℃范围内，使用 SiH_4 并用 He 代替 H_2 作为主要载气。

• 在 850～1000℃范围内的常规反应器中，使用 SiH_4，晶圆在放入反应器之前在 HF 中蚀刻。

• 在 850～900℃范围内下的常规反应器中，使用降低到 10～20Torr 压力的 SiH_2Cl_2。

• 在 800～900℃范围内，使用硅烷和其它硅化合物的光离解。

• 在 750～950℃范围内的冷壁反应器中，使用等离子蚀刻去除天然氧化物。

• 在 700～900℃范围内，在负载锁定的热壁反应堆中以极低压力运行。

所有这些低温外延工艺的应用都受到了限制，因为它们需要非常低的生长速率才能达到部分令人满意的晶体质量。由于所需的外延层厚度低于 0.6μm，因此必须进一步开发此类技术并对其进行表征，以用于商业生产。

2.9 物理气相沉积

物理气相沉积（PVD）是一组用于沉积薄层材料的组合工艺，通常在几纳米到几微米的范围内。PVD 基本上是涂层材料的无限选择：金属、合金、半导体、金属氧化物、碳化物、氮化物、金属陶瓷、硫化物、硒化物、碲化物等。PVD 工艺包括三个基本步骤：

• 由高温真空或气体等离子体支撑的固体源进行材料蒸发；

• 将真空或部分真空中的蒸气输送至衬底表面；

• 冷凝到衬底上以形成薄膜。

PVD 包括不同的方法，如蒸发、溅射和分子束外延（MBE）：

• 蒸发：将材料加热至低于其熔化温度的气相，然后通过高真空扩散至衬底。

• 溅射：首先产生包含离子和电子的等离子体；接着，来自目标的原子被离子击中后被喷射出来；然后，来自目标的原子穿过等离子体，在衬底上形成一个薄层。

• MBE：将衬底清洗干净，然后将其装入真空室中并加热，以去除表面污染物，使衬底表面变得粗糙。分子光束通过快门发射出少量的源材料，然后在衬底上收集。

PVD 应用广泛，包括制造互连线、微电子器件、扩散屏障、光学和导电涂层、表面改性、电池和燃料电池电极。我们将在金属化章节（第 8 章）中详细讨论 PVD 的应用。这里重点介绍分子束外延（MBE）工艺。

分子束外延（MBE）是一种真空蒸发技术，是最简单、最古老的固体薄膜沉积技术之一。尽管早在20世纪50年代，真空蒸发就被用于制备半导体，但直到超高真空（UHV）技术、光源设计和控制以及衬底清洁程序得到改进，外延生长条件才得以实现。MBE目前已成为一种多用途的半导体、金属和超导体外延薄膜生长技术。

MBE系统的原理如图2.20所示，它是由一个生长室和辅助室（第一代系统中不存在）、扩散泵和负载锁组成。每个腔体都有一个相关的泵送系统。负载锁有利于样品或晶圆的引入和去除，而不会显著影响生长室的真空度。辅助室可能包含生长室中未包含的补充表面分析工具、附加沉积设备和其它加工设备。以这种方式分离的设备允许更有效地使用生长室，并提高辅助和生长室的操作质量。

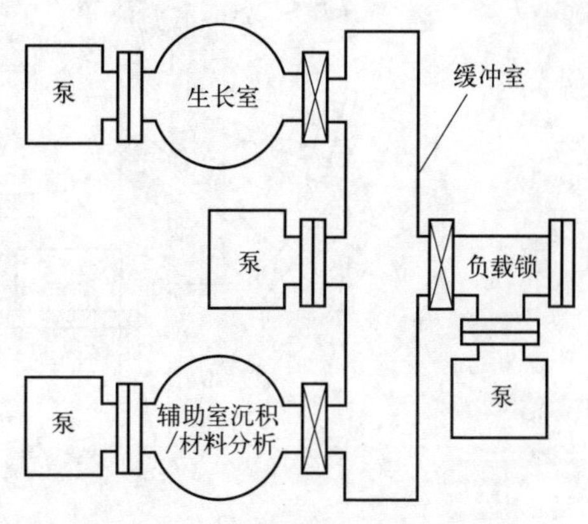

图2.20 分子束外延（MBE）系统

图2.21更详细地显示了生长室。它的主要元件有：分子束源；用于加热、平移和旋转样品的机械手；围绕生长区域的低温覆盖物；阻挡分子光束的百叶窗；用于测量腔室衬底压力和分子束通量的裸式Bayard-Alpert电离计；RHEED（反射电子衍射）枪和屏幕用于监测薄膜表面结构；四极质量分析仪用于监测特定背景气体种类或分子束通量成分。辅助室可容纳多种工艺和分析设备。典型的表面分析设备有：俄歇电子能谱仪、二次离子质谱仪（SIMS）、化学分析电子能谱仪（ESCA）或X射线光电子能谱仪（XPS）。与此设备相关的表面清洁设备可能有加热样品站和离子轰击枪。工艺设备可包括用于沉积或离子束蚀刻的源。

MBE生长的原理很简单：它基本由原子或原子团组成，这些原子或原子团是通过加热固体源产生的。它们在超高压环境中移动，并被施加在一个热衬底表面，然后扩散，最终融入生长的薄膜中。MBE的生长过程包括通过针对单晶样品的快门、源温度、分子和/或原子束（适当的原位加热）来实现外延生长的控制。这些光束是在含有所需外延薄膜的基本元素或化合物的克努森渗出容器（如图2.22所示）中加热产生的。容器的温度被精确控制，以给予适当强度的光束。在大多数情况下，通常使用放置在衬底位置的可移动裸电离计，通过试验测定从这些非平衡渗出容器中流出的分子束流通量。容器由热解氮化硼（PBN）或高纯石墨材料制成，这些材料是不反应的耐火材料，可以承受高温，严格来说不会对分子束产生影响。

容器包括内坩埚和外管，外管用钽丝或钼丝缠绕来耐热。各种容器的放置和角度都应确保其光束会聚在衬底上进行外延生长。化学稳定的钨铼热电偶有助于精确

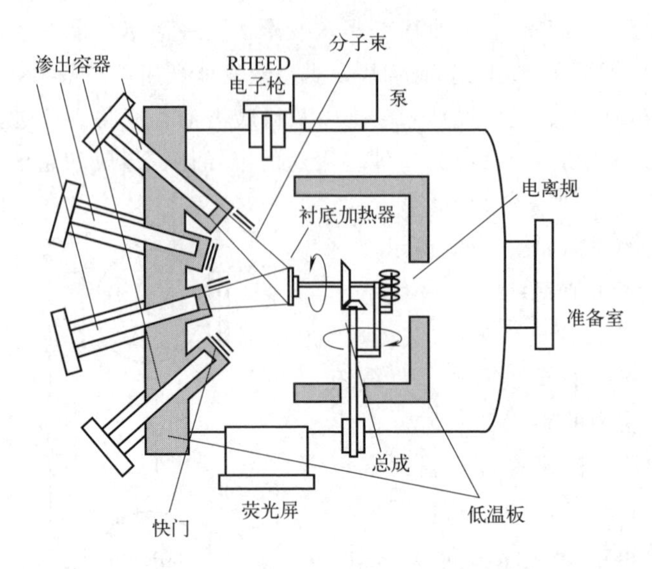

图 2.21 典型分子束外延（MBE）生长室的截面示意图

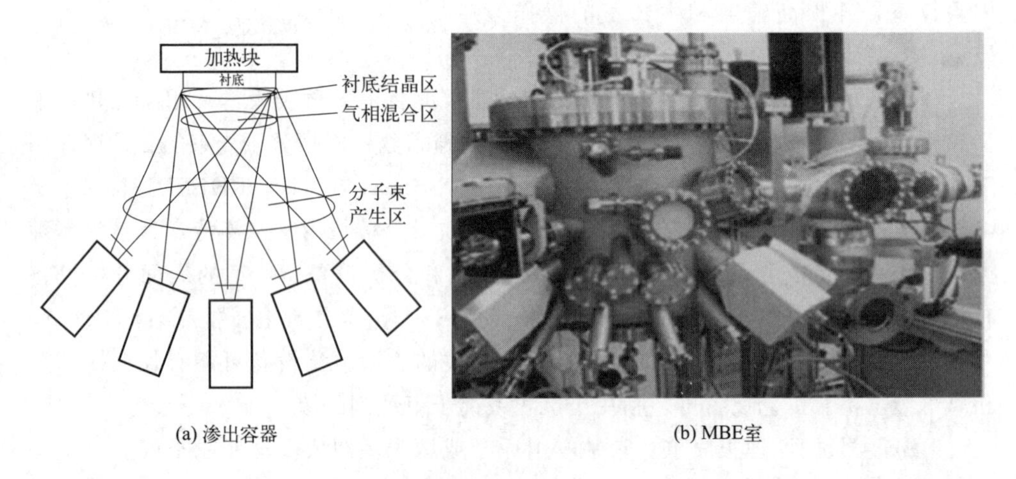

(a) 渗出容器　　(b) MBE室

图 2.22 MBE 装置

控制容器的温度，这对于实现恒定的生长速率至关重要，因为±1℃量级的温度波动可以导致分子束强度±(2～4)%波动。为每个容器提供单独的快门，并且容器温度可以由计算机控制，实现高重现性，无须人为干预。这些容器被液氮覆盖层单独包围，以防止交叉加热和交叉污染。对于第Ⅴ族元素，一个高温裂解器将四聚体解离为二聚体，并在容器的出口端加入内部缓冲液。减少意外污染所需的气体环境是由相对较慢的薄膜生长速度（约为 1μm/h）来预测的，通常在 10^{-11} Torr 范围内。在这种压力下，光束中气体的平均自由路径比正常的源样本距离（约 15cm）大几个数量级。因此，束流在未发生反应的情况下，用液氮冷却的低温罩撞击样品。反应主要发生在衬底表面。在衬底表面源光束被并入显影膜。衬底正确的初始准备将呈现一个干净的单晶表面，显影膜可在其上外延沉积。适当且及时地启动源开关，可以将薄膜生长控制到单层水平。单层水平形成能够精确控制外延膜的生长和成分，并且已经引起材料和器件科学家对 MBE 的关注。

硅分子束外延是在 $10^{-8}\sim10^{-10}$ Torr 的超高压条件下进行的。原子的平均自由程为 $5\times10^{-3}/P$，其中 P 是系统压力，单位为 Torr。在典型压力为 10^{-9} Torr、L 为 5×10^{6} cm 的情况下，输运速度主要受热能效应影响。由于缺乏预期的中间反应和扩散效应，再加上相对较高的热速度，导致薄膜的性质随源的任何变化而迅速变化。为了减少自掺杂和向外扩散，典型的生长温度在 400～800℃之间，生长速度为 0.01～0.3μm/min。

MBE 生长技术与其它技术相比有许多优点。一个特别的优点是它允许在固态扩散可以忽略的温度下生长晶体层。由于生长不需要化学分解，沉积物质只需要足够的能量沿衬底表面迁移到晶体结合位置。在 MBE 生长过程中，掺杂剂的掺入可以通过增加额外的掺杂剂源来实现。因此，MBE 已迅速成为一种生长单质和化合物半导体薄膜的通用技术，并且使用 MBE 可以产生多层结构，包括层厚度低至 10Å 的超晶格，可用于双异质结激光器和波导应用。

然而，MBE 技术在化合物半导体的外延生长中几乎没有局限性。超高真空设备非常昂贵，需要频繁停机以补充源材料并打开超高压设备。一个主要问题是生长含磷材料的困难性。

2.10 绝缘体上硅（SOI）

硅器件结构存在与结电容引起的寄生电路元件相关的整体问题。随着设备尺寸的缩小，这些影响变得更加严重。在绝缘体上硅（SOI）技术中，器件电路的不同部分建立在单独的硅岛上，这些硅岛在绝缘衬底上制造，以便在不同硅岛上的电路之间提供一定程度的隔离。传统的晶圆制造技术用于这些隔离电路之间的必要互连。在集成电路制造中引入 SOI 技术提高了复杂密集电路的速度，特别是通过减少寄生电容提高了器件的电性能。它也提高了航空航天应用的抗辐射性。图 2.23 显示了体硅 CMOS 和 SOI CMOS 器件。

避免寄生结电容问题的一种实用方法是在绝缘衬底上的硅岛上制作器件。SOI 技术并不是新技术，其研究和实践早在 20 世纪 60 年代就开始了。有许多技术可以通过 SOI 实现，但早期的工作主要涉及蓝宝石上硅工艺（SOS）。由于硅和蓝宝石的晶格参数非常相似，可以制备出高质量的无条纹硅蓝宝石外延层。尽管如此，蓝宝石衬底的高成本、低产量以及缺乏商业可持续应用限制了其在军事上的应用。与蓝宝石上硅工艺（SOS）相关的是，在若干绝缘衬底上生长单晶硅的技术也已被发

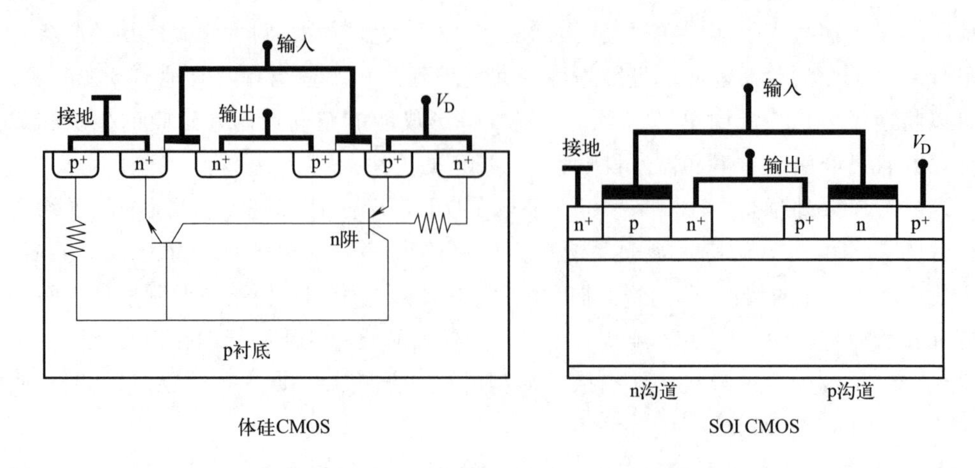

图 2.23 体硅 CMOS 和 SOI CMOS 器件

现并成功实现，但这些工艺中的大多数从未在集成电路制造中广泛应用。SOI 的另一种替代方法是 SIMOX（注氧隔离），它利用高剂量的氧离子注入形成一个夹在中间的氧化物层，将器件与晶圆衬底隔离。另一种非常好的方法是晶圆键合，该方法利用范德瓦耳斯力键合两个抛光表面的硅片，其中至少一片在约 1000℃的温度下，在非常清洁的环境中被氧化物覆盖。近期方法包括结合层分裂和使用氢或氦离子注入（离子切割）的晶圆键合，以及多孔硅外延生长和晶圆键合。

2.11 蓝宝石上硅（SOS）

蓝宝石上硅（SOS）是指在高温下在蓝宝石（Al_2O_3）绝缘衬底上外延生长薄层硅，如图 2.24 所示。因为生长的材料层与基材或衬底不同，这种生长被称为“异质外延”。然而，用于 SOS 异质外延生长的材料和设备与用于同质外延生长的材料和设备基本相同。它在电子电路中的主要优点是高度绝缘的蓝宝石衬底可提供非常低的寄生电容，因此比体硅具有更高的速度、更低的功耗、更好的线性度和更高的隔离度。

硅烷（SiH_4）主要用作 SOS 生长的硅源。其在载流子氢气体中的热解反应如下所示：

$$SiH_4(g) \longrightarrow Si(s) + 2H_2(g)$$

结果在蓝宝石衬底上形成硅层。沉积温度保持在 1050℃以下，以防止铝元素从蓝宝石衬底自动沉积到硅层中。在各种蓝宝石取向即〈1102〉、〈0112〉、〈1012〉上实现了理想的＜100＞硅取向。蓝宝石 r 面上的氧原子间距与硅晶体（100）晶面上的原子间距非常接近，并且具有方形对称性，这也反映了硅晶体（100）晶面的对称性。SOS在每一项技术中都有一些固有的缺陷，需要在体现其优点之前加以解决。在其器件中，生长的硅层与蓝宝石衬底之间的晶格参数不匹配经常会产生失配位错、刃型位错和层错，缺陷密度与衬底距离成反比。硅和蓝宝石之间的热胀系数差异也导致硅层内的残余应力倾向于降低空穴迁移率。再加上缺陷导致的低空穴和电子迁移率，最终导致SOS制备的CMOS器件性能低于在体硅上制备的器件。

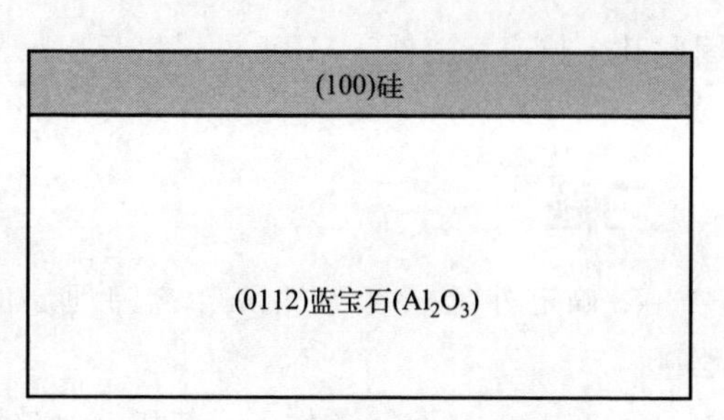

图2.24 蓝宝石上硅的横截面图

2.12 二氧化硅基硅

目前的SOI技术是在双极型、MOS和Fin FET器件中使用的SiO_2基硅，具有优异的性能，包括使用埋置氧化物层，该层基本上是通过离子注入非常高剂量的氧气而形成的SiO_2亚表层。

使用埋置氧化物层的SOI制造遵循以下基本步骤：

- 在硅衬底中注入高剂量的O_2（约$2\times10^{18}cm^{-2}$）和能量（150～300keV）。
- 沉积后退火用于实现恢复衬底表面的结晶度和埋置氧化物本身的形成，在高温（1100～1175℃）下的惰性环境中（例如N_2）持续时长3～5h。
- 在埋置氧化层上沉积一层外延硅，作为电路构建层。

最近，埋置氮化硅（Si_3N_4）层也同样成功地应用于SOI技术。

2.13 本章小结

外延工艺是电路制造的重要组成部分。本章首先讨论同质外延和异质外延工艺。同质外延硅结构仍然是流行的设计选择，但绝缘体上硅（SOI）和蓝宝石上硅（SOS）无疑受到了相当多的研究关注。从蒸气中外延生长硅是制造先进半导体技术的成熟工艺。了解该工艺需要详细了解气相化学和表面事件。

本章后半部分介绍了为可控地生产薄膜外延层而开发的生长技术。几种外延技术已用于外延层的生长，其中最突出的是液相外延（LPE）、气相外延（VPE）和分子束外延（MBE）。薄膜外延生长的常用技术有化学气相沉积（CVD）和分子束外延（MBE），其中CVD是化学沉积过程，MBE是物理沉积过程。在CVD中，气体和掺杂剂以气相形式传输到衬底，在衬底处发生化学反应，导致外延层的沉积。MBE是通过在超高真空系统中蒸发一种物质来完成的。这是一个低温过程，因此其生长速率较低。MBE 可以生长出尺寸与原子层顺序相同的单晶、多层结构。

习题

1. 确定外延厚度为 6μm、含锑埋层的〈150〉取向外延晶片所需的掩模补偿量。

2. 在 1h、1000℃条件下，使用二氯硅烷，在水平反应器中采用 1.5μm/min 的生长速度在 25 块直径 150mm 的衬底上生长 10μm 外延层。

计算需要供应到反应器内氢的体积（标准温度压力），如何确定？

3. 比较液相外延和气相外延，哪一种更合适？为什么？

4. 什么是掺杂和反掺杂？解释它们在半导体制造中的作用。

参考文献

1. H. Manasevit and R. Simpson,"A Survey of the Heteroepitaxial Growth of Semiconductor Films on Insulating Substrates," *J. Cryst. Growth* 22:125(1974).
2. P. K. Vasudev,"Silicon-on-Sapphire Heteroepitaxy," Epitaxial Silicon Technology, Academic Press, Orlando, FL, (1986).
3. W. I. Wang,"Molecular Beam Epitaxial Growth and Materials Properties of GaAs and AlGaAs on Si(100)," *Appl. Phys. Lett.* 44:1149(1984).
4. W. T. Masselink, T. Henderson, J. Klem, R. Fischer, P. Pearah, H. Morkoc, M, Hafich, P. D. Wang, and G. Y. Robinson,"Optical Properties of GaAs on(100) Si Using Molecular Beam Epitaxy,"*Appl. Phys. Lett.* 45:1309(1984).
5. T. Soga and S. Hattori,"Epitaxial Growth and Material Properties of GaAs on SiGrown by MOCVD," *J. Cryst. Growth* 77:498(1986).
6. T. Soga, S. Hattori, S. Sakai, M. Takeyasu, and M. Umeno,"MOCVD Growth of GaAs on Si Substrates with AlGaP and Strained Layer Superlattice Layers," *J. Appl. Phys.* 57:4578(1985).
7. R. People and J. C. Bean,"Calculation of Critical Layer Thickness Versus Lattice Mismatch for Ge_xSi_{1-x}As: Strained-Layer Heterointerfaces," *Appl. Phys. Lett.* 47: 322 (1985); 49: 229 (1986).
8. A. J. Shuskus, T. M. Reeder, and E. L. Paradis,"rf-sputtered aluminum nitride films on sapphire,"*Appl. Phys. Lett.* 24:155(1974).
9. G. B. Stringfellow,"Organometallic Vapor-Phase Epitaxy," Academic Press, Boston, (1989).
10. R. M. Lum, J. K. Klingert, and M. G. Lamont,"Comparison of Alternate As-sources to Arsine in the MOCVD Growth of GaAs," in Fourth Int. Conf MOVPE, 1-3(1988).
11. C. H. Chen, C. A. Larsen, G. B. Stringfellow, D. W. Brown, and A. J. Robertson,"MOVPE Growth of InP Using Isobutylphosphine and tert-Butylphosphine," *J. Cryst. Growth* 77:11

(1986).

12. R. J. Field and S. K. Ghandhi, "Doping of GaAs in a Low Pressure Organometallic CVD System," *J. Cryst. Growth* 74:543(1986).
13. T. F. Kuech, "Metal-Organic Vapor Phase Epitaxy of Compound Semiconductors," *Mater. Sci. Rep.* 2:1(1987).
14. D. J. Schlyer and M. A. Ring, "An Examination of the Product-Catalyzed Reaction of Trimethylgallium with Arsine," *J. Organometall. Chem.* 114:9(1976).
15. D. H. Reep and S. K. Ghandhi, "Deposition of GaAs Epitaxial Layers by Organometallic CVD," *J. Electrochem. Soc.* 130:675(1983).
16. P. Rai-Chaudhury, "Epitaxial Gallium Arsenide from Trimethylgallium and Arsine," *J. Electrochem. Soc.* 116:1745(1969).
17. Y. Seki, K. Tanno, K. Iida, and E. Ichiki, "Properties of Epitaxial GaAs Layers from a Triethylgallium and Arsine System," *J. Electrochem. Soc.* 122:1108(1975).
18. T. F. Kuech, M. A. Tischler, P. J. Wang, G. Scilla, R. Potemski, and F. Cardone, "Controlled Carbon Doping of GaAs by Metallorganic Vapor Phase Epitaxy," *Appl. Phys. Lett.* 53:1317 (1988).
19. B. T. Cunningham, M. A. Haase, M. J. McCollum, J. E. Baker, and G. E. Stillman, "Heavy Carbon Doping of Metallorganic Chemical Vapor Deposition Grown GaAs Using Carbon Tetrachloride," *Appl. Phys. Lett.* 54:1905(1989).
20. B. T. Cunningham, L. J. Guido, J. E. Baker, J. S. Major, N. Holonyak and G. E. Stillman, "Carbon Diffusion in Undoped n-type and p-type GaAs," *Appl. Phys. Lett.* 55:687(1989).
21. M. A. Tischler, "Advances in Metallorganic Vapor-Phase Epitaxy," *IBM J. Res. Dev*, 34:828 (1990).
22. T. F. Kuech, E. Veuhoff, D. J. Wolford, and J. A. Bradley, "Low Temperature Growth of $Al_xGa_{1-x}As$ by MOCVD," GaAs, Related Compounds, *11th Int. Symp.*, p. 181(1985).
23. J. R. Shealey and J. M. Woodall, "A New Technique for Gettering Oxygen and Moisture from Gases in Semiconductor Processing," *Appl. Phys. Lett.* 68:157(1984).
24. J. F. Gibbons, C. M. Gronet, and K. E. Williams, "Limited Reaction Processing: Silicon Epitaxy," *Appl. Phys. Lett.*, 47:721(1985).
25. S. A. Campbell, J. D. Leighton, G. H. Case, and K. Knutson, "Very Thin Silicon Epitaxial Layers Grown Using Rapid Thermal Vapor Phase Epitaxy," *J. Vacuum Sci. Technol. B*, 7:1080 (1989).
26. M. L. Green, D. Brasen, H. Luftman, and V. C. Kannan, "High Quality Homoepitaxial Silicon Films Deposited by Rapid Thermal Chemical Vapor Deposition," *J. Appl. Phys.*, 65:2558 (1989).
27. T. Y. Hsieh, K. H. Jung, and D. L. Kwong, "Silicon Homoepitaxy by Rapid Thermal Processing Chemical Vapor Deposition," *J. Electrochem. Soc.*, 138:1188(1991).
28. K. L. Knutson, S. A. Campbell, and F. Dunn, "Three Dimensional Temperature Uniformity

Modeling of a Rapid Thermal Processing Chamber," *IEEE Trans. Semicond. Manuf* 7(1):68 (1994).

29. B. S. Mayerson, "Low-Temperature Silicon Epitaxy by Ultrahigh Vacuum/Chemical Vapor Deposition," *Appl. Phys. Lett.*, 48:797(1986).
30. B. S. Mayerson, E. Ganin, D. A. Smith, and T. N. Nguyen, "Low Temperature Silicon Epitaxy by Hot Wall Ultrahigh Vacuum/Chemical Vapor Deposition Techniques: Surface Optimization," *J. Electrochem. Soc.*, 133:1232(1986).
31. B. S. Meyerson, "Low Temperature Si and Ge:Si Epitaxy by Ultrahigh Vacuum/Chemical Vapor Deposition: Process Fundamentals," *IBM J. Res. Dev.*, 34:806(1990).
32. J. Davies and D. Williams, "Ⅲ-Ⅴ MBE Growth System, in The Technology and Physics of Molecular Beam Epitaxy," Plenum, New York(1985).
33. D. Bellevance, "Industrial Application: Perspective and Requirements, in Silicon Molecular Beam Epitaxy 2," CRC, Boca Raton, FL, 153(1985).
34. T. Tatsumi, H. Hirayama, and N. Aizaki, "Si Particle Density Reduction in Si Molecular Beam Epitaxy Using a Deflection Electrode," *Appl. Phys. Lett.*, 54:629(1989).
35. A. Von Gorkum, "Performance and Processing Line Integration of a Silicon Molecular Beam Epitaxy System," *Proc. 3rd Int. Symp. Si MBE, Thin Solid Films*, 184:207(1990).
36. K. Fujiwara, K. Kanamoto, Y. N. Ohta, Y. Tokuda, and T. Nakayama, "Classification and Origins of GaAs Oval Defects Grown by Molecular" Beam Epitaxy," *J. Cryst. Growth*, 80:104 (1987).
37. A. Y. Cho, "Advances in Molecular Beam Epitaxy(MBE)," *J. Cryst. Growth* 111:1(1991).
38. J. Saito, K. Nanbu, T. Ishikawa, and K. Kondo, "In situ Cleaning of GaAs Substrates with HCl Gas and Hydrogen Mixture Prior to MBE Growth," *J. Cryst. Growth* 95:322(1989).
39. N. Chand, "A Simple Method for Elimination of Gallium-Source Related Oval Defects in Molecular Beam Epitaxy of GaAs" *Appl. Phys. Lett.*, 56:466(1990).
40. J. H. Neave, P. Blood, and B. A. Joyce, "A Correlation between Electron Traps and Growth Processes in n-GaAs Prepared by Molecular Beam Epitaxy," *Appl. Phys. Lett.*, 36:311 (1980).
41. W. K. Burton, N. Cabrera, and F. C. Franks, "The growth of crystals and the equilibrium structure of their surfaces," *Philos. Trans. R. Soc. London, Ser.* A 243:299(1951).
42. M. G. Legally, "Atoms in Motion on Surfaces," *Phys. Today* 46:24(1993).

第3章 氧化

3.1 简介

硅在半导体材料中是独一无二的，之所以如此受欢迎，是因为硅能形成一种极好的天然氧化物，即很容易形成二氧化硅。这种氧化物被作为绝缘体广泛用于有源器件［如金属氧化物半导体场效应晶体管（MOSFET）］和有源器件之间的区域，称为场。

硅很容易形成保护性氧化物，否则我们必须依赖于沉积的绝缘体。

在氧化过程中，半导体或金属转化为氧化物。在技术上，各种材料的氧化起着一定的作用，但将半导体晶片的部分或全部转化为二氧化硅是主要的氧化过程。在高温下，为了产生 SiO_x，氧和硅之间发生化学反应。除了这种高温要求外，还可以生长一层约 0.5～2nm 厚的天然氧化物，但这种浅层并不适合大多数应用。厚层是通过消耗底层的硅形成 SiO_x，被称为生长层。利用 Si 和 O 母体分子的化学气相沉积（CVD）过程也被用于生长 SiO_x。这一层是已知的一个沉积层。

SiO_x 的一个主要功能是保护晶片免受物理和化学污染。氧化物层不允许灰尘与晶片相互作用，并保护晶片表面免受划痕。因此，它有助于将污染最小化。除此之外，氧化物层还可以保护晶片免受化学杂质的影响。掺杂 SiO_x 可以充当一个硬掩模，而在图案化时可作为蚀刻阻挡层。尽管 SiO_x 通常只是一个沉积层，也能用于分离不同的金属化层。为了避免由金属层引起的感应电荷，同时也沉积了氧化物层，这一层被称为场氧化层。对于不同应用，需要不同厚度的氧化层，如图 3.1 所示。

二氧化硅（SiO_2）的理化特性列于表 3.1 中。

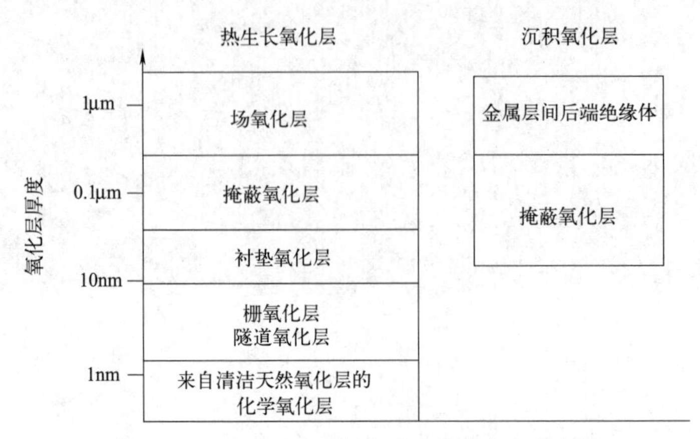

图 3.1 二氧化硅在硅基集成电路技术中的应用

表 3.1 SiO_2 的理化性质

晶体结构	非晶体	热导率(300K)/[W/(cm·K)]	0.014
熔点/℃	约 1700	红外吸收峰/μm	9.3
密度/(g/cm^3)	2.2	摩尔质量/(g/mol)	60.08
介电常数	3.9	分子量	2.3×10^{22}/cm^3
折射率	1.46	比热容/[J/(g·K)]	1.0
介电强度/(V/cm)	10^7	热胀系数/K^{-1}	5.6×10^{-7}
能隙(300K)/eV	9	弹性模量/K^{-1}	6.6×10^6
直流电阻率(25℃)/Ω·cm	$10^{14}\sim10^{16}$	泊松比	0.17

应用

以下是二氧化硅（石英）的一些重要应用：

① 石英在玻璃工业中被用作制造玻璃的原料。

② 二氧化硅被用作制造混凝土的原材料。

③ 由于二氧化硅的硬度和耐刮性，可添加到清漆中。

④ 在轮胎制造过程中，在橡胶中添加非晶硅作为填充料，有助于减少车辆的燃油消耗。

⑤ 二氧化硅被用来生产硅。

⑥ 由于二氧化硅是一种很好的绝缘体，因此它被用作电子电路中的填充料。

⑦ 石英具有压电特性，因此也可用于传感器。

⑧ 由于有吸收水分的能力，被用作干燥剂。

作用

二氧化硅层在芯片上具有多用途作用。硅是唯一具有天然氧化物的半导体材料，这种天然氧化物具有 SiO_2 的所有特性。SiO_2 在半导体制造中的作用可以描述为：

① 在离子注入过程中，为掺杂剂提供了掩模作用。它作为一个扩散掩模允许选择性注入硅片。这是通过在氧化物上蚀刻的窗口来实现的。

② 氧化层提供表面钝化。在晶片表面上创建一个二氧化硅层作为屏蔽，可以保护结点不受湿气的影响。

③ 另一个功能是器件隔离，它在晶圆表面上形成了一个绝缘层。

④ 作为 MOS 结构中的组成（栅氧化层）。在 MOS 器件中，二氧化硅作为有源栅电极。

⑤ 在多级金属化系统中提供电隔离。

⑥ 高热导率。

⑦ 没有铜或其它离子向电介质的扩散。

⑧ 导体之间无泄漏。

3.2 生长和动力学

温度是在 SiO_2 制备过程中控制氧化物生长的关键参数。氧化环境抑制了生长速率，这取决于它是湿的（H_2O）还是干燥的（O_2），它在晶圆的晶体取向中也起着重要的作用。

为了沉积较厚的氧化物，使用了以下两种方法：

① 热氧化作用。

② 电化学氧化。

随着氧化物的生长，硅被消耗掉，由此产生的氧化物在生长过程中膨胀，因此界面的运动如图 3.2 所示。

当底层硅被消耗时，SiO_2 界面会更深入地进入晶圆层。因此，我们得到了比初始硅更厚的厚度，氧化层的硅界面如图 3.3 所示。图中，d 为原硅层的厚度。

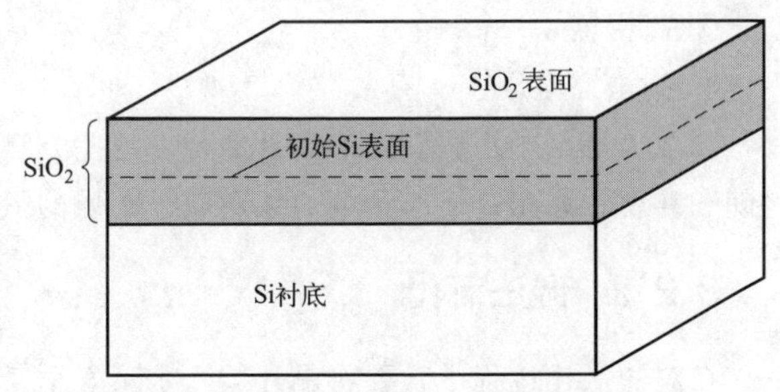

图 3.2　硅衬底上生长二氧化硅的侧视图

Si 的密度为 $2.33 g/cm^3$（ρ_{Si}），摩尔质量为 28.08g/mol（Z_{Si}），而 SiO_2 的密度取 $2.65 g/cm^3$（ρ_{SiO_2}），摩尔质量为 60.08g/mol（Z_{SiO_2}）。

鉴于横截面面积 A 是相同的，可以用摩尔守恒定律推导出 d 和 D 之间的关系，表示为：

$$\frac{dA\rho_{Si}}{Z_{Si}}=\frac{DA\rho_{SiO_2}}{Z_{SiO_2}} \tag{3.1}$$

将数值代入公式（3.1）中，可以得到

$$D=1.88d \tag{3.2}$$

显然，氧化层的厚度大于形成该氧化层所消耗硅的厚度。

硅的热氧化可以通过将晶片加热到非常高的温度（通常为950～1300℃），在含有纯氧或水蒸气的氧化炉中来完成。

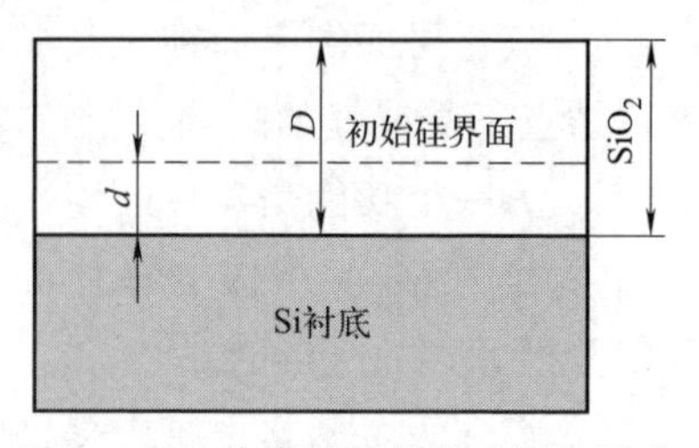

图3.3 硅片表面二氧化硅层的形成

3.2.1 干法氧化

在干法氧化过程中，晶片被置于纯氧环境中，化学反应发生在晶片表面的固体硅原子（Si）与接近的氧化物气体之间。

在硅表面干法氧化过程中发生的反应是：

$$Si+O_2 \longrightarrow SiO_2\text{(干法氧化)}$$

该过程通常在1000～1200℃下发生。为了产生非常薄且稳定的氧化层，该过程可以在更低的约900℃下进行。对于干法氧化，图3.4显示了氧化物厚度对氧化时间的函数，在这个过程中，可以观察到氧化速率不超过150nm/h，这是一个相对缓慢的过程，它可以精确控制以获得所需厚度。与在潮湿环境中生长的氧化膜相比，由该方法得到的氧化膜具有良好的质量。因此，要得到高质量的氧化物时，更需要这种方法。干法氧化通常用于产生不大于110nm的薄膜，或作为厚薄膜生长的第二步，以提高厚氧化层的质量。

干式氧化反应具有以下特性：

① 氧化物生长缓慢；

② 高密度；

③ 高击穿电压。

图3.4显示了经验确定的设计曲线。这些方法提供了产生特定图层厚度所需的时间和温度。如图3.4所示的曲线对应于干燥的氧气环境。

3.2.2 湿法氧化

在湿法氧化过程中，要将晶片放入水蒸气里。化学反应发生在水蒸气分子和固体硅原子之间。在这个氧化过程中，氢气作为副产物被释放出来。

在硅表面的湿法氧化过程中发生的反应是

$$Si+2H_2O \longrightarrow SiO_2+2H_2\text{(湿法氧化)}$$

这个过程在900～1000℃温度下完成。湿法氧化具有以下特点：

① 快速生长。

② 与干法氧化相比，质量较低。

图3.5为湿法氧化的特性曲线。它显示了氧化物厚度是氧化时间的函数。

很明显，湿法氧化过程比干法氧化具有更高的氧化速率，约为600nm/h。造

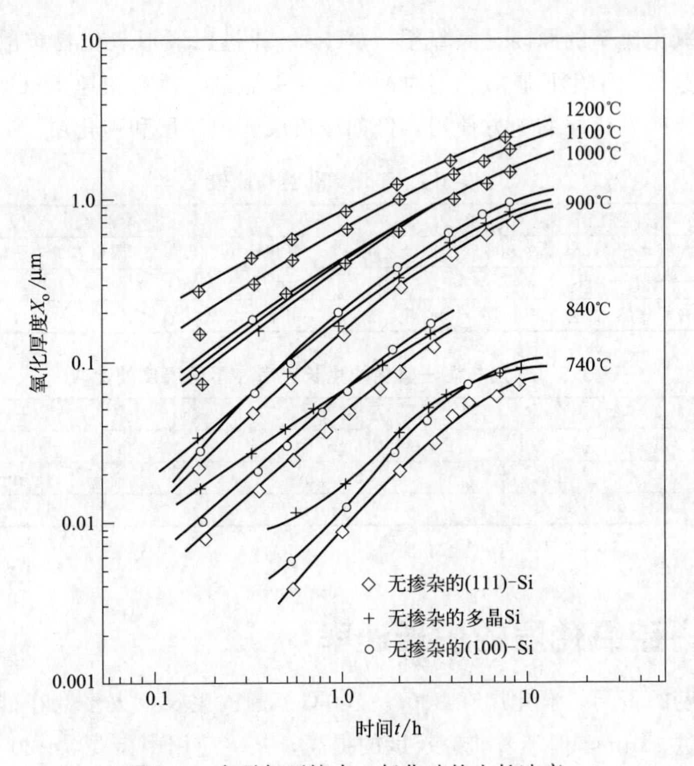

图 3.4 在干氧环境中二氧化硅的生长速率

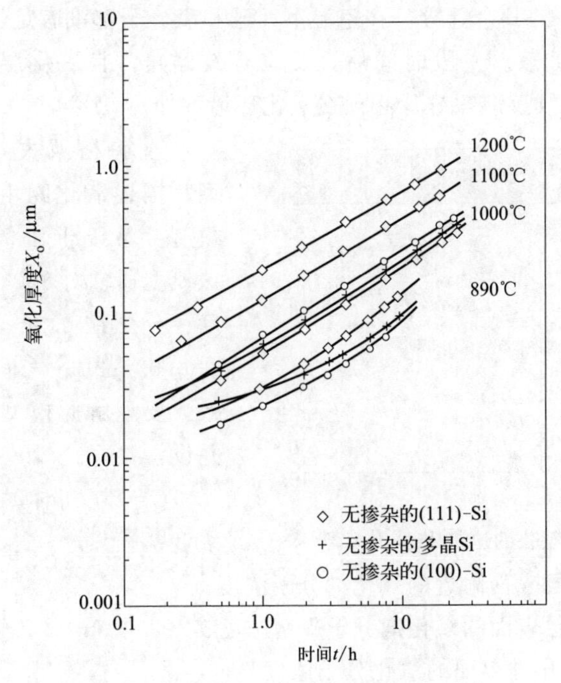

图 3.5 在水蒸气中二氧化硅的生长速率

成这种较高氧化速率的原因是氢氧根（OH^-）通过已成形氧化物扩散的能力比氧气快得多，这扩大了生长厚氧化层时的氧化速率瓶颈。具有快速生长速度的湿法氧化通常在需要厚氧化层的地方使用，例如掩模层、绝缘层和钝化层。

表 3.2 干湿氧化生长比较

湿法氧化	干法氧化
氧化环境中含有水蒸气，温度在 900～1200℃之间	氧化环境中含氧气，温度在 900～1200℃之间
$Si+2H_2O \longrightarrow SiO_2+2H_2$	$Si+O_2 \longrightarrow SiO_2$
用于生长厚的氧化层，称为场氧化层	用于生长薄的氧化层

表 3.3 干法与湿法氧化的生长速率在不同温度的比较

温度	干法氧化	湿法氧化
900℃	18nm/h	110nm/h
1000℃	50nm/h	450nm/h
1100℃	130nm/h	640nm/h

3.3 硅氧化层的生长速率

根据厚度的不同，氧化层在 800～1100℃范围内生长。大多数在硅上生长氧化层的厚度超过 32nm，但随着研究尺度的提高，某些应用中需要 5～20nm 尺寸的薄氧化层。在制造的前期阶段，将氧化物加热到非常高的温度可能是不合理的，因为这可能会损坏器件的其余部分。在室温下，硅和氧分子都没有足够的流动性来通过天然氧化物进行扩散。一段时间后，反应有效停止，且氧化层的厚度不会超过 25Å。为了发生持续反应，硅片必须在氧化环境下加热。

迪尔-格罗夫（Deal-Grove）模型是描述氧化物生长动力学的完美模型。对于干法氧化和湿法氧化，该模型通常对 800～1400℃之间的温度、分压在 0.2～1.0atm 之间以及在 0.03～2μm 之间的氧化层厚度有效。要理解此模型，请参考图 3.6，并设：

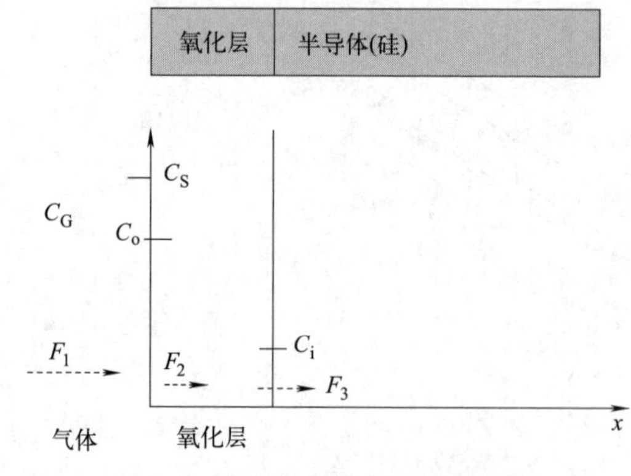

图 3.6 热氧化的迪尔-格罗夫模型

C_G 为气体中氧化剂分子的浓度；

C_S 为在氧化层表面附近的氧化剂分子浓度；

C_o 为在氧化层表面的氧化剂分子平衡浓度；

C_i 为硅/二氧化硅界面的氧化分子浓度。

F 是氧化物质的通量，它表示在一定时间内穿过一定区域平面的氧分子数量，然后我们可以定义三个感兴趣的氧通量。首先，氧气从气罐移动到生长中的氧化膜表面。氧化物质通过通量 F_1（每单位时间内穿过单位面积的分子数量）从大宗气体到气体/氧化物界面。该物质以通量 F_2 通过生长的氧化物运输到硅表面，并以通量 F_3 在 Si 和 SiO_2 的界面发生反应。

该边界层中的气体速度变化范围为从晶圆表面的零至边界层另一边的大宗气体速度。按最初假设，氧分子不能通过气体流动穿过这个区域。相反，它们必须以菲克第一定律所描述的方式进行扩散：

① 通量 F_1 是氧化物质的运输。通量从气相的大部分运输到氧化层的表面，即气体和氧化物的界面。F_1 关于浓度可写为：

$$F_1 = h_G(C_G - C_S) \tag{3.3}$$

其中，h_G 为气相中的质量输运系数。

这也可以用氧化物层内的氧化物质浓度改写为

$$C_G = P_G/(kT) \tag{3.4}$$

$$C_S = P_S/(kT) \tag{3.5}$$

$$F_1 = h_G(P_G - P_S)/(kT) = h_G(C^* - C_o)/(kT)$$

按照亨利定律 $C_o = HP_S$ 且 $C^* = HP_G$ (3.6)

$$F_1 = h(C^* - C_o) \tag{3.7}$$

在这里，h 与 h_G 的关系为

$$h = \frac{h_G}{HkT} \tag{3.8}$$

式中 T——温度；

H——亨利定律常数；

C^*——氧化物质的平衡体积浓度；

P_S，P_G——分别为氧化分子靠近二氧化硅表面和在大宗气体里面的分压。

② 通量 F_2 也是氧化物质的运输。这里的通量通过氧化层传输到氧化物-硅界面。为了方便，可以认为在氧化层内的氧化物质没有解离。

由于气体环境可以作为氧源，而反应表面可以作为反应位置，则产生了推进扩散所需的浓度梯度。然后，假设生长的氧化物中没有氧气的来源或反应位置，浓度呈线性变化：

$$F_2 \approx D_{O_2}(C_o - C_i)/d \tag{3.9}$$

式中 D_{O_2}——氧在二氧化硅中的扩散系数；

d——特定时间的氧化层厚度。

③ 通量 F_3 是氧化物质与硅的反应。F_3 形成了一个新的氧化层。这个速率是通过化学反应动力学计算出来的。由于在反应表面有大量的硅供应，反应速率和通量与氧浓度成正比

$$F_3 = k_s C_i \tag{3.10}$$

在稳态下，所有三个通量（F_1、F_2 和 F_3）都应完全相等，$F_1 = F_2 = F_3$ 得到

$$C_i = \frac{C^*}{1 + \frac{k_s}{h} + \frac{k_s d}{D}}$$

以及

$$C_o = \frac{\left(1 + \frac{k_s d}{D}\right) C}{1 + \frac{k_s}{h} + \frac{k_s d}{D}}$$

如果氧化生长速率仅取决于对 Si/SiO_2 界面上的氧化剂供应，这种称为“扩散控制”。在这种情况下，D 接近于零。因此：

$$C_i \approx 0 \text{ 且 } C_o \approx C^* \tag{3.11}$$

另一方面，如果在界面上有大量的氧化剂，则生长速率仅取决于反应速率，这种情况被称为“反应控制”。在这种情况下，D 接近无穷大，并且：

$$C_i = C_o = \frac{C^*}{1 + \frac{k_s}{h}} \tag{3.12}$$

现在，增长率可以很容易地计算出来了，假设 N_1 为每立方厘米中氧化剂的分子数，则可以写出以下微分方程：

$$\frac{\mathrm{d}}{\mathrm{d}t} N_1(d) = F_3 = k_s C_i = \frac{k_s C^*}{1 + \frac{k_s}{h} + \frac{k_s d}{D}} \tag{3.13}$$

当 $t=0$ 时，在 $d=0$ 的边界条件下，通过求解一阶微分得到：

$$d^2 + Ad = B(t+T) \tag{3.14}$$

式中，d 为氧化层的厚度；A、B 和 T 为常数：

$$A = \frac{1}{k_s} + \frac{1}{h}$$

$$B = \frac{2DC^*}{N_1}$$

$$T = \frac{d_i^2 + Ad_i}{B}$$

式中，d_i 为初始氧化层厚度。

A、B 和 T 的值取决于氧化的类型（湿法或干法）以及 Si 表面类型，即（100）或（111），对比关系见图 3.7。式（3.14）是一个二阶二次方程，该方程的一般解可以表示为：

$$\frac{d_0}{\frac{A}{2}}=\left(1+\frac{t+T}{\frac{A^2}{4B}}\right)^{\frac{1}{2}}-1 \tag{3.15}$$

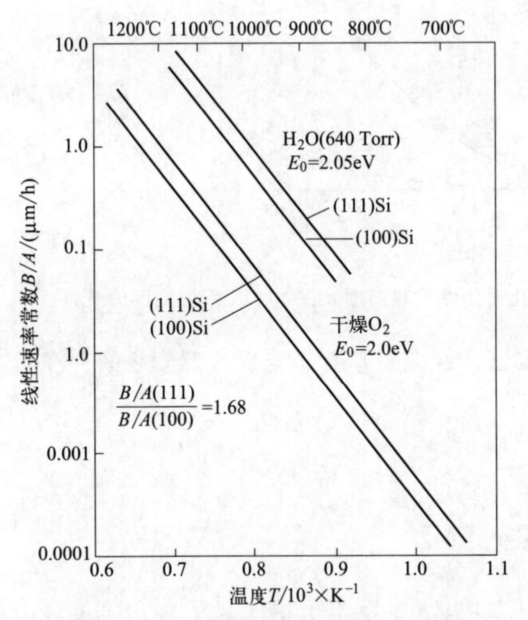

图 3.7 不同类型氧化物的线性速率常数 A 和 B 和温度之间的函数关系。激活能相似，但湿法氧化的氧化速率高于干法氧化（*VLSI Fabrication Principles* 提供，S. K. Gandhi）

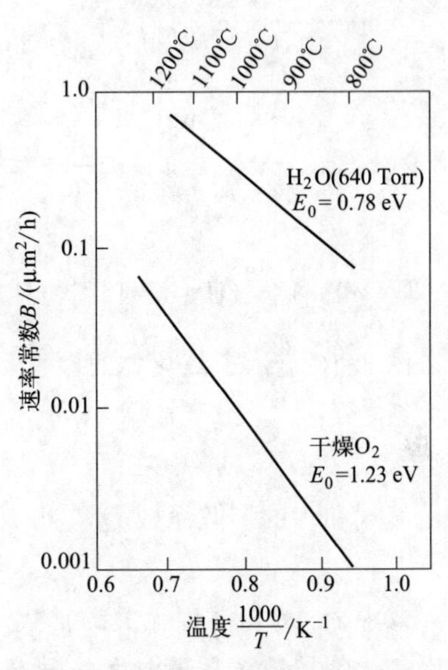

图 3.8 较厚氧化层生长的速率常数 B。由于扩散种类的差异，湿法氧化的激活能低于干法氧化（*VLSI Fabrication Principles* 提供，S. K. Gandhi）

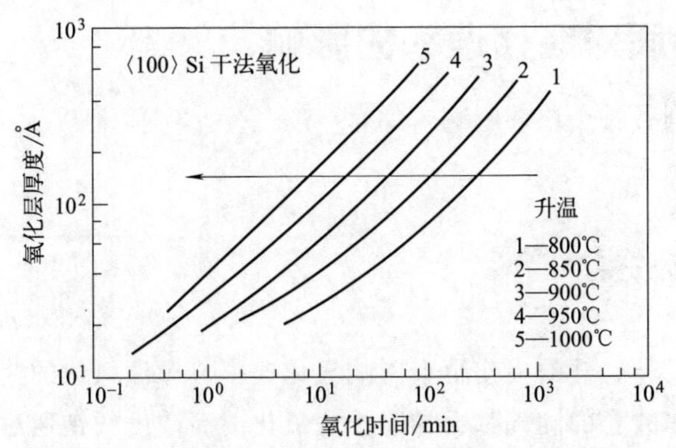

图 3.9 不同温度下 Si（100）的薄氧化物生长速率（*VLSI Fabrication Principles* 提供，S. K. Gandhi）

温度对氧化层厚度的影响

在湿法和干法工艺中，通过增加氧化环境的温度，可以显著提高氧化速率。对于干法氧化和湿法氧化，图 3.4 和图 3.5 显示了温度与氧化速率的关系。

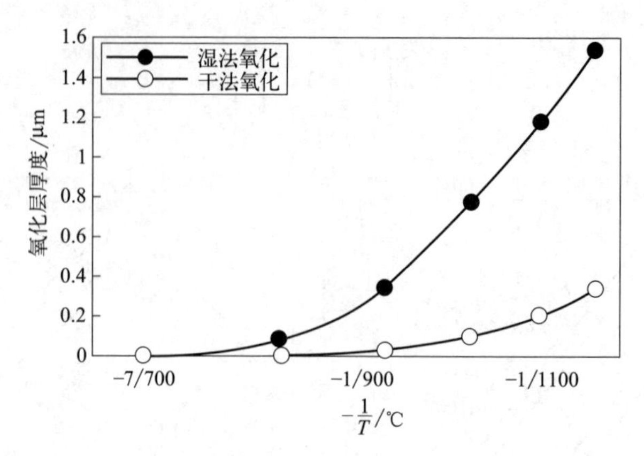

图 3.10 湿法（H_2O）和干法（O_2）氧化时的厚度和温度（在 1000℃下）之间的关系

图 3.10 显示了氧化物的厚度和温度比。这表明厚度 d 与反应温度之间存在指数关系：

$$d \propto e^{-1/T}$$

氧气和水的扩散系数 D 在很大程度上取决于温度：

$$D \propto e^{-c/T}$$

式中，c 为与温度无关的常数。

氧化剂扩散系数随温度的升高呈指数级增加，因此在同一线上氧化速率应增加。这是因为当生长较厚的氧化层（约 30nm）时，氧化剂的扩散系数是速率限制的阶段。

3.4 杂质对氧化速率的影响

氧化速率受到各种杂质的影响，如：

① 水；

② 钠；

③ Ⅲ族和Ⅴ族元素；

④ 卤素。

除了这些杂质外，硅的损伤也会影响氧化速率。湿法氧化的速率明显高于干法氧化，因此任何非故意的潮气都会加速干法氧化。高浓度的钠通过改变氧化物中的键结构来影响氧化速率，从而增强氧分子在氧化物中的扩散和浓度。在高温下，水蒸气和氧气都很容易通过 SiO_2 扩散，如图 3.11 所示。

在热氧化过程中，硅通过一个界面从二氧化硅中分离出来。随着氧化的进行，这个界面进入硅。硅含有一种掺杂杂质，它被重新分布在界面上，在整个界面上，这种再分配可能会导致杂质浓度的突然变化，这里的平衡偏析系数被定义为硅中的

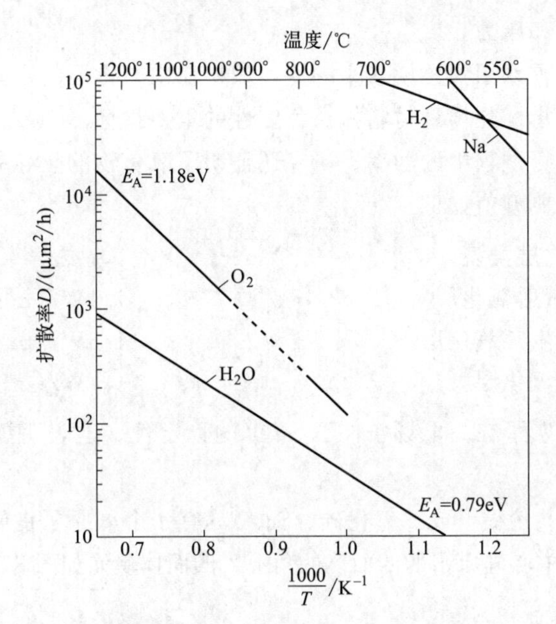

图 3.11　氢、氧、钠和水蒸气在硅玻璃中的扩散［John Wiley & Sons 版权所有］[26]

掺杂剂和界面上二氧化硅中的掺杂剂。掺杂剂在界面上的再分配影响了氧化行为。如果掺杂剂被分离成氧化物并留在那里（例如，硼在氧化环境中），就会削弱键的结构。这种弱化的结构允许增加氧化物质的掺入和扩散系数，增加了氧化速率。一些杂质，如铝、铟和镓，首先分离到氧化物中，然后迅速地扩散。这些杂质并不影响氧化动力学。在磷酸化物杂质中，杂质分离发生在 Si 中，而不是 SiO_2 中，这也适用于其它杂质，如 As 和 Sb 掺杂剂。

专门引入卤素（如氯）杂质可以提高氧化率。起到增加氧化速率的作用有如下几个方面：

① 通过减少钠离子污染；

② 通过增加氧化物的分解强度；

③ 通过降低界面陷阱密度。

陷阱可以被认为是禁止能隙中的能级，这些都与硅中的缺陷有关。

3.5　氧化层性质

当氧化层在干燥的大气中生长时，其密度更高。与潮湿大气中的氧化层相比，更高的密度意味着低杂质和更好的氧化层质量。

当氧化层暴露在不同的温度范围下时，其体积可能会膨胀或收缩，并以热胀系数来表示。这个参数非常低，因为有氧化物，这意味着它没有对与之接触的其它材料施加足够的应力和压力。

氧化层的刚度可以用弹性模量来测量，泊松比由氧化层的横向与轴向应变的负比来计算。这两个指标是衡量材料机械稳定性的重要指标。

热导率影响运行过程中的功率。研究还证明了氧化物的热导率随氧化层的厚度而变化。热导率的典型值如下

氧化层类型	热导率
薄的溅射氧化层	1.1W/(m·K)
薄的热生长氧化层	1.3W/(m·K)
体氧化层	1.4W/(m·K)

高介电强度表明了在高电场条件下 SiO_2 的稳定性。这表明该氧化膜非常适合于介电隔离。

强的、定向的共价键形成二氧化硅。SiO_2 具有 4 个氧原子良好的局部结构。这些原子排列在围绕中心硅原子的四面体的角上，四面体单元如图 3.12（a）所示。

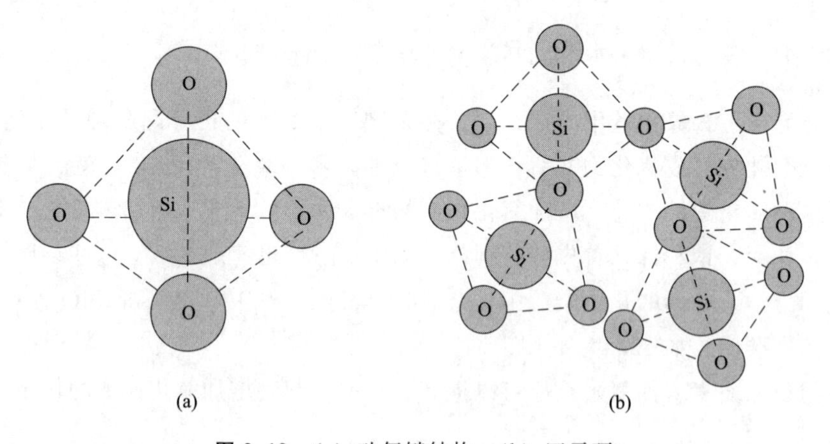

图 3.12 （a）硅氧键结构；（b）四元环

四面体通过共享氧原子来键合在一起，如图 3.12（b）所示的四元环例子。

3.6 氧化层电荷

硅和二氧化硅之间的交叠包含一个过渡区。一般来说，大量的电荷与氧化硅有关，其中一些与过渡区有关，在界面上产生的电荷可以在底层硅中产生相反极性的电荷。这就影响了 MOS 器件的理想特性，导致了可靠性和良品率问题。各种类型的电荷如图 3.13 所示。

界面陷阱电荷

这种类型的电荷是由位于 Si-SiO_2 界面的电子能级产生的电荷，其能态位于硅

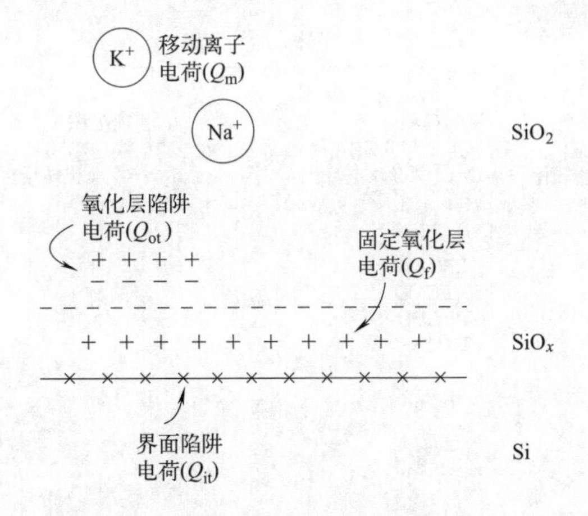

图 3.13　热氧化硅中出现不同的电荷

带隙中，可以捕获或发射电子（或空穴）。这些电子态的产生是由于界面上的晶格错配、悬挂（不完整的）键、硅表面外来杂质原子的吸附，以及断键过程或辐射过程产生的一些其它缺陷。这些是最重要的电荷类型，因为它们对器件影响广泛且会降低性能。

固定氧化层电荷

它位于非常接近 Si-SiO_2 的界面，通常是正电荷。此类电荷位于 Si-SiO_2 界面约 30Å 范围内的氧化层中。固定氧化层电荷不能充电或放电；其密度受氧化层厚度或硅中杂质的类型或浓度的影响不大，但这取决于氧化和退火条件，以及硅的表面晶向。

移动离子电荷

重金属中的钠、钾和锂等碱性离子是产生这种电荷的缘由。在电场存在的室温下，碱性离子是可移动的。为了防止在器件工作期间氧化层的移动离子电荷被污染，可以用薄膜保护其不受非晶或小的微晶氮化硅的影响。而对于非晶态的 Si_3N_4，钠的渗透很少。其它对钠的阻碍层包括二氧化铝和磷硅酸盐玻璃。

氧化层陷阱电荷

氧化层陷阱电荷与二氧化硅的缺陷有关，可能是雪崩注入或电离辐射。氧化层陷阱通常是电中性的，并通过植入电子、X 射线、电子束等电离辐射将电子和空穴引入氧化层而充电。捕获电荷的大小取决于辐射剂量和能量，以及辐照过程中穿过氧化层的场。

3.7　氧化技术

图 3.14 显示了生长氧化层的各种方法，这些方法将在第 8 章中详细讨论。

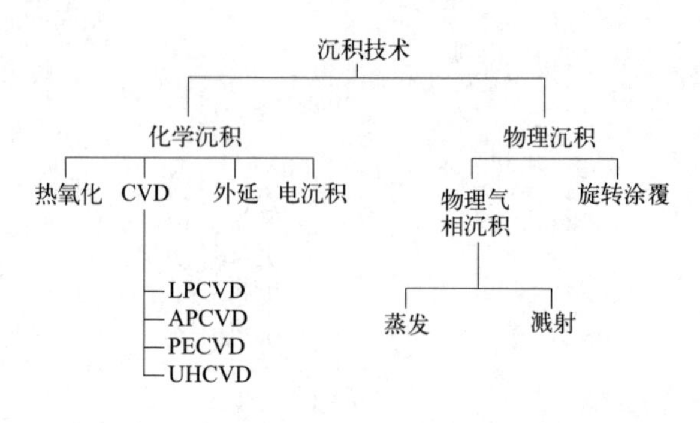

图 3.14 氧化物层沉积技术

3.8 氧化层厚度测量

氧化层厚度是氧化过程的一个重要参数，因此已经开发了许多方法来测量。下面将描述估计氧化层厚度的几种方法，每一种方法都有其固有的优缺点。每种方法都会对氧化层做出一些特定情况下才有效的假设。除了这里描述的技术外，还有许多薄膜测量技术可以使用。

① 氧化层厚度的物理确定需要在氧化层中生成一个台阶。通常是用掩模和蚀刻来完成的。氢氟酸（HF）对氧化物的蚀刻速率远高于硅。因此，如果在晶圆上加掩模，将晶圆浸入 HF 中，然后移除掩模，留下的几乎等于氧化物的厚度。如果大于 200Å，可以使用扫描电子显微镜（SEM）测量，否则可以用透射电子显微镜（TEM）测量。

② 一种更简单的方法是使用表面轮廓仪，这是一种通过机械扫描针接触式测量晶圆表面的实例。探针的变形量被测量并放大，显示为位置的函数。制造商声称这些仪器的分辨率可达 2Å。同样地，原子力显微镜（AFM）也可以用于测量厚度。相比于氧化层和硅的相对蚀刻率，轮廓测量法的优点是不作任何假设。由于氧化层部分必须通过蚀刻来确定厚度，因此这种测试是破坏性的，通常需要使用专用的测试晶片。

③ 最简单的光学技术是将无掩模的晶片部分浸入稀释的 HF 中，直到完全去除晶片浸没部分上的氧化物。在蚀刻和未蚀刻氧化层之间的分界线附近，会发现一个缓慢的厚度分级。如果在显微镜下检查这条边缘，将从浅棕色开始看到各种颜色（表 3.4）。这些颜色是由于入射光和反射光之间的干涉产生的，通过跟踪这些颜色直到氧化层的顶部，可以得到一个近似的厚度。

④ 椭圆偏振测量技术使用一种偏振相干光束，以某个角度从氧化层表面反射。通常用氦氖激光器作为光源。

表 3.4 薄膜颜色（折射率为 1.48）

颜色	二氧化硅厚度/Å	氮化硅厚度/Å
银	<270	<200
棕	<530	<400
黄棕	<730	<550
红	<970	<730
深蓝	<1000	<770
蓝	<1200	<930
淡蓝	<1300	<1000
极淡蓝	<1500	<1100
银	<1600	<1200
浅黄	<1700	<1300
黄	<2000	<1500
橙红	<2400	<1800
红	<2500	<1900
深红	<2800	<2100
蓝	<3100	<2300
蓝绿	<3300	<2500
浅绿	<3700	<2800
橙黄	<4000	<3000
红	<4400	<3300

注：存在多级的情况，二氧化硅薄膜出现红色可能在 730～970Å，2400～2500Å，或 4000Å。

反射光强度是作为偏振角的函数来测量的。为了测量折射率和薄膜厚度，需要比较反射和入射光强度并测量偏振角的变化。最终需要在多个入射角或多个波长下进行测量，因为在任意给定的角度或波长下，不同的厚度会产生相同的光变化。

变角光谱椭圆偏振计系统地改变角度和波长，并将数据拟合到模型，以提取厚度和折射率。椭圆偏振计具有无破坏性的优点，尽管它通常要求氧化层在裸硅上生长。由于椭圆偏振计的光束相当大，它通常在无图案晶圆上完成，测量晶圆上多个点并绘制薄膜厚度。

⑤ 电气技术是表征氧化层最有用的方法。最简单的电气测量方法是击穿电压。当测量通过氧化层的电流时，电容器上的电压增加。漏电流太小则无法测量，直到达到高电场。最终，对于薄氧化层，将检测到一个随着电压呈指数级上升的电流。在一个小的电压范围内，电流不连续地增加，表明氧化层不可避免地破裂。热氧化层的介电场强度约为 12MV/cm。因此，通过求解击穿电压，可以估计出氧化层的厚度。如果像通常情况一样，知道厚度，则可以测量击穿场。分解直方图通常表现为氧化层质量和缺陷密度的第一阶指示。三组分解区域显而易见。低压组被认为是外部击穿。例如像针孔这种生长过程中的缺陷都可以消除。击穿场（MV/cm）高压组是固有击穿。它们通常聚集在氧化层的最终击穿场附近。中间组通常与氧化层

中的弱点有关。内在分解组中包含分解事件的比例越大，氧化层的质量就越好。重要的是，被测试的电容器的区域应与芯片上的有派区域相似。

⑥ 电容-电压（C-V）测量是评估氧化层更灵敏的方法。同样，必须用金属薄膜作上电极，用晶片作下电极。暂时假设衬底是 p 型掺杂的。在向栅极施加负电压时，额外的空穴被吸引到 Si-SiO_2 界面。这个过程被称为积累。现在假设一个小的交流信号被添加到直流偏压并测量交流电流。电流的异相幅值与电容成正比。如果电容器的直径与氧化层厚度相比非常大，则该器件将被视为平行板电容器。那么：

$$C_{ox}=\frac{\varepsilon A}{t_{ox}}=\frac{\varepsilon_r\varepsilon_0 A}{t_{ox}} \tag{3.16}$$

其中，ε_r 为氧化层的相对介电常数或介电常数；ε_0 为自由空间的介电常数。同样，这是测量氧化层厚度的一种有价值的方法。然而，对于非常薄的氧化层，也必须考虑到半导体中积累层的有限宽度。如果偏置电压从负设定值增大到正值，测量的电容将降低。这种现象的出现是因为场改变了符号，击退了栅极以下的电荷，进而有效地增加了电介质的宽度，降低了电容。

3.9 氧化炉

采用批处理法在管式炉中生长薄氧化层，即同时处理多个晶片。这在工艺控制过程中很重要，因为所需条件的任何变化都会影响该批次中的所有晶片，从而导致总体成本的增加。炉体设计为一个长平坦区域，内部温度可从 400℃ 控制到 1200℃，误差±1℃。炉的一端有干燥纯氧或水蒸气流动，而另一端则进入垂直流动的清洁空气台，晶片从这里装入反应器。防护罩的设计是防止颗粒物进入并减少晶片加载期间的污染。气体流动、晶片的插入和退出以及炉温均由微处理器控制。炉温会升高和降低几次，以防止对晶片的热冲击和后续损坏。最后，清洁对于晶圆处理和扩散管的维护是至关重要的，必须定期清洁。在特殊情况下，开槽石英舟可以用多晶硅舟代替。对于小尺寸的晶圆，通常是 3″[1]和 4″的晶圆，使用水平管式炉进行氧化，如图 3.15 所示。该炉有三个区域：

① 源端温区；

② 中心温区；

③ 装载温区。

氧化所需的气体通过源区引入。通常，在适当的分压（浓度）下，氧气（干法氧化）和蒸汽（湿法氧化）被用作源气体。在一些应用中，氯化氧化层也在生长。和氧结合的氯具有各种优点。它降低了氧化物-硅界面上的电荷浓度和氧化物层中

---

[1] 1″=1in=25.4mm。

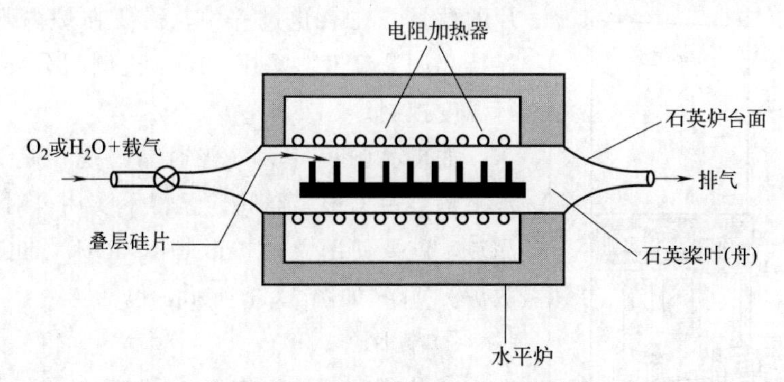

图 3.15 水平扩散炉（来源于 *Microchip fabrication*）

的移动离子。

这导致了清洁度和器件性能的提高。氯以氯气、氯化氢气体或三氯乙烯的形式引入炉中。来自气体源的蒸汽与氧气混合，而对于液体源，气体通过液体起泡。

在引入氧气之前，可采取一些措施减少污染，这些步骤被称为微量排气和泵浦步骤。商业上可用的管炉也有三个区域：

① 晶片装载区；

② 清洁站区；

③ 晶片存储区。

图 3.16 所示为商用水平扩散炉，待处理的晶片加载在中心区域，石英的挡板一般位于石英的两端。除了处理晶片之外，还装载称为填充物的裸晶片。这些填料有助于调节通过熔炉的气体流动。通过这种均匀的氧化物，可以得到加工晶片的生长。应记住，炉中的所有晶片都不是加工晶片。通过保持加工晶片与裸晶片的高比例，可以获得更高的加工处理能力。加工处理能力可以定义为每小时处理的加工晶

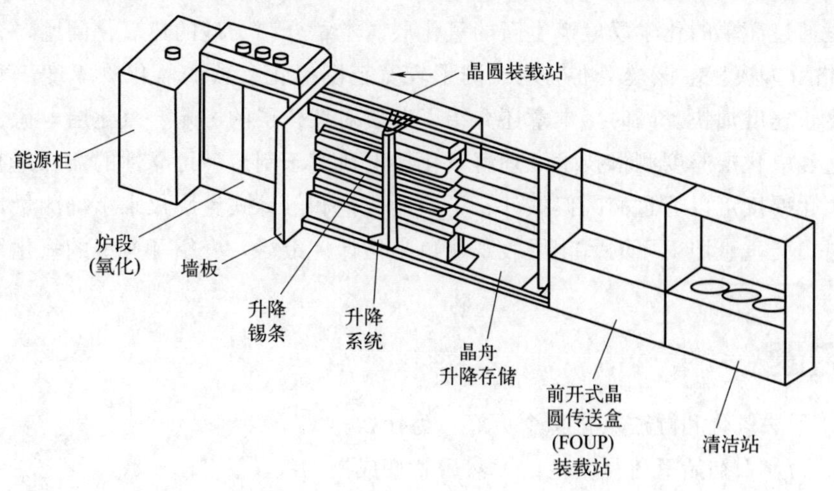

图 3.16 商用水平扩散炉（来源于 *Microchip fabrication*，Peter van Zant）

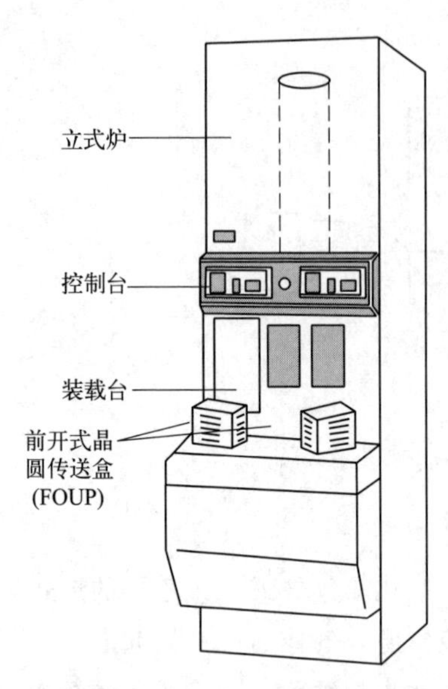

图 3.17 立式扩散炉（来源于 *Microchip fabrication*，Peter van Zant）

片的数量。在氧化过程中，需要在炉内不断监测、保持和调节温度。采用 PID（比例积分导数）来进行温度控制。

如果晶圆尺寸大（普通晶圆现在是 300mm），水平炉会占据很多空间，显得不实用。对于大尺寸晶片，就要使用立式扩散炉（VDF），也被称为扩散炉。VDF 如图 3.17 所示，包括：

① 载片台；

② 晶片储存站（加工前和加工后）。

晶舟保持经加工的晶片垂直进入炉中。VDF 的主要优点是它比水平炉更紧凑、气流更均匀、湍流更少。晶舟在操作过程中连续旋转，以保持氧化层的均匀性。这对于混合气体来说是尤其正确的。混合气体平行于重力移动，因此不会被分离。VDF 的操作类似于水平管炉。通常，一个 150 片的晶舟最多可容纳 100 片成品晶片，其余为填充物、挡板和监控晶片（用于测量氧化层厚度和工艺控制的均匀性）。

3.10 本章小结

目前使硅主宰半导体材料的两个因素：一是二氧化硅是一种天然氧化物，在硅晶片表面提供高质量的绝缘屏障；二是二氧化硅可以在后续杂质扩散工艺步骤中作为阻挡层使用。氧化的基本生长机理是氧化剂通过 SiO_2 层传输到 Si/SiO_2 界面，在那里通过简单的化学反应产生新的氧化层。本章介绍了硅的热氧化问题，介绍了迪尔-格罗夫模型。该模型准确地预测了较宽范围氧化参数的氧化物厚度。薄氧化层的生长速度加快。同时，本章还介绍了杂质对氧化层的影响、氧化层电荷、氧化层质量和氧化层厚度测量技术。理解氧化层电荷对于制造高可靠性的器件是有必要的。氧化厚度可以通过椭圆偏振计、干涉显微镜和触针式轮廓仪来精确测量，也可以通过白光垂直照射下的氧化层表观颜色来估计。最后，介绍了典型的氧化系统。

习题

1. 干法氧化和湿法氧化哪个更好？为什么？
2. 为什么初始氧化是线性的，然后就变成抛物线了？
3. 电容电压测量技术如何在固定电荷存在下测量界面电荷？

4. n型、(100)、$10^{-2}\Omega\cdot cm$ 的硅片在1100℃下湿法氧化220min，计算氧化层厚度。

5. 计算具有1.2V阈值电压和表面电荷 Q 的MOS晶体管的栅氧化层厚度。

6. 为什么蒸汽氧化比干燥 O_2 氧化更快?

7. 在什么条件下，SiO_2 的热生长速率与时间成线性正比?

参考文献

1. D. A. Buchanan and S. H. Lo, "Growth, in The Physics and Chemistry of SiO_2 and the Si-SiO_2 Interface-3," 3-14 *The Electrochemical Society*, Pennington(1996).
2. L. C. Feldman, E. P. Gusev and Garfunkel, "Fundamental Aspects of Ultrathin Dielectrics on Si-based Devices," 1-24, *Kluwer Academic Publishers*, Dordrecht, (1998).
3. http://www.siliconfareast.com/$SiO_2 Si_3 N_4$.htm.
4. Bearbeitet von and Hamid Bentarzi, "The MOS structure, Transport in Metal-Oxide-Semiconductor Structures," *Engineering Materials*, *DOI*: 10.1007/978-3-642-16304-3_2.
5. M. A. Muhsien, I. R. Agool, A. M. Abaas and K. N. Abdalla, "Current transport in SiO_2 films grown by thermal Oxidation for metal-oxide semiconductor," *International Research Journal of Engineering Science, Technology and Innovation*(IRJESTI), 1(2): 25(2012).
6. http://www.purdue.edu/rem/rs/sem.htm
7. http://en.wikipedia.org/wiki/Scanning_electron_microscope
8. K. Schroder "Semiconductor Material and Device Characterization", Third Edition, Dieter, Arizona State University Tempe, AZ, IEEE press, John Wiley & Sons, (2006).
9. Lee Stauffer, "Fundamentals of Semiconductor C-V Measurements," Keithley Instruments, Inc.
10. H. U. Kim and S. W. Rhee, "Electrical Properties of Bulk Silicon Dioxide and SiO_2/Si Interface Formed by Tetraethylorthosilicate-Ozone Chemical Vapor Deposition," *Journal of The Electrochemical Society*, 147(4): 1473(2000).
11. http://web1.caryacademy.org/facultywebs/gray_rushin/StudentProjects/CompoundWebSites/2003/silicondioxide
12. M. Liu, J. Peng, "Two-dimensional modeling of the self-limiting oxidation in silicon and tungsten nanowires". *Theoretical and Applied Mechanics Letters*. 6(5): 195. doi: 10.1016/j.taml.2016.08.002(2016).
13. http://www.eng.tau.ac.il/~yosish/courses/vlsi1/I-4-1-Oxidation.pdf
14. J. Appels, E. Kooi, M. M. Paffen, J. J. H. Schatorje, and W. H. C. G. Verkuylen, "Local oxidation of silicon and its application in semiconductor-device technology," *Philips Research Reports*, 25(2): 118(1970).
15. A. Kuiper, M. Willemsen, J. M. G. Bax, and F. H. P. H. Habraken, "Oxidation behaviour of LPCVD silicon oxynitride films," *Applied Surface Science*, 33(34), 757(1988).

16. D. A. Buchanan and S.-H. Lo, "Growth, Characterization and the Limits of Ultrathin SiO_2 Based Dielectrics for Future CMOS Applications," *The Physics and Chemistry of SiO_2 and the Si-SiO_2 Interface—Ⅲ*, Electrochemical Society, Pennington, NJ, 3(1996).

17. H. S. Kim, S. A. Campbell, D. C. Gilmer, and D. L. Polla, "Leakage Current and Electrical Breakdown in TiO_2 Deposited on Silicon by Metallorganic Chemical Vapor Deposition," *Appl. Phys. Lett.* 69:3860(1996).

18. S. A. Campbell, D. C. Gilmer, X. Wang, M. T. Hsieh, H. S. Kim, W. L. Gladfelter, and J. H. Yan, "MOSFET Transistors Fabricated with High Permittivity TiO_2 Dielectrics," *IEEE Trans. Electron Dev.*, 44:104(1997).

19. K. J. Hubbard and D. G. Schlom, "Thermodynamic Stability of Binary Oxides in Contact with Silicon, *in Epitaxial Oxide Thin Films Ⅱ*," 401, Pittsburgh, 33(1996).

20. T. Ino, Y. Kamimuta, M. Suzuki, M. Koyama, and A. Nishiyama, "Dielectric Constant Behavior of Hf-O-N system," *Jpn. J. Appl. Phys.*, 45(4 B): 29082913(2006).

21. S. A. Campbell, T. Z. Ma, R. Smith, W. L. Gladfelter and F. Chen, "High Mobility HO_2 N-and P-Channel Transistors," *Microelectron. Eng.* 59(1-4):361(2001).

22. Z. Zhang, B. Xia, W. L. Gladfelter, and S. A. Campbell, "The Deposition of Hafnium Oxide from Hf t-butoxide and Nitric Oxide," *J. Vacuum Sci. Technol.* A, 24(3):418-423(2006).

23. J. H. Lee, Y. S. Suh, H. Lazar, R. Jha, J. Gurganus, Y. Lin, and V. Misra, "Compatibility of Dual Metal Gate Electrodes with High-p Dielectrics for CMOS," *IEDM, Tech. Dig*, 323-326(2003).

24. F. Chen, B. Xia, C. Hella, X. Shi, W. L. Gladfelter, and S. A. Campbell, "A Study of Mixtures of HO_2 and TiO_2 as High-k Gate Dielectrics," *Microelectron. Eng.* 72(1-4):263-266(2004).

25. I. McCarthy, M. P. Agustin, S. Shamuilia, S. Stemmer, V. V. Afanas' ev, and S. A. Campbell, "Strontium Hafnate Films Deposited by Physical Vapor Deposition," *Thin Solid Films*, 515(4):2527(2006).

26. S. K. Gandhi, "VLSI Fabrication Principle," John Wiley and Sons, New York(1983).

27. J. Appels, E. Kooi, M. M. Paffen, J. J. H. Schatorje and W. H. C. G. Verkuylen, "Local oxidation of silicon and its application in semiconductor-device technology," *Philips Research Reports*, 25(2):118(1970).

28. A. Kuiper, M. Willemsen, J. M. G. Bax, and F. H. P. H. Habraken, "Oxidation behaviour of LPCVD silicon oxynitride films," *Applied Surface Science*, 33(34):757(1988).

29. J. D. Plummber, M. Deal and P. B. Griffin, "Silicon VLSI Technology: Fundamentals, Practice and Modelling," Pearson(2009).

30. S. M. Sze, "VLSI Technology," Second Edition, McGraw Hill Education (India) Private Limited, (1988).

31. S. K. Gandhi, "VLSI Fabrication Principles," Second Edition Wiley, (1994).

32. S. Grove, "Physics and Technology of Semiconductor," John Wiley & Sons. (1967).

33. S. A. Campbell, "The Science and Engineering of Microelectronic Fabrication," Oxford University Press, (1966).

第4章 光刻

4.1 简介

功能材料的图形化对于从古代到现代 DNA 微阵列世界的所有技术都至关重要。图形化具有很多优势，例如伸缩能力强、可重复使用、重现精度高、低消耗等，这种优势使其在复杂集成电路制造中大有可为。器件的不断小型化使集成电路进入纳米级，这种图形化工艺使得在不同的地方可以使用相同的图形设计。在大多数集成电路中，晶片上的图形化采用两个步骤：(a) 在功能材料表面形成光刻胶膜的图案，该过程称为光刻；(b) 将光刻胶图案转移到功能材料上，该过程称为蚀刻。

光刻是主流微电子制造中最复杂、最昂贵和最关键的工艺。光刻技术这个术语来源于艺术领域，它是通过依次在纸或画布上用几块带有颜色的平板印出来的，每个板都覆盖着某种颜色的墨水，各种板需要在一定的公差范围内对齐。因此，只要质量保持足够高，许多原型就可以由同一组板坯制成。这就是集成电路光刻的基本原理。该工艺允许在所需精度范围内大批量生产几乎相同的组件。借助掩模将电路图案直接写入或投影到晶圆或光刻胶上。该掩模可多次使用，用来生产几乎相同的组件。

光刻占总制造成本的三分之一左右，而且这个比例还在上升。典型的硅技术涉及 15～20 个不同的掩模。在集成电路技术中，光刻是通过掩模将设计轮廓的图案转移到半导体晶圆表面的过程，半导体晶圆表面被叫做光刻胶的辐射敏感材料覆盖。

图 4.1 (a) 是集成电路制造中采用的不同光刻工艺的示意图。有多种方法可用于将电路图案投射到晶圆上。本章将讨论行业内流行的光刻方法以及一些正在开发的方法，例如光学光刻、X 射线光刻、电子束光刻、极紫外光刻和离子束光刻。光学光刻是使用最广泛的技术，尽管它不被看好，但依旧是首选的光刻方

法。193nm 辐射、计算机高分辨率增强技术和浸没式光刻的结合被用于 45nm 和 32nm 节点。光学光刻工艺通常需要首先形成掩模，然后将该掩模图案投影到有光刻胶涂覆的晶圆上。制作精确且合格的掩模占集成电路总图案化成本的很大一部分，这主要是因为需要采取措施使分辨率远远超出光学分辨率的正常极限。因此，尽管光学光刻已经证明了其远低于 22nm 的特性，但尚不清楚光学光刻在该范围内是否最经济。极紫外光刻仍然是主流选择，此外，纳米压印技术与电子束光刻技术也不分伯仲。电子束光刻已经证明了可用于宽度小于 10nm 的最小特征，并且持续发展为用于掩模制造和晶圆上直写加工（也称为无掩模光刻）。

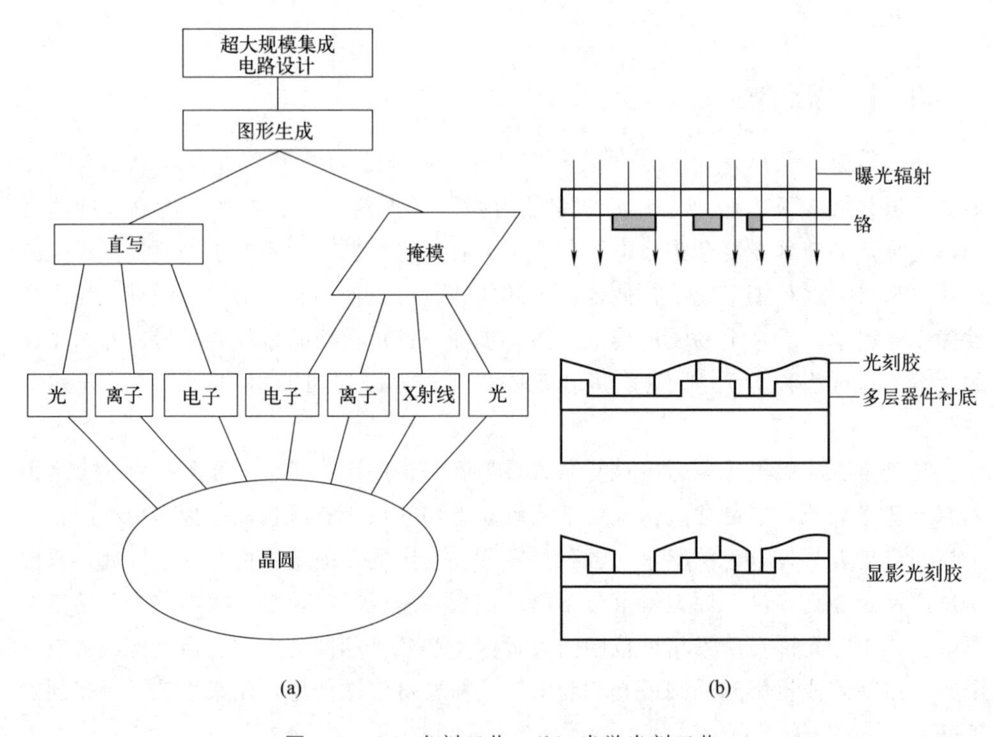

图 4.1 (a) 光刻工艺；(b) 光学光刻工艺

图 4.1 (b) 显示了一般的光学光刻工艺，其中辐射穿过掩模的透明部分，曝光不溶于显影剂的光刻胶，从而使掩模图案直接转移到晶片上。在晶片上定义图案时采用蚀刻工艺，以选择性地去除底层的掩模部分。光刻曝光性能由三个参数决定：(a) 分辨率；(b) 对准；(c) 产能。分辨率是可以高可靠性地传递到晶圆上的光刻胶的最小特征尺寸。对准是一种精确程度的度量指标，主要度量在连续掩模过程中同一晶片上图案的对齐或重叠的程度。产能是在给定掩模水平下每小时可以曝光的晶片数量，因此它是衡量光刻工艺效率的指标。

4.2　光学光刻

使用紫外光（λ≈0.2～0.4μm）或深紫外光的光学设备是集成电路制造中流行的光刻设备。主要有两种光学曝光方式：(a) 遮蔽式曝光；(b) 投影式曝光。在遮蔽式曝光中，掩模和晶圆可能直接接触，称为接触式曝光，或紧密接近，称为接近式曝光（图 4.2）；而在投影式曝光中，掩模图像通过曝光工具投射到距离涂有光刻胶的晶片几厘米远的掩模上。

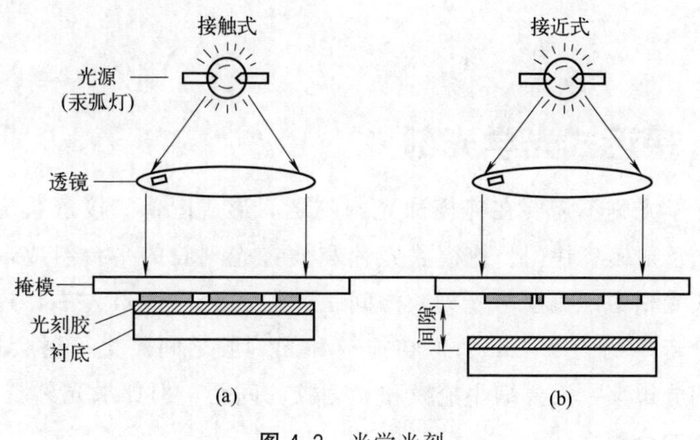

图 4.2　光学光刻

4.3　接触式光学光刻

20 世纪 60 年代初期的第一批集成电路，是通过接触式光刻法形成图案的，该接触式光刻法将掩模直接放置在光刻胶的顶部。掩模的制作过程有以下几个步骤：

① 通过一块可阻挡蓝光的红膜塑料薄片来制作放大的轮廓（掩模，或称光罩）。

② 将掩模图案以组合放大倍数曝光到母版基材上，该母版基材包含涂有光刻胶的 80nm 铬玻璃和石英。

③ 在整个母版上重复曝光以在掩模上建立一系列相同的图案，该仪器被称为“步进重复相机”。

④ 显影光刻胶然后刻蚀铬。

⑤ 将母版复制到称为子掩模或工作掩模的卤化银乳胶版上。

子掩模用于将晶圆表面需要的印刷图案曝光到光刻胶上，然后将下面的功能层蚀刻成所需的图案。

在接触式光刻中，通过使掩模与光刻胶接触来消除掩模和光刻胶之间可能发生的衍射，并且在不改变曝光波长或系统数值孔径的情况下提高系统的分辨率。用通常大约 0.3atm 的压力将掩模压在光刻胶上，然后将该系统曝光在大约 400nm 波长的紫外线下。表面接触会使光刻胶上的分辨率变得不同，其分辨率可能是 0.5μm 或者更小。接触会导致光刻胶和掩模变形，因此与接近式光刻工艺相比，掩模只能在短期使用。然而，掩模的生产成本相对较低，并且光刻胶的变形很小，也是可以接受的。接触式光刻是一种更好的方法，因为它可以提高分辨率。通过引入柔性掩模来更好地接触光刻胶材料，获得更加一致的分辨率，以解决分辨率不均匀的问题。典型材料包括 PMMA（聚甲基丙烯酸甲酯）、氧化铝和石英。

4.4 接近式光学光刻

接近式光学光刻不需要在掩模和光刻胶之间形成图像。接近系统基本上由光源、聚光镜、反射镜、快门、掩模滤光片和放置光刻胶的平台组成，如图 4.3 所示。在接近式光刻中，掩模与光刻胶的间距通常在 5～50μm 左右，这导致当今设备可接受的分辨率约为 200nm。但在掩模和光刻胶之间产生衍射会影响分辨率。为获得更好的分辨率，需要缩小掩模和光刻胶的间距，但如果光刻胶和掩模接触，将会获得更好的分辨率。

接触式光刻的主要缺点是若灰尘颗粒或硅粒意外嵌入掩模中，会对掩模造成永久性损坏，而接近式光刻不受颗粒损害的影响。尽管如此，在掩模和晶片之间的狭窄间隙会引入光学衍射，这将会降低光掩模的边缘特性，其分辨率一般为 1 ～ 3μm 内。

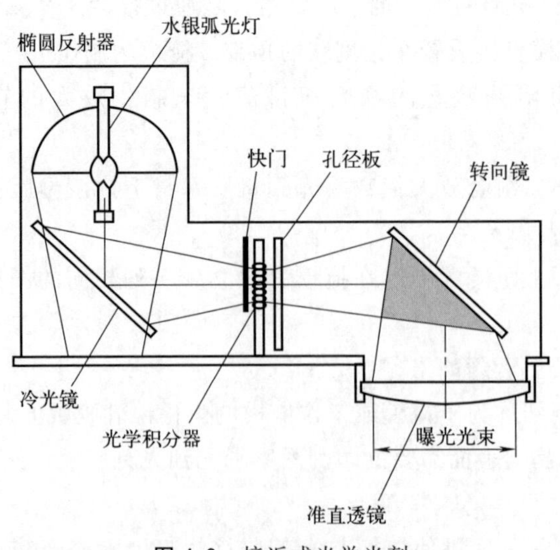

图 4.3 接近式光学光刻

4.5　投影式光学光刻

投影式光学光刻相较于接近式和接触式曝光分辨率最高（小于 0.35μm）。投影式光学光刻依赖于掩模和光刻胶之间的成像系统，因为光束聚焦在掩模和光刻胶晶圆之间。完整过程如图 4.4 所示。投影系统由几个子系统组成，每个子系统都可以操作，以提高系统的整体分辨率。透镜的数值孔径可以增加到 1.6 左右，这是实际的限制，因为 sinα 项的最大值为 1，并且 η 通常为 1.5～1.7。通过降低曝光辐射的波长，分辨率将得到更大提高，因此可将紫外线和 X 射线的波长用于光刻系统。然而，随着相移掩模在工业中的发展以及激光器在工业中的使用，出现了更多的相干光源，光刻可以被充分改进以确保将来仍然是 VLSI 中的重要生产技术。对于电路图案的各个部分，尺寸为 180nm 的 VLSI 电路使用来自 KrF 激光（λ＝248nm）的部分相干光，同时结合一些分辨率增强技术，如相移掩模和先进的光刻胶。研究更短波长的激光器可以进一步提高分辨率，例如 ArF 激光（λ＝193nm）和 F_2 分子激光（λ＝157nm）。据报道，λ＝193μm 的最佳分辨率为 150nm，而 λ＝157nm 的最佳分辨率为 125nm。

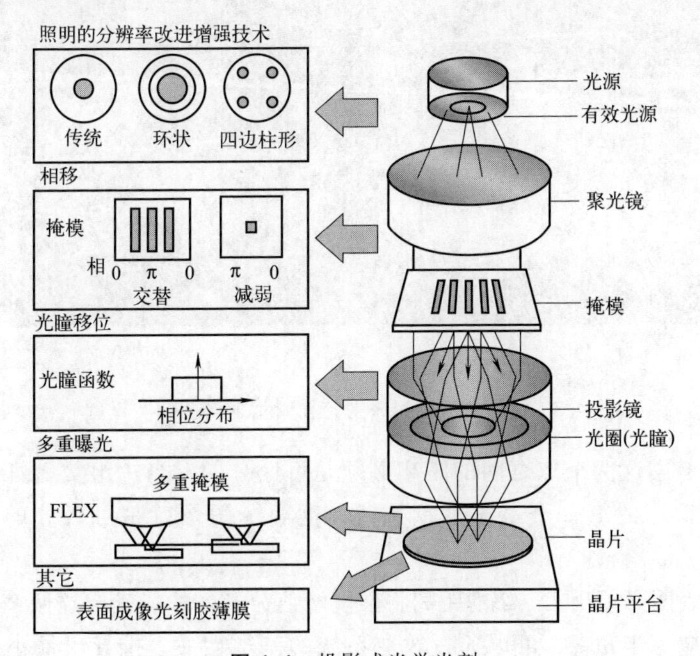

图 4.4　投影式光学光刻

集成电路行业一直在努力减小组件尺寸。因此，在未来的某个时刻，将需要优于 125nm 的分辨率。为了实现这一点，光刻行业不得不通过使用相移掩模（本章稍后讨论）来改进光学光刻技术，或者寻找更短波长的辐射源。

衍射、分辨率和焦深

光刻中的一个测量因素是分辨率，因为衍射的发生是由于掩模在光刻系统中本质上充当成一组狭缝。首先确定光刻系统中的衍射类型。由于来自光源的波是球形发射的，因此也可以从掩模中获得球面波。如果光刻胶靠近掩模，则球面波的曲率很重要。这将导致与掩模相似的图像，并且在近场中会发生菲涅耳衍射。随着掩模和光刻胶之间距离的增加，图像看起来就不那么像掩模，图像的形状在超过一定距离后会发生一点变化，称为瑞利距离（R_D），只有图像大小会发生变化。这是由于球面波的曲率变得可以忽略不计，这个远场衍射称为夫琅禾费衍射。瑞利距离 R_D 为：

$$R_D=\frac{a^2}{\lambda} \tag{4.1}$$

为了解释这些，请考虑来自两个不同掩模的波。波衍射后在光刻胶表面产生艾里斑，如图 4.5（a）所示。如果减小掩模间隙的距离，那么艾里斑就会靠得更近。要使该工艺产生的集成电路图案可用，艾里斑必须是可区分的或可分辨的，如图 4.5（b）所示。

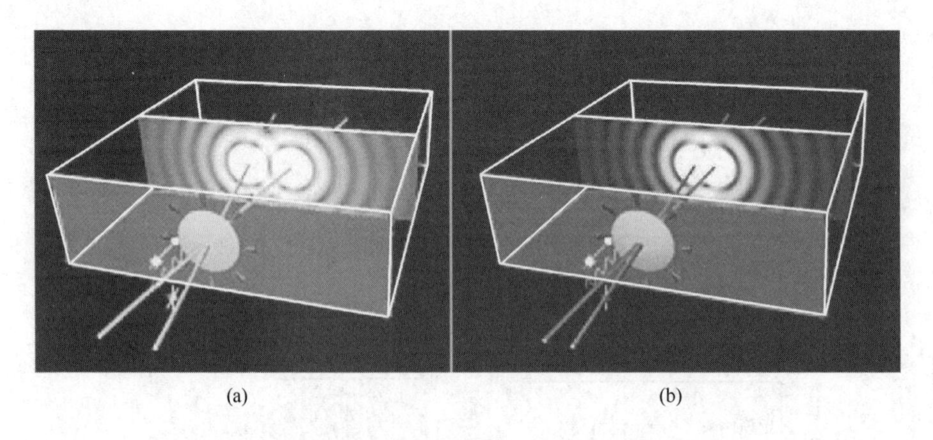

(a) (b)

图 4.5　平行光束通过一对掩模时衍射产生的艾里斑

现在，考虑这两个点之间的距离必须是可区分的。当一组艾里斑的最大强度与第二组艾里斑的第一个最小值重叠时，这两个图像就是可区分的，如图 4.6 所示。

图 4.6 表明必须用 $D_1/2$ 的距离将强度峰值分开，才能确定这两个点。孔在光刻胶表面对应为半角 α。可以通过改变系统的基本性质，推导出最小可分辨间距（$D_1/2$）的方程，为此我们考虑光从单个圆形孔径衍射，如图 4.7 所示。

由基本的光学知识可知：

$$\frac{D_1}{2}=1.22\frac{X\lambda}{a} \tag{4.2}$$

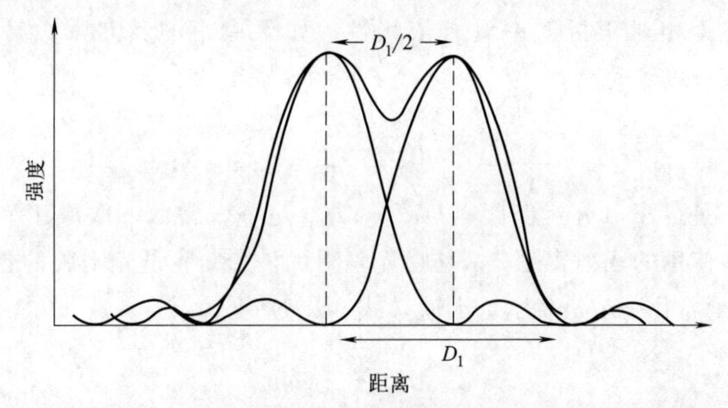

图 4.6　来自两个相邻掩模的艾里斑强度。共同轮廓部分以虚线表示。该图显示了瑞利分辨率极限，等于光刻胶上 $D_1/2$ 的距离

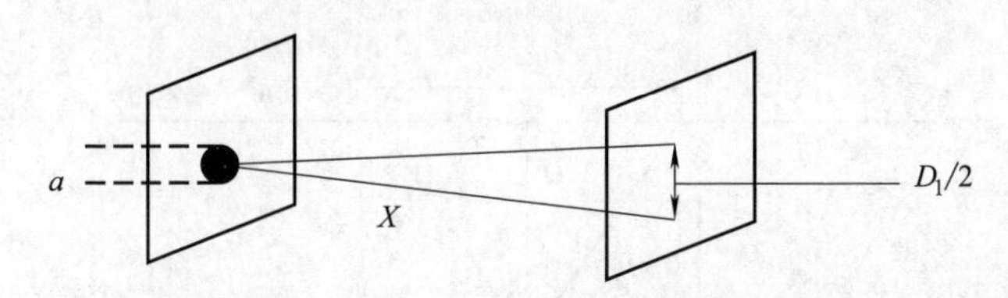

图 4.7　直径为 a 的单个圆形掩模衍射。强度最大值（P）和第一个最小强度（P'）在距掩模为 X 处的光刻胶上相隔 $D_1/2$

现在考虑投影式光学光刻的情况，其中透镜放置在掩模和光刻胶之间。距离 X 为镜头的焦距（f），所以式（4.2）变成：

$$\frac{D_1}{2}=1.22\frac{f\lambda}{a} \tag{4.3}$$

通过考虑掩模相对光刻胶所成的角度，可以从式（4.3）中消去掩模的宽度，如图 4.8 所示。

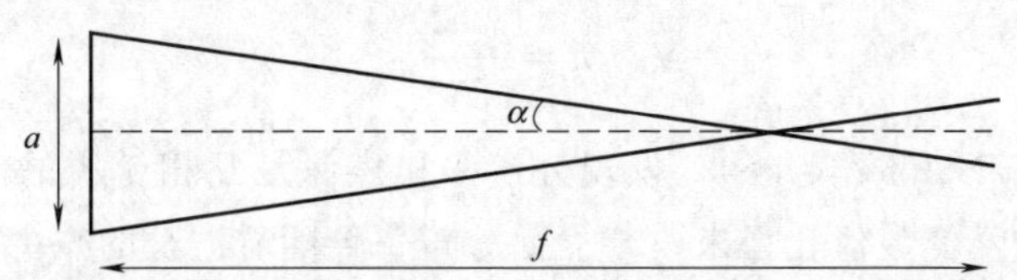

图 4.8　掩模和光刻胶之间所成的半角 α，可以用来替代分辨率数学模型中的掩模宽度

由图 4.8，根据掩模与光刻胶的距离及其半角可以推导出掩模宽度的方程为：

$$\sin\alpha=\frac{a}{2f} \tag{4.4}$$

通过替换式（4.3）中的 a，得到关于镜头焦距和光圈半角的最小可分辨率的计算等式：

$$\frac{D_1}{2}=\frac{0.61\lambda}{f\sin\alpha} \tag{4.5}$$

注意：焦距相对于折射率具有依赖性。如果焦距的其它常数特性代替系数 0.61，则方程可以重写为：

$$R=\frac{k_1\lambda}{\eta\sin\alpha} \tag{4.6}$$

式中，R 是最小可分辨间距（$D_1/2$）；k_1 是一个常数，取决于光刻胶的吸收特性和工艺中使用的辐射类型；λ 是曝光辐射的波长；η 是光刻胶的折射率。数值孔径（NA）通常用 $\eta\sin\alpha$ 表示。因此，式（4.6）变为：

$$R=\frac{k_1\lambda}{\mathrm{NA}} \tag{4.7}$$

现在考虑该工艺的焦深。在光学系统中形成的图像仅在适当的平面（即球面）中聚焦。焦深是图像保持可接受焦点范围的距离，如图 4.9 所示。

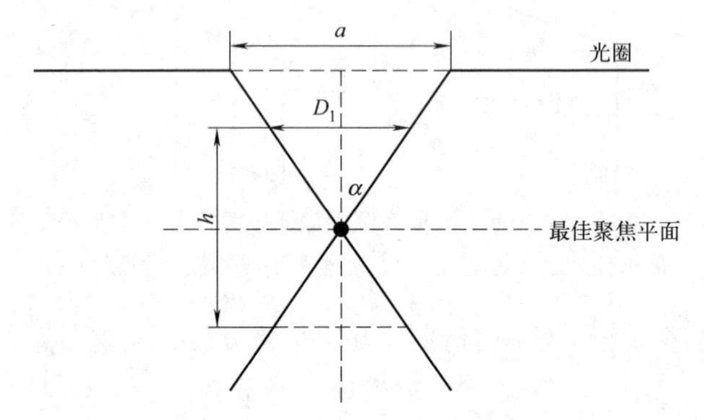

图 4.9 光学系统的焦深，用 h 表示，即图像保持可接受焦点范围内两侧最佳焦平面之间的距离

与分辨率一样，焦深与 D_1 相关。由简单几何得：

$$h=\frac{k_2\lambda}{\mathrm{NA}^2} \tag{4.8}$$

考虑式（4.7）和式（4.8），发现分辨率和焦深是互相矛盾的。焦深可以通过增加辐射波长和降低数值孔径来改善。而分辨率伴随着波长的减少和数值孔径的增加而提高，因此需要在分辨率和景深之间进行折中考虑。在目前的设备中，光刻过程中光刻胶的定位可以精确控制，因此焦深不再是问题。随着波长降低，光子能量增加，因此光子能够进一步穿透光刻胶聚合物。由于焦深成了次要因素，因此业界可以专注于提高分辨率。显然，业界不能忽视工艺中的焦深，但是分辨率成为首要因素。

4.6 掩模

集成电路制造是通过批量处理完成的，其中相同电路的许多副本同时沉积在单个晶圆和多个晶圆上。一次处理的晶圆数量称为批量，其大小可能在20～200个晶圆之间变化。由于每个集成电路芯片都是方形的，而晶圆是圆形的，因此每个晶圆上的芯片数量是圆形内可以容纳特定尺寸完整正方形的数量。

光掩模控制氧化层中所有窗口的位置，从而控制特定扩散步骤有效的区域。每个完整的掩模都由一个照相底版组成，在底版上，每个窗口都由一个致密的部分和保持透明的剩余部分表示。每个完整的掩模不仅包括用于生产特定集成电路阶段性的所有窗口，而且还包括整个硅晶圆上所有此类电路的所有相似区域。很明显，在晶圆上生产集成电路阵列的各个阶段都需要不同的掩模。掩模之间的精确对准也有很高的要求，以确保组件之间没有重叠，并且特定晶体管的每个部分都在正确的位置上精确形成。

为了制作生产阶段的掩模，首先准备一个母版，它是一个最终掩模的精确复制品，也是在特定时间内集成电路最终尺寸的放大版。放大尺寸的工艺样件避免了较大的容许误差，也使得操作员可以轻松处理。在工艺样件的设计中，所有的元件，如电阻、电容、二极管、晶体管等，都是在芯片表面的确定位置上。因此需要六个或更多的布局图。每张图都显示了特定制造步骤所需的窗口位置。对于VLSI（大于10^5个组件/芯片），图案是使用计算机辅助设计（CAD）系统生成的，该系统输出为一个图案生成器，该生成器将图案直接传输到光敏掩模。掩模通常由熔融石英制成，即覆盖有硬表面材料（如铬或氧化铁）的玻璃。电路图案首先被转移到电子光刻胶上，该电子光刻胶又转移到成品掩模的底层。

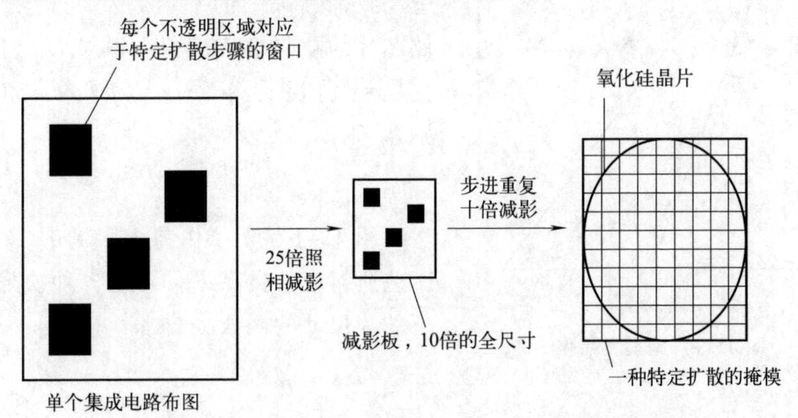

制造集成电路阵列所需的一系列光掩模之一。图像未按比例绘制

图4.10 掩模的生产

4.7 光掩模制造

母掩模通常为1m×1m，由切割和剥离的塑料材料制成，塑料材料由两层塑料

薄膜组成，一层不透明的称为红膜，另一层透明的称为聚酯薄膜，它们被层叠在一起。通过机器控制的刀具将所需图案的轮廓在工作台上切割成红膜（即不透明）涂层，然后剥离不透明薄膜以露出透明区域，因此每个部分代表最终掩模中的窗口区域。

下一步是使用背照法拍摄母版，以生产缩小几倍的副母版。该版用于步进重复相机中，它有两个用途，首先将图案再缩小几倍以达到最终尺寸，其次还能够机械步进，以在最终母掩模上产生相同图案的阵列。通过使用连续的印版移动代替在离散步骤中以机械方式运输的感光底片，可以获得更好的准确度。电子同步闪光灯进行离散曝光，可以有效地冻结运动。

上述的整个过程可以用含有感光乳剂的印版完成；通常认为乳剂太弱，不会磨损和撕裂。出于这个原因，掩模通常由较硬的材料制成，例如铬或氧化铁。复合版图被分成几个序列，因此需要 15～20 个不同的掩模层来完成集成电路的制造周期。掩模的主要问题之一是缺陷密度。掩模缺陷可在掩模制造期间或在后续光刻工艺期间出现。掩模缺陷的数量对最终的集成电路良品率有很大的影响，该良品率定义为每片晶圆上合格芯片数与每片晶圆上总芯片数的比率。一阶近似为：

$$Y \approx e^{-D_0 A_0} \tag{4.9}$$

式中，Y 是良品率；D_0 是每单位面积上“致命”缺陷的平均数量；A_0 是集成电路芯片的缺陷敏感面积。如果 D_0 对于所有掩模级别保持相同（例如 $N=10$ 的级别），则

$$Y \approx e^{-N D_0 A_0} \tag{4.10}$$

图 4.11 说明了由掩模限制的 10 级光刻工艺所对应的良品率，它是各种缺陷密度值下芯片尺寸的函数。

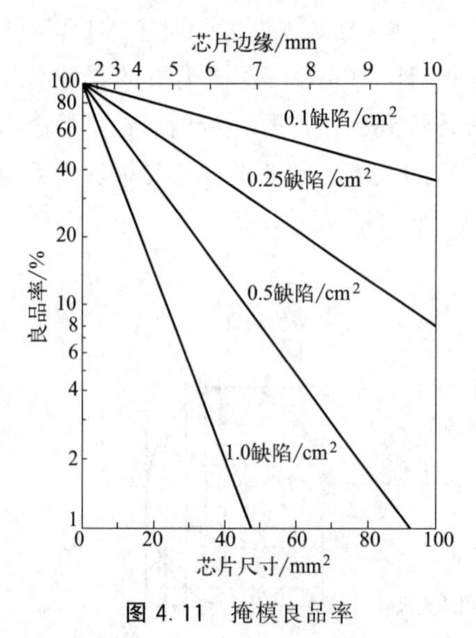

图 4.11 掩模良品率

4.8 相移掩模

相移掩模被用来减少波长或焦深（DOF）引起的问题。相移掩模的基本概念如图 4.12 所示，在传统的透射掩模［图 4.12（a）］中，电场 ξ 在每个透明区域都具有相同的相位。由于强度 I 与直线所示的电场平方成正比，光学系统的有限分辨率和衍射将电场 ξ 扩展到晶圆上。掩模中连续光点衍射波之间的干涉增强了它们之间的场。

掩模中覆盖相邻光点的相移层使电场的符号反转，但掩模的强度不变，如图 4.12（b）所示。虚线所示图像的电场可以在晶圆上消除。随后，彼此投影很近的图像可以完全分离。当透明层的厚度 $d=\lambda/[2(\eta-1)]$ 时，会产生 180°相变，其中，η 为折射率，λ 为波长。覆盖一个掩模的情况如图 4.12（b）所示。

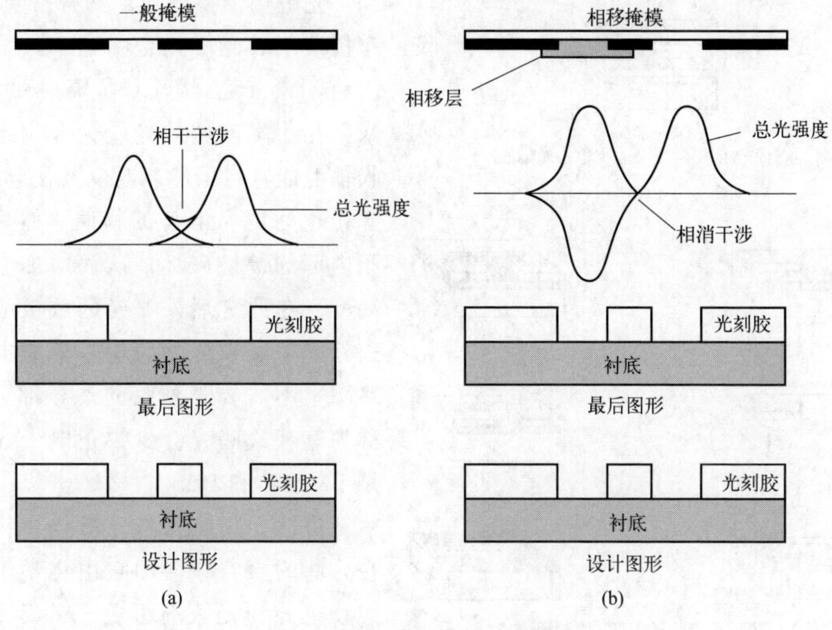

图 4.12　相移掩模的基本概念

4.9　光刻胶

为了使衬底表面获得掩模上的真实几何形状，光刻胶应满足以下条件：

- 均匀成膜；
- 分辨率好；
- 对衬底的良好附着力；
- 对干蚀刻和湿蚀刻工艺有适当的耐受性。

光刻胶是一种对辐射敏感的化合物，在辐射中形成聚合物薄膜。该膜是光敏的或能够与添加的化合物的光解产物发生反应，因此显影剂溶液中的溶解度因暴露在紫外线辐射而显著增加或减少。根据发生的溶解度变化，光刻胶被分为负性或正性。通过辐射固化的、在显影剂溶液中溶解度较低的材料会产生掩模的负性图案，称为负性光刻胶。而对于正性光刻胶，曝光区域通过辐射变得更易溶解，因此在显影过程中更容易去除。最终结果是，晶圆在正性光刻胶下形成的图案与掩模上的图案相同，而负性光刻胶蚀刻的图案与掩模图案相反，因为曝光区域更难溶解。溶解

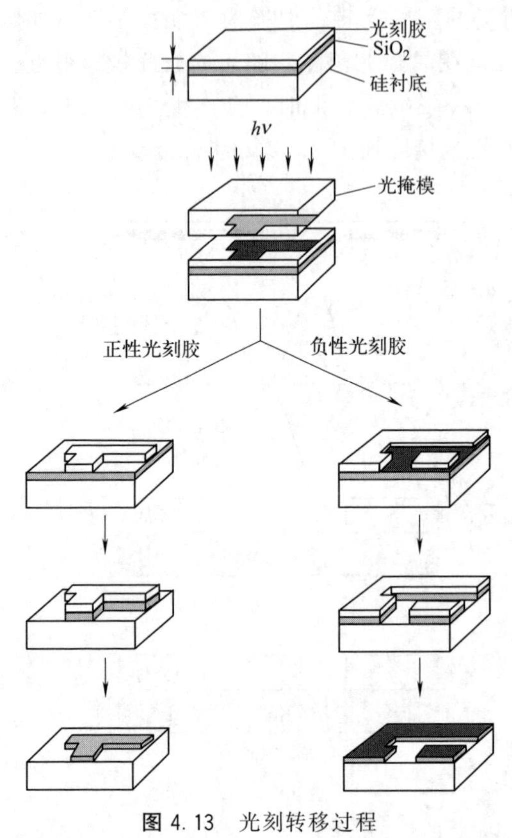

图 4.13　光刻转移过程

度的变化是由于光子在光刻胶聚合物材料中散射和损失能量时发生了化学反应。图 4.13 显示了光刻转移过程。

正性光刻胶由三种成分组成：(a) 光敏化合物；(b) 基料树脂；(c) 有机溶剂。光敏化合物在紫外线照射之前不溶于显影液。在辐射过程中，暴露在图案区域的光敏化合物通过吸收辐射能（自由能）改变其化学结构，并转化为更易溶解的物质。然后，树脂内部的键被破坏，从而增加它的溶解度。在此之后，曝光区域被显影液去除。在正性光刻胶中，集成电路最终图案不需要光刻胶的暴露部分，这称为遮蔽式曝光。少数正电子光刻胶是 PMMA 和 PBS。

负性光刻胶是与光敏化合物混合在一起的聚合物，即它由化学惰性的成膜组分和光敏剂组成。在曝光过程中，光敏化合物吸收自由能并将其转化为化学能，以启动连锁反应，其中，光敏剂在光照下释放氮气，该反应中产生的自由基与聚合物中的 C═C 和 C═O 双键反应，导致聚合物分子的交联。由于较高的分子量，交联聚合物变硬，因此不溶于显影液。显影处理后去除未曝光部分。在此过程中，交联的聚合物分子往往会膨胀，因为它们现在具有更高的分子量，因此会扭曲光刻胶上的图案。负性光刻胶的主要缺点是分辨率受限制，因为它会吸收显影剂溶剂并且膨胀。常见的负电子光刻胶是 COP 材料。

图 4.14 的左侧部分显示了正性光刻胶的曝光响应曲线。应该注意的是，即使在曝光之前，光刻胶在显影液中的溶解度也是有限的。在临界能量（E_T）下，光刻胶变得完全可溶，因此 E_T 对应于光刻胶的灵敏度。对比度（γ）取决于给定的 E_T：

$$\gamma=\left(\ln\frac{E_T}{E_1}\right)^{-1} \tag{4.11}$$

其中，E_1 是通过绘制 E_T 处的切线以达到 100%光刻胶厚度而获得的能量，如图 4.14 所示。较大的 γ 表示光刻胶随着曝光能量的增加而快速溶解，从而产生更

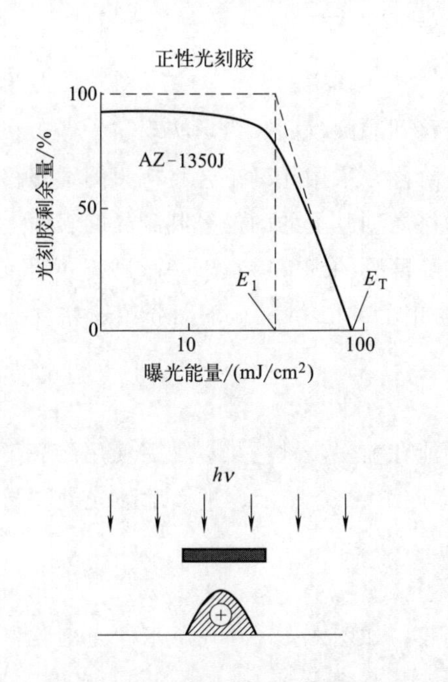

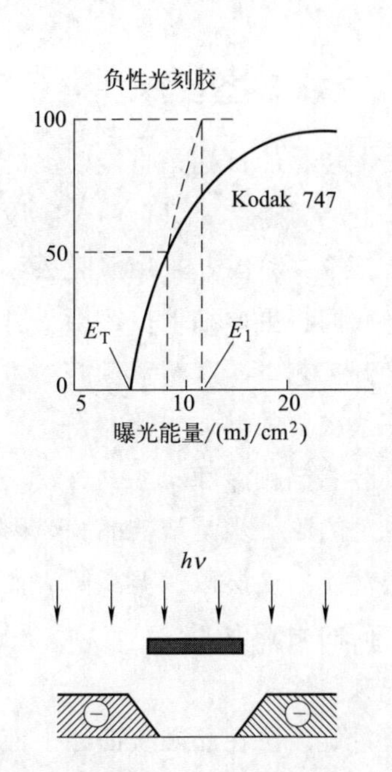

图 4.14 正性光刻胶（左）和负性光刻胶（右）：显影后光刻胶的曝光响应曲线和横截面

清晰的图像。图 4.14 中的图像横截面说明光刻胶图像的边缘通常由于衍射而变得模糊。

图 4.14 的右侧部分说明了类似的情况，但是对于负性光刻胶而言的。这里，负性光刻胶的灵敏度定义为在曝光区域内保持原始光刻胶膜厚度的 50%所需的能量。表 4.1 列出了集成电路技术中使用的一些常见光刻胶。

表 4.1 集成电路技术中常用的光刻胶

光刻	品牌	极性	灵敏度	γ
光学光刻	Kodak 747	负性	$9mJ/cm^2$	1.9
	AZ-1350J	正性	$90mJ/cm^2$	1.4
	PR102	正性	$140mJ/cm^2$	1.9
电子束光刻	COP	负性	$0.3\mu C/cm^2$	0.45
	GeSe	负性	$80\mu C/cm^2$	3.5
	PBS	正性	$1\mu C/cm^2$	0.35
	PMMA	正性	$50\mu C/cm^2$	1.0
X 射线光刻	COP	负性	$175mJ/cm^2$	0.45
	DCOPA	负性	$10mJ/cm^2$	0.65
	PBS	正性	$95mJ/cm^2$	0.50
	PMMA	正性	$1000mJ/cm^2$	1.0

4.10 图案转移

图案转移的目标是将掩模上的草图转移到晶圆表面。为了实现这一点，在制造微电子器件时通常要进行两个阶段。第一阶段，采用光刻工艺将掩模图案转移到光刻胶上；第二阶段，采用薄膜去除的方法将光刻胶上的图像复制到晶圆表面。在下文中，我们将更详细地描述第一阶段。去除薄膜的细节将在下一章进行介绍。

光刻工艺中图案转移所需的主要步骤如图 4.15 所示。下面介绍这些主要步骤以及一些次要的增强步骤。

晶圆清洁和涂底

光刻的第一步是清洁晶圆，因为它可能在前一步被污染。然后使用涂底工艺沉积一层薄薄的底层以润湿晶圆表面，如图 4.15（a）所示，进而增强光刻胶与晶圆表面之间的附着力。

光刻胶涂覆

通过旋涂法在晶圆表面涂上液体光刻胶，如图 4.15（b）所示。光刻胶材料的旋转速度和黏度决定了最终的光刻胶厚度，其范围为 0.6～1μm。

前烘

在进行对准和曝光步骤之前，需要进行软烘烤过程以去除光刻胶材料中的大部分溶剂。前烘工艺是将晶圆放在温度为 90～100℃的热板上进行，时间约为 30s。

对准和曝光

将掩模对准涂有光刻胶的晶圆上的正确位置，然后暴露在受控的紫外线中，将掩模图像转移到光刻胶表面上，如图 4.15（c）所示。

曝光后烘烤

曝光后烘烤的目的是最大限度地减少通过光刻胶引起的过度曝光和曝光不足区域的条纹，这种条纹是由驻波效应引起的。驻波效应可能是由于入射光和从光刻胶-衬底界面反射光之间的干扰而产生的。在现代工艺中，通常使用薄的抗反射涂层（ARC）来帮助减少反射光的数量。

显影

显影是在晶圆表面的光刻胶中创建图案的关键步骤。在此步骤中，可溶区域被显影剂化学去除，如图 4.15（d）所示。显影完成后，往往采用以下两个步骤。

硬烘烤

显影后，晶圆需要再次在热板上以 100～130℃的温度烘烤约 1～2min，以去除光刻胶材料中的残留溶剂。该步骤不仅提高了光刻胶的强度和附着力，而且还提高了光刻胶的抗蚀刻性和抗离子注入性。

光刻胶剥离

图案转移过程的剩余步骤是蚀刻掉暴露的二氧化硅，然后去除光刻胶。完成氧化蚀刻之后，借助磨蚀工艺，用 H_2SO_4 和 H_2O_2 的混合物剥离剩余的光刻胶。最后，通过洗涤和干燥完成氧化层中所需的窗口［图 4.15（e）］。图 4.15（f）显示了为下一次扩散所准备好的硅片。

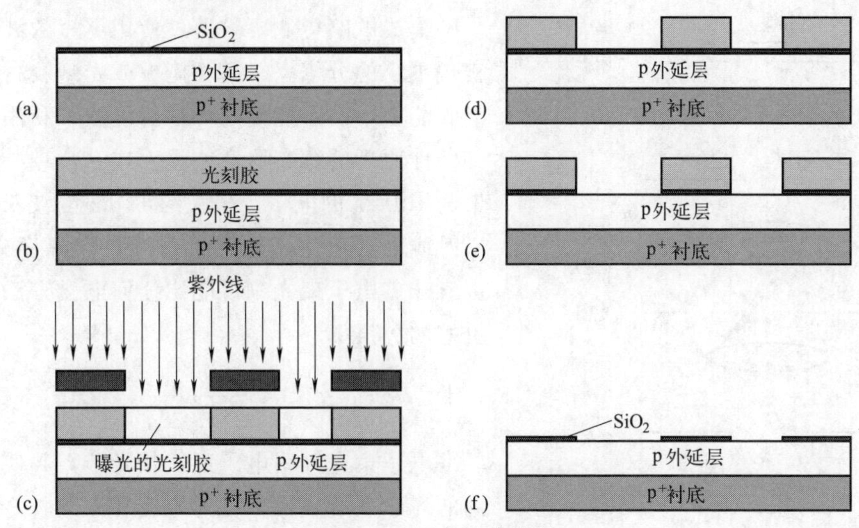

图 4.15　图案转移过程

图案检测

图案转移过程的最后步骤是图案检测，它检查掩模上的草图是否正确转移到光刻胶上。如果晶圆在检查测试中不合格，则必须剥离光刻胶并再次重复整个过程。

绝缘体图像可以用作后续处理的掩模。例如，可以执行离子注入以选择性地掺杂暴露区域。图 4.16 演示了如果薄膜厚度小于光刻胶厚度时的剥离工艺。

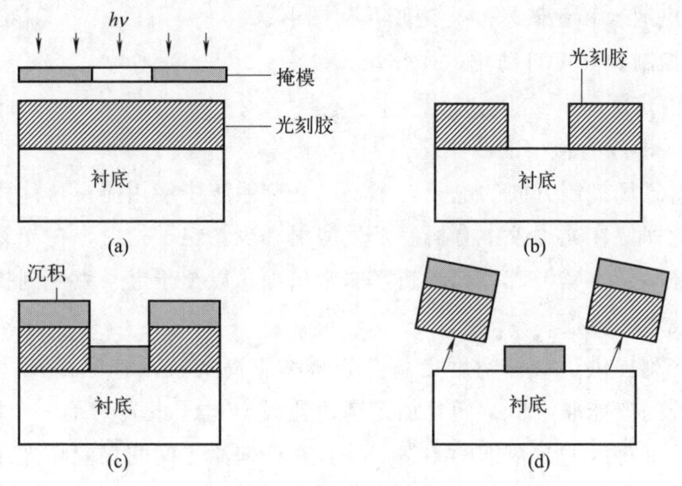

图 4.16　剥离工艺

4.11 基于粒子的光刻

4.11.1 电子束光刻

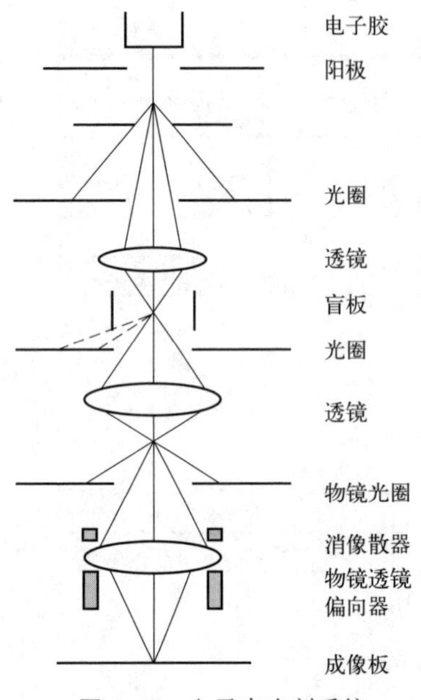

图 4.17 电子束光刻系统

集成电路行业要求通过使用更短的波长来实现更小的分辨率。基于掩模或光刻胶材料的吸收能力，而不能使用伽马射线波。利用波粒二象性原理的德布罗意方程［式（4.12)］，能量为 10keV 的电子产生大约 12pm 的波长。与 X 射线辐射相比，这意味着波长大幅度减少，也意味着电子束光刻可能比任何电磁方法都有更好的分辨率。

$$\lambda=\frac{h}{\sqrt{2me\Delta V}} \tag{4.12}$$

电子束光刻用电子束代替光子，并使用不同的光学系统成像，称为源极和光刻胶之间的直写。电子束光刻工艺如图 4.17 所示。

由于电子的波长较小（对于 10～50keV 电子，小于 0.01nm)，电子束光刻提供了更好的分辨率。电子束光刻系统的分辨率受限于光刻胶中的电子散射（图 4.18）和电子光学的各种像差，而非衍射。电子束光刻的主要优点如下：

- 可生成纳米和亚微米的光刻胶几何图形；
- 精确控制和高度自动化的操作；
- 更大的焦深；
- 直写，即没有掩模的图案化。

使用可由磁场控制方向的电子，不要求光刻系统中使用掩模。计算机控制磁场的强度，因此即使在光刻胶中有概率发生散射和少量电子衍射，在光刻胶上产生的图案也非常准确。事实上，得到的图案非常精确，以至于电子束光刻技术可用来制造电磁辐射技术的掩模。

电子束光刻提供了一种精度更高、分辨率更高的技术，但存在一些相关的问题，因为系统的产能非常低，而且加工速度很慢。电子束光刻是一个缓慢的过程，因为在光刻胶上写入非常精细的图案，并且在任何给定时间只能曝光光刻胶上的一个点。根据摩尔定律，图案有规律地更加密集，电子束光刻也与掩模制造有关联，

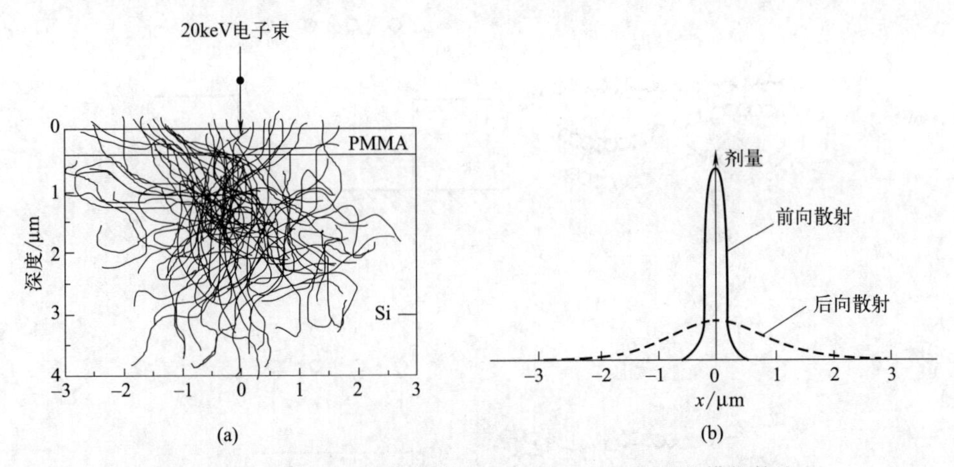

图 4.18 (a) 20keV 电子束下 PMMA 中 100 个电子的模拟轨迹；
(b) 光刻胶-衬底界面处前向散射和后向散射的剂量分布

因此掩模的制造变得越来越慢，这对于行业来说已经变得承受不起了。因此，专注于光束整形和扩大尺寸可以提高电子束光刻的产能。例如，改变电子束形状和尺寸的能力意味着直写过程与最小特征尺寸无关。然而，为了减少加工时间，需要开发能够并行曝光的系统。

4.11.2 电子-物质相互作用

被视为波的电子与物质相互作用的方式不会像光刻系统中的电磁波那样。事实上，当电子与物质相互作用时，它们被认为是带电粒子而不是波。

通过键的断裂或聚合物链之间键的形成，会产生电子曝光的电阻。入射电子的能量远大于电阻中分子的键能，这就是为什么会发生分子反应，曝光电子束。曝光电子束和键形成（由于电子被捕获）以及键断裂（由于电子的能量）同时发生，主要过程由光刻胶的性质（正或负）决定，如图 4.19 所示。键的形成占主导地位，分子之间的电子诱导交联使光刻胶聚合物在显影剂溶液中的溶解度降低。事实上，每个分子的一个交联就足以使聚合物不溶，因此我们可以去除光刻胶的其余部分，只留下由不溶性聚合物制成的图案。如果使用更大的分子，那么我们需要较少单位体积的交联才能使聚合物不溶。在正光刻胶中，键断裂过程被抑制。由于聚合物中的分子被分解，因此曝光在电子束下会导致分子量降低。这导致了比光刻胶未曝光部分更大的溶解度，使我们能够去除曝光部分并留下光刻胶材料的其余部分。限制电子束光刻的主要因素是电子的散射。当电子入射到光刻胶上时，它们进入材料并通过一系列碰撞失去能量，这个过程被称为电子散射，并产生二次电子、X 射线、热量，一些电子也可能被反向散射。电子与物质相互作用的这种特性限制了系统的分辨率。

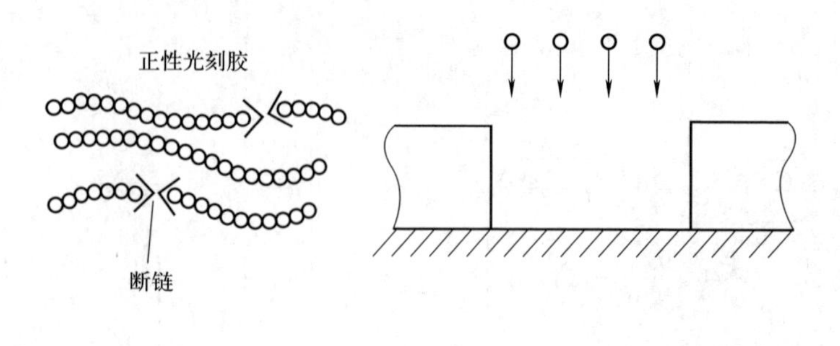

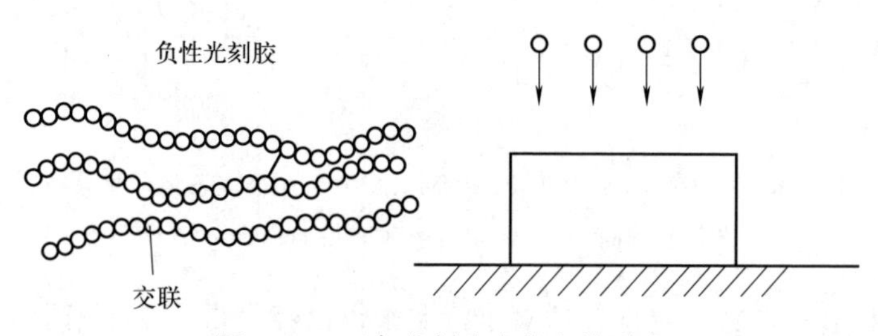

图 4.19　正负光刻胶中的末端形成

光刻胶

当负电阻曝光于电子束时，聚合物链之间会形成键，而正光刻胶曝光时会发生键断裂，负性光刻胶分子之间的电子束诱导交联使聚合物在显影剂溶液中的溶解度降低，光刻胶敏感性随着分子量的增加而增加。在正电阻中，键断裂过程占主导地位，因此曝光会导致较低的分子量和较大的溶解度。未曝光光刻胶中的聚合物分子将具有长度或分子量分布，因此具有辐射敏感度的分布。分布越窄，对比度越高，高分子量和窄分布是有利的。分辨率也有一个基本的工艺限制，当电子入射到光刻胶或其它材料上时，它们会进入材料并通过散射损失能量，并产生二次电子和 X 射线。这在一定程度上限制了分辨率，取决于光刻胶厚度、光束能量和衬底成分。较薄的光刻胶层分辨率更好，同时，为了保持较低的缺陷密度和蚀刻阻力，使用器件工艺设置了最小厚度。对于表面平坦且仅需用液体蚀刻剂蚀刻薄铬层的光掩模，使用 0.2 ～0.4μm 范围内的光刻胶厚度。如果采用更严格的干燥气体等离子体蚀刻工艺，则需要 0.5～2μm 的厚度。解决这个问题的一种方法是使用多层光刻胶结构，其中，厚底层由耐加工聚合物组成。可以使用三层光刻胶结构，其中，最上层是为了较薄的中间层图案化，例如 SiO_2，用作蚀刻下面厚聚合物的掩模。对于电子束光刻，可以用导电层代替 SiO_2 层，以防止可能导致电子束位置错误的电荷积聚。多层光刻胶结构还能改善电子束曝光过程中遇到的邻近效应问题。与另一个元件相邻的曝光图案元件不仅接收来自入射电子束的曝光，还接收来自相邻元件的散射电子的曝光。这种结构中也采用了两层光刻胶结构，上层薄层和下层厚层都是正电子光刻胶，但它们在不同的溶剂中显影。厚层可以过度显影，以提供非常适合剥离工艺的底切轮廓。

电子光学系统

前面讨论了电子束图案发生器在光掩模制作中的首次广泛使用。电子束曝光系统（EBES）已被证明是最好的光掩模图案生成器。扫描电子束图案发生器类似于扫描电子显微镜。基本探针构成的电子光学系统由两个或多个磁透镜和用于扫描图像的装置以及在晶圆图像平面上消隐光束的装置组成。典型的像点尺寸为 0.1～2μm，远离衍射极限，因此可以忽略不计。然而，偏转系统中最终透镜的像差会增加光斑的尺寸，并且也会改变其形状。

电子投影式曝光

电子投影系统以高处理能力在很多领域内提供高分辨率。与以串行方式写入图案的小光束不同，大光束提供大面积图案的平行曝光。在 1∶1 投影系统中，平行电场和磁场将电子成像到晶圆上。掩模由石英制成，并带有镀铬图案。它在面向晶圆的一侧覆盖有集成电路。通过背面 UV 照明在掩模/阴极上产生光电子。它具有掩模投影系统稳定、分辨率好、低灵敏度电子光刻胶的快速步进重复曝光、大范围和快速对准的优点。该系统的局限性包括电子邻近效应和阴极的寿命较短。

电子接近式曝光

这是一个重复系统，其中包含一个芯片图案的硅膜模版被掩蔽印刷到晶圆上。掩模不能容纳折返式的几何图形。对准是通过参考每个芯片上的对准掩模来完成的。它对掩模失真的测量和补偿具有一定的优势，但必须通过改变图案元素的大小来处理邻近效应。该系统的主要限制是每个图案需要两个掩模。

4.12 离子束光刻

在电子束光刻中，存在着背向散射因素，消除或减少这个因素可以提高系统的分辨率。所以使用离子而不是电子是有好处的，因为离子质量更大。从德布罗意方程［式（4.12）］可以看出，大质量离子的波长较短，这也有助于提高分辨率。这一事实也应该考虑到，光刻胶对离子比对电子更敏感。离子能量的增加在更高程度上提高了良品率，但是当离子渗透到光刻胶中太深时，它就会成为一个问题，所以系统中应该有足够的能量来产生离子。离子投影光刻（IPL）系统有两种类型：聚焦光束系统和掩模光束系统。

离子投影光刻中使用的材料是氢气或氦气。H^{+}、H^{2+}、H^{3+}或 He 离子从 10keV 左右的能源中提取，并通过一组初始透镜发射，然后离子通过图案化模版（硅膜）进入多电极静电透镜系统，该系统将掩模的放大图像投射到光刻胶上。在通过静电透镜系统时，离子被加速到 200keV，以确保在光刻胶中被吸收。这种技术与其它一些技术尚处于早期开发阶段。IPL 迟早会得到纳米级的分辨率，目前的分辨率约为 5nm。

由于散射较少，离子束光刻在曝光光刻胶时提供比电子束更高的分辨率。光刻胶对离子比对电子更敏感，离子束的一个独特特征是，如果用它来植入或溅射晶圆的选定区域，则可以在没有光刻胶的情况下进行晶片加工。遮光罩修复是离子束光刻最重要的应用。离子光刻采用扫描聚焦光束或掩模光束。

使用电磁辐射替代光刻

为了扫描离子束，离子光学具有比电子光学更严重的问题。电离物质的来源是围绕钨尖端处的气体或从储液器流向尖端的液态金属，这就是使用静电透镜聚焦离子束的原因。如果使用磁性透镜，该场将比电子光学中的大得多。通常静电光学系统具有较高的像差，需要小孔径和小扫描场。图 4.20 描绘了以 60keV 注入的 50 个 H^+ 离子的计算机分析轨迹，说明离子束在 0.4μm 深度的扩散仅为 0.1μm。也有可能采用无光刻胶晶圆工艺，但是，离子束通常比电子束大，从而对分辨率产生不利影响。光学或 X 射线光刻掩模的修复是离子光刻最重要的应用，也用于工业化生产。

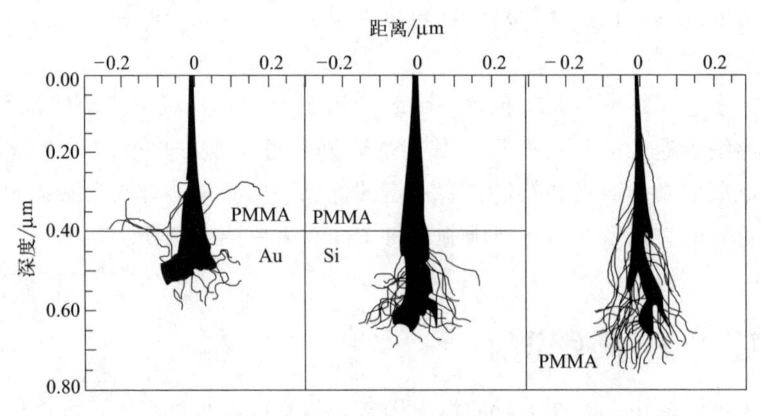

图 4.20 计算机分析的轨迹

4.13 紫外光刻

当光的波长缩短到紫外时，由于对较小电路图案的需求增加，超出了目前光学光刻的能力，这为光学光刻提供了一种可行的替代方案。极紫外（EUV）光刻使用与投影光学系统相同的原理，瑞利方程仍然保持使用 1～13nm 紫外线波长的焦深表达式，其分辨率明显优于一般光学系统。然而，它自身也存在问题。

这种短波长的辐射吸收非常强，因此不能在光刻系统中使用基于透镜的折射光学系统，但可以使用反射光学系统。然而，传统的镜面不能用于这些波长，因为它们是透明的，因此必须使用依赖干涉反射的多层器件。在紫外区域，这些器件的反射率通常只有60%～70%，因此系统中的反射镜数量必须保持最少，否则将达不到光刻胶的强度水平要求。对较少光学元件的要求意味着需要引入非对称反射镜，并且它们应该非常精确，误差在0.1nm量级。因此，需要首先开发一种极其精密的反射镜制造技术。多层反射镜由大量交替的材料层组成，这些材料具有不同的光学特性，当每层的厚度为$\lambda/2$时，这些材料提供恒定的反射率。这些反射镜的性质使制造变得困难，但没有它们，极紫外光刻将无法实现。然而，该系统的分辨率低于100nm。紫外线辐射源是另一个问题，该波长的辐射比可见光有更多能量，因此我们必须拥有更大功率的能源来产生紫外线辐射。尽管有一些其它的辐射源比如同步加速器正在迅速发展，但是目前应用最好的还是激光产生的氙气等离子体。

极紫外面临着光刻胶的问题，因此在该技术之前需要开发能强烈吸收极紫外辐射的光刻胶，这样才能充分利用它。正在开发的光刻胶由较少的层组成（以实现小型化），它们也可以强烈吸收极紫外辐射。由于印刷在光刻胶上的特征变得更小，印刷线的边缘粗糙成为一个问题。这个问题来自衍射，以及使用普通横波尝试印刷直线。这是所有光刻技术都面临的问题，但对于极紫外光刻来说，需要一种成熟的极紫外光刻胶来解决此问题。

4.14 X射线光刻

在X射线光刻中，X射线源照射在光刻胶上投下阴影的掩模。将由X射线吸收材料制成的图案覆盖在透射材料上，从而产生用于X射线光刻的掩模。用于掩模吸收部分的任何材料都必须在X射线区域具有高吸收系数。图4.21为X射线接近式光刻与光学光刻之间的比较。

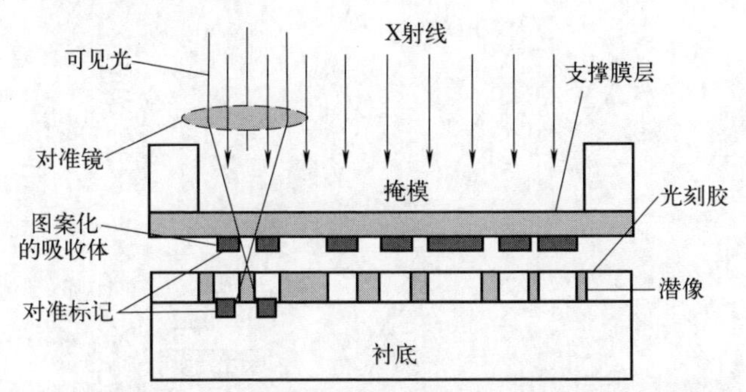

图4.21 X射线接近式光刻与光学光刻（图中左侧）的典型掩模结构对比。在X射线到达掩模之前，它们被碳化硅镜准直并穿过铍玻璃窗口。我们注意到X射线光刻掩模以及光学光刻掩模上的图案是由电子束光刻产生的

在很宽的波长范围内，任何原子序数为Z和密度为ρ的元素材料的吸收系数都与$Z^4\lambda^3$成正比。然而，比例常数在吸收边缘以阶跃函数的方式下降。这是一个

与内K壳层电子电离能相对应量的波长，与电子束光刻相比，X射线光刻具有更高的产能，因为可以采用平行曝光。

X射线光刻胶

电子光刻胶也可以称为X射线光刻胶，因为X射线光刻胶主要由X射线吸收过程中产生的光电子曝光。这些光电子的能量远小于10～50keV的能量，用于电子光刻，使得在X射线的情况下可以忽略邻近效应，并有望获得更高的最终分辨率。

大多数只包含氢、碳和氧的聚合物光刻胶吸收很小的X射线通量。这种吸收小的好处是在整个光刻胶厚度上提供均匀的曝光，但缺点是降低了灵敏度。

电子束光刻胶可用于X射线光刻，因为当X射线光子撞击试料时，电子会发射。最具吸引力的X射线光刻胶之一是DCOPA，因为它的阈值相对较低（约$10mJ \cdot cm^2$）。

接近式曝光

由于X射线的波长很小，因此可以忽略衍射效应，并且可以使用简单的几何来考虑将图像与掩模上的图案相关联。掩模的不透明部分将阴影投射到下面的晶圆上。由于阳极X射线源上离掩模有限距离处的电子焦斑的直径有限，所以阴影的边缘不是绝对清晰的。然而，由于X射线源的有限尺寸和掩模与晶圆之间的间隙是有限的，会导致半影效应并降低特征边缘的分辨率，如图4.22所示。模糊阴影δ在光刻胶图像的边缘由$\delta = ag/L$给出，其中，a是X射线源的直径；g是间隙间距；L是从起始到X射线掩模的距离。如果$a = 3mm$，$g = 40\mu m$，$L = 50cm$，则δ约为$0.2\mu m$。

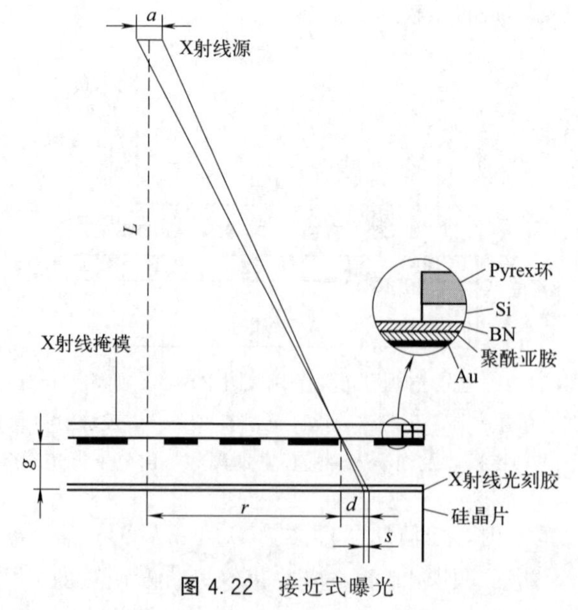

图4.22 接近式曝光

另一个对于几何的影响就是由于有限的掩模到晶圆间隙和 X 射线束的非垂直入射而导致的横向放大误差。掩模的投影图像横向移动了一个称为跳动的距离 d 且 $d=rg/L$，其中，r 表示距晶圆中心或 125mm 晶圆的径向距离。对于 $g=40\mu m$，$L=50cm$，跳动误差可高达 $5\mu m$。这种跳动误差必须在掩模制作过程中得到补偿。

X 射线源

在早期的发展中，X 射线源通常是一种电子束蒸发器，其腔室经过改进以容纳掩模和晶圆。靶金属可以很容易地改变目标以修改 X 射线光谱。通过电子轰击产生 X 射线是一个非常低效的过程，大部分输入能量在靶中转化为热量。X 射线通量通常受靶内的散热限制。具有高速靶的发生器可提供非常高的 X 射线通量。另一种提供更大通量的来源是等离子体放电源，其中等离子体被加热到足够高的温度以产生 X 射线辐射。等离子体室存在可靠性和污染等问题。

X 射线掩模

X 射线光刻掩模由一个位于透射膜衬底上的吸收体组成。吸收体通常是金，这是一种重金属，也很容易形成图案。透射膜衬底是聚合物，例如聚酰亚胺和聚对苯二甲酸乙二醇酯（PET）。

4.15 光刻技术的比较

光学光刻是主流技术，一些商用光刻胶的分辨率可以低至 $0.1\mu m$ 或更低。通常，由于其分辨率限制，光学光刻被认为难以用于远小于 $1\mu m$ 的设计准则。对于深亚微米结构，剩下的两个选择是电子束直写或 X 射线光刻。然而，无瑕疵的 X 射线掩模难以制造，并且电子光刻的产能很低（产能随着最小特征长度平方的倒数而变化，即正比于 Δl_m）。对于大规模的生产，设备的成本和占地面积（所需占地面积）也必须最小化。

表 4.2 各种光刻技术的比较

参数	193nm 光学光刻	126nm 光学光刻	UV	X 射线	电子束	离子束
有效波长	193nm	126nm	11nm	0.1nm	12pm	0.1pm
曝光粒子	光子	光子	光子	光子	电子	离子(光子)
光学元件类型	传递	反射	反射	反射	电磁	电磁
掩模类型	传递	反射	反射	传递	无	传递
极限分辨率	100nm	100nm	45nm	30nm	22nm	2nm
典型焦深	400nm	500nm	1100nm	非常大	非常大（散射）	非常大（散射）

4.16 本章小结

将越来越小的电路图案转移到半导体晶圆上的直接结果就是促进集成电路产业的持续发展。

本章主要讨论区域图像的制作，光的强度作为晶圆表面位置的函数，对于集成电路制造过程中具有小尺寸制造的特性，衍射效应极为重要。简单的接触式光刻可用于小于1μm的图案结构，但这些系统很容易出现缺陷。为了避免这个问题，掩模可以在接近式曝光的过程中悬浮在晶圆上方，但代价是分辨率降低。为了在任一类型的光学系统中实现更高的分辨率，引入了具有亚微米分辨率的投影光刻系统，最好使用较短波长的曝光辐射。尽管汞弧灯历来是最广泛使用的光源，但准分子激光器在当代的生产和先进的光刻设备中占主导地位。最后，介绍了通过掩模制作提高分辨率的方法，主要是相移掩模和光学邻近校正的使用。

本章首先指出光刻在决定IC技术性能方面起着关键作用。因此，光刻长期以来一直是技术开发中的把关过程。因此，人们自然会想知道光学光刻技术能走多远。与光学光刻相比，非光学技术具有严重的缺点，其中几种技术将在第9章中讨论。有相当多的事实表明，光刻技术的极限大约比目前的技术水平高出三代，而且已经持续了20年。预计193nm光源、浸没式光刻和光学邻近效应校正（OPC）将光学光刻扩展到至少45nm，甚至可能扩展到30nm。如果可以为F_2激光器制造大规模的光学元件，那么光刻技术可能会扩展到20nm。光刻胶改进和掩模改进（例如相移和OPC）正在以比曝光波长更快的速度减小最小特征尺寸。

习题

1. 光刻步骤在集成电路制造过程中的作用是什么？请详细解释。

2. 写出关于以下内容的简短说明：

① 光学光刻；

② 接近式光学光刻。

3. 由于等离子体中的高能电子，有些弧灯会在深紫外线中产生大量能量，因此臭氧的产生是一个非常令人担忧的问题。计算辐射黑体成分最大为250nm处所需的等离子体温度。

4. 一种特殊的光刻胶工艺能够分辨出MTF≥0.4的特征，计算NA＝0.4和S＝0.5的i线对准器的最小特征尺寸。

参考文献

1. G. Stevens,"Microphotography,"Wiley,New York,(1967).
2. M. Bowden,L. Thompson,and C. Wilson,"Introduction to Microlithography,"American Chemical Society,Washington,DC,(1983).
3. D. Elliott,"Integrated Circuit Fabrication Technology,"McGraw-Hill,New York,(1982).
4. W. M. Moreau,"Semiconductor Lithography,Principles,Practices,and Materials,"Plenum,New York,(1988).
5. S. Nanogaki,T. Heno,and T. Ho,Microlithography Fundamentals in Semiconductor Devices and Fabrication Technology,Dekker,New York(1988).
6. P. Burggraaf,"Lithography's Leading Edge,Part 2:I-line and Beyond,"*Semicond. Int*. 15(3):52 (1992).
7. The National Technology Roadmap for Semiconductors-1997,Semiconductor Industry Association,San Jose,CA,(1997).
8. M. V. Klein,"Optics,"Wiley,New York,(1970).
9. M. Bowden and L. Thompson,"Introduction to Microlithography,"American Chemical Society,Washington,DC,(1983).
10. K. Jain,"Excimer Laser Lithography," SPIE Optical Engineering Press. Bellingham,WA,(1990).
11. Malcolm Gower,"Excimer laser microfabrication and micromachining Excimer laser microfabrication and micromachining ,"RIKEN Review No. 32(January,2001).
12. H. Craighead, J. C. White, R. E. Howard, L. D. Jackel, R. E. Behringer, J. E. Sweeney, and R. W. Epworth,"Contact Lithography at 157nm with an F2 Excimer Laser," *J. Vacuum Sci. Technol*. B,1:1186(1983).
13. P. Concidine,"Effects of Coherence on Imaging Systems,"*J. Opt. Soc. Am*. 56:1001(1966).
14. J. H. Bruning,"Optical Lithography Below 100nm,"*Solid State Technol*. 41(11):59(1998).
15. M. S. Hibbs,"Optical Lithography at 248nm,"*J. Electrochem. Soc*. 138:199(1991).
16. A. Voschenkov and H. Herrman,"Submicron Resolution Deep UV Photolithography," *Electron. Lett*. 17:61(1980).
17. A. Yoshikawa,S. Hirota,O. Ochi,A. Takeda,and Y. Mizushima,"Angstroms Resolution in Se-Ge Inorganic Resists,"*Jpn J. Appl. Phys*. 20:L81(1981).
18. H. Smith,"Fabrication Techniques for Surface-Acoustic-Wave and Thin-Film Optical Devices," *Proc. IEEE* 62:1361(1974).
19. B. Lin,"Deep UV Lithography,"J. Vacuum Sci. Technol. 12:1317(1975).
20. G. Geikas and B. D. Ables,"Contact Printing-Associated Problems,"Kodak Photoresist Seminar,22(1968).
21. B. Lin,R. Newman(ed.),"Fine Line Lithography,"North-Holland,Amsterdam,141(1980).

22. J. E. Roussel,"Submicron Optical Lithography?"Semiconductor Microlithography,*Proc. SPIE* 275:9 (1981).

23. D. A. Markle,"A New Projection Printer,"*Solid State Technol.*,17:50(1974).

24. M. C. King,"New Generation of Optical 1:1 Projection Aligners,"Developments in Semiconductor Microlithography Ⅳ,*Proc. SPIE* 174:70(1979).

25. R. T. Kerth,K. Jain,and M. R. Latta,"Excimer Laser Projection Lithography on a Full-Field Scanning Projection System,"*IEEE Electron Dev. Lett.* EDL-7:299(1986).

26. P. Burggraaf,"Wafer Steppers and Lens Options,"*Semicond. Int.* 9:56(1986).

27. K. Hennings and H. Schuetze,"Surface Complexation Parameters(SCP),"*Solid State Technol.* 31(1966).

28. M. A. van den Brink,B. A. Katz,and S. Wittekoek,"A New 0.54 Aperture i-line Wafer Stepper with Field by Field Leveling Combined with Global Alignment," in Optical/Laser Microlithography Ⅳ, V Pol,ed.,*Proc. SPIE* 1463:709(1991).

29. R. Unger,C. Sparkes,P. DiSessa,and D. J. Elliott,"Design and Performance of a Production-Worthy Excimer-Laser-Based Stepper," in Optical/Laser Microlithography Ⅳ, V. Pol, ed., *Proc. SPIE* 1674:708(1992).

30. B. Vleeming, B. Heskamp, H. Bakker, L. Verstappen, J. Finders, J. Stoeten, R. Boerret, and O. Roempp,"ArF Step-and-Scan System with 0.75 NA for the 0.10μm node," Proc. SPIE 4346:634,Optical Microlithography ⅩⅣ,Christopher J. Progler,ed.,(2001).

31. Bernard Fay "Advanced Optical Lithography Development,from UV to EUV,"*Microelectron Eng.* 61-62:11-24(2002).

32. D. Gil,T. Brunner,C. Fonseca,and N. Seong,"Immersion Lithography:New Opportunities for Semiconductor Manufacturing,"*J. Vacuum Sci. Technol.* B 22(6)(2004).

33. Nikon,"Immersion Lithography:System Design and Its Impact on Defectivity,"(2005).

34. B. Smith,A. Bourov,Y. Fan,F. Cropanese,and P. Hammond,"Amphibian XIS:An Immersion Lithography Microstepper Platform,"*Proc. SPIE* 5754(2005).

35. M. Switkes,M Rothschild,R. R. Kunz,S.-Y. Baek,and M. Yeung,"Immersion Lithography:Beyond the 65nm Node with Optics,"Microlithography World(May 2003);found at"Immersion Lithography,"ICKnowledge. com(2003).

36. L. Geppert,"Chip Making's Wet New World,"*IEEE Spectrum*,41(5):21(2004).

37. S. Owa,Y. Ishii,and K. Shiraishi,"Exposure Tool for Immersion Lithography,"IEEE/SEMI Advanced Semiconductor Manufacturing Conference,(2005).

38. S. Peng,R. French,W. Qiu,R. Wheland,and M. Yang,"Second Generation Fluidsfor 193nm Immersion Lithography,"*Proc. SPIE* 5754(2005).

39. J. Park,"The Interaction of Ultra-Pure Water and Photoresist in 193nm Immersion Lithography,"Microelectronic Engineering Conference,May(2004).

40. J. Taylor,Christopher;Shayib,Ramzy;Goh,Sumarlin;"Experimental Techniques for Detection of Components Extracted from Model 193nm Immersion Lithography Photoresists,"

Chem. Mater. 17:4194(2005).

41. M. Slezak, Z. Liu, and R. Hung, "Exploring the Needs and Tradeoffs for Immersion Resist Topcoating," *Solid State Technol*. (July 2004).
42. H. Sewell, D. McCafferty, L. Markoya, and M. Riggs, "Immersion Lithography, Next Step on the Roadmap," Brewer Science ARC Symposium, (2004).
43. B. Smith, A. Bourov, Y. Fan, F. Cropanese, and P. Hammond, "Air Bubble-Induced Light- Scattering Effect on Image Quality in 193nm Immersion Lithography," *Appl. Opti*. 44: 3904 (2005).
44. A. Wei, M. El-Morsi, G. Nellis, A. Abdo, and R. Engelstad, "Predicting Air Entrainment Due to Topography During the Filling and Scanning Process for Immersion Lithography," *J. Vacuum Scie. Technol*. B 22(6)(Nov/Dec 2004).
45. R. Unger and P. Disessa, "New i-line and Deep-UV Optical Wafer Steppers," in *Optical/Laser Microlithography Ⅳ*, *V*. Pol, ed., *Proc. SPIE* 1463:709(1991).
46. R. Herschel, "Pellicle Protection of Integrated Circuit Masks," in *Semiconductor Microlithography Ⅵ*, *Proc. SPIE* 275:23(1981).
47. P. Frasch and K. Saremski, "Feature Size Control in IC Manufacturing," *IBM J. Res. Dev*. 26:561 (1982).
48. B. J. Lin, "Phase-Shifting and Other Challenges in Optical Mask Technology," 10th Annu. Symp. Microlithography, *SPIE* 1496:54(1990).
49. M. D. Levenson, N. S. Viswnathan, and R. A. Simpson, "Improving Resolution in Photolithography with a Phase Shifting Mask," *IEEE Trans. Electron Dev*. ED-26:1828(1982).
50. G. E. Flores and B. Kirkpatrick, "Optical Lithography Stalls X-rays," *IEEE Spectrum* 28(10): 24(1991).
51. A. K. Pfau, W. G. Oldham, and A. R. Neureuther, "Exploration of Fabrication Techniques for Phase-Shifting Masks," in *Optical/Laser Microlithography Ⅳ*, *V*. Pol, ed., *Proc. SPIE* 1463:124(1991).
52. A. Nitayama, T. Sato, K. Hashimoto, F. Shigemitsu, and M. Nakase, "New Phase-Shifting Mask with Self-Aligned Phase-Shifters for a Quarter-Micron Photolithography," *Tech. Dig. IEDM*, 1989, 3. 3. 1(1989).
53. Y. Yanagishita, N. Ishiwata, Y. Tabata, K. Nakagawa, and K. Shigematsu, "Phase-Shifting Photolithography Applicable to Real IC Patterns," in *Optical/Laser Microlithography Ⅳ*, *V*. Pol, ed., *Proc. SPIE* 1463:124(1991).
54. M. A. Listvan, M. Swanson, A. Wall, and S. A. Campbell, "Multiple LayerTechniques in Optical Lithography: Applications to Fine Line MOS Production," in *Optical Microlithography Ⅲ: Technology for the Next Decade*, *Proc. SPIE* 470:85(1983).

第5章 蚀刻

5.1 简介

薄膜去除，也称为薄膜蚀刻或简称蚀刻（也作刻蚀），是通过化学（湿法）或物理（干法）手段选择性去除不需要（未保护）材料的过程。在晶片表面制作光刻胶图像后，下一个过程通常涉及通过蚀刻将该图像转移到光刻胶下面一层中。本章将从简单的湿法化学蚀刻工艺开始，将晶片浸入溶液中，该溶液与曝光的薄膜反应形成可溶的副产物。理想情况下，光刻胶掩模对蚀刻溶液的侵蚀具有很强的抵抗力。尽管用于非关键工艺，但湿法化学蚀刻难以控制，由于溶液颗粒污染容易导致高缺陷水平并产生大量化学废物，且不能用于小特征生产，因此本章将继续讨论干法或等离子蚀刻工艺。通过确定合适的品质因数来讨论与蚀刻工艺相关的一些重要参数是十分有用的。

5.2 蚀刻参数

在去除特定薄膜时，决定蚀刻工艺采用湿法蚀刻还是干法蚀刻的最重要参数是蚀刻速率、蚀刻轮廓、选择比、均匀性和各向异性程度。

蚀刻速率

蚀刻速率是单位时间内去除厚度的一种量度。它通常受溶液浓度和蚀刻温度的强烈影响。由于在制造环境中通常需要较高的产能，因此高蚀刻速率通常是有利的。过高的蚀刻速率可能导致工艺难以控制。所需的蚀刻速率通常为每分钟数百或数十纳米（nm/min）。当同时蚀刻一批晶圆时，蚀刻速率可能低于单晶圆蚀刻所需的速率。除了刻蚀速率，其它几个相关的指标同样重要，通过单个晶圆和晶圆到另一个晶圆的每个速率的变化百分比是按规定测量的。

蚀刻轮廓

蚀刻轮廓是指在蚀刻工艺期间蚀刻特征的侧壁被移除的部分。有两种基本的蚀刻轮廓，如图5.1所示。在各向同性蚀刻轮廓中，所有方向都以相同的速率蚀刻，导致掩模下方的蚀刻材料出现钻蚀（undercut）现象，如图5.1（a）所示，这导致诸如多晶硅或金属线的实际宽度减小。另一种蚀刻剖面称为各向异性蚀刻剖面。在此轮廓中，蚀刻速率仅在垂直于晶片表面的一个方向上，如图5.1（b）所示。

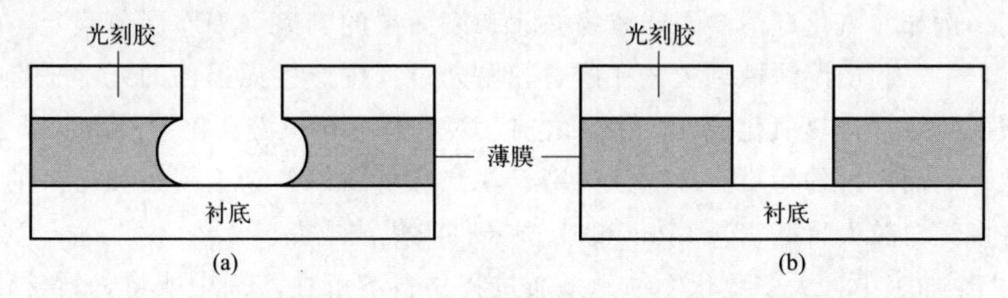

图5.1 （a）各向同性；（b）各向异性

选择比

选择比是指在相同条件下，一种材料的蚀刻速度比另一种材料快多少。选择比（S）定义为一种材料与另一种材料的蚀刻速率比，由下式给出

$$S=\frac{R_1}{R_2} \tag{5.1}$$

其中，R_1 是要去除的材料蚀刻速率；R_2 是不打算去除的材料蚀刻速率。可以引用特定工艺对多晶硅和氧化物的选择比为20∶1，这意味着多晶硅的蚀刻速度比氧化物快20倍。

均匀性

均匀性是蚀刻工艺在整个晶片表面上均匀蚀刻能力的一种量度。对于IC生产线来说，高均匀性的速率是很重要的。单个速率均匀性由下式给出：

$$单个速率均匀性=\frac{(最大蚀刻速率-最小蚀刻速率)\times 100\%}{最大蚀刻速率+最小蚀刻速率}$$

各向异性程度

各向异性程度 A_f 是衡量蚀刻剂在不同方向上去除材料速度的一种量度，可以由下式给出

$$A_f=1-\frac{R_l}{R_v} \tag{5.2}$$

式中，R_l 是横向蚀刻速率；R_v 是垂直蚀刻速率。对于各向同性蚀刻，$R_l=R_v$，因此 $A_f=0$；对于各向异性蚀刻，R_l 等于0，因此 $A_f=1$。

5.3 湿法蚀刻工艺

湿法蚀刻工艺是最早使用的蚀刻工艺。它利用薄膜与溶剂之间的化学反应去除

未受光刻胶保护的薄膜。湿法蚀刻工艺通常用于蚀刻二氧化硅、单晶硅、氮化硅和金属。与干法蚀刻工艺相比，湿法蚀刻工艺具有产能高，并且通常是各向同性工艺的特点，尽管它也可以是各向异性的。因此，在现代深亚微米工艺中，它不适合用于线特征。然而由于选择比高，它仍然在晶片表面的清洁和薄膜去除方面发挥着重要作用，例如二氧化硅清洁、残留物去除和表面层的剥离（如厚层薄膜）。在晶圆生产过程中，利用湿法蚀刻工艺在研磨和抛光过程中产生无损伤的光学平坦表面。在装载到腔室进行热氧化或外延生长之前，对晶片进行擦洗和化学清洁，以去除因处理和存储而产生的污染。湿法蚀刻用于在绝缘材料中勾勒出图案和窗口的轮廓，用于许多相对较大尺寸（$>3\mu m$）的分立器件和集成电路。

在IC加工中，大多数化学蚀刻是通过将材料溶解在溶剂中或将材料转化为可溶解的化合物而进行的，该化合物依次溶解在蚀刻介质中。湿法化学蚀刻主要包括三个步骤：

① 向反应表面输送反应物（例如扩散）；

② 在表面及其上部的化学反应；

③ 从表面输送产物（例如扩散）。

由于所有湿法化学蚀刻都必须有这三个步骤，其中最慢的一个称为限速步骤，决定了蚀刻速率。由于通常希望具有较大的、均匀的、良好控制的蚀刻速率，湿法蚀刻溶液通常以某种方式搅动以帮助蚀刻剂移动到表面并去除蚀刻产物。一些湿法蚀刻工艺使用连续的酸性喷雾来确保蚀刻剂的持续供应，但这是以产生大量化学废物为代价的。湿法蚀刻也具有严重的缺点，例如缺乏各向异性、工艺控制性差和颗粒污染过多。

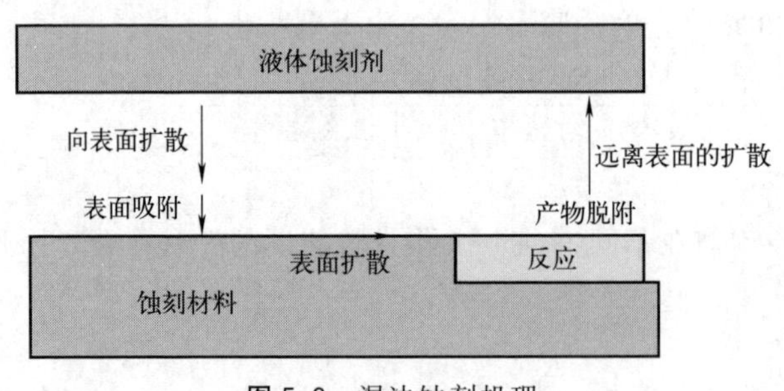

图 5.2 湿法蚀刻机理

对于大多数湿法蚀刻工艺，要蚀刻的薄膜不能直接溶于蚀刻剂溶液中。通常需要使用化学反应将被蚀刻的材料从固体变为液体或气体。如果蚀刻过程产生气体，该气体会形成气泡，从而阻止新的蚀刻剂移动到表面。这是一个极其严重的问题，因为无法预测气泡的出现。该问题在图案边缘附近最为明显。在湿法化学浴中搅拌除了有助于新的蚀刻剂化学物质移动到晶片表面之外，也会降低气泡黏附到晶片上的能力。然而，即使在没有气泡的情况下，由于难以去除所有蚀刻产物，小的几何特征也可能蚀刻得更慢。这种现象已被证明与被困气体的微观气泡有关。湿法蚀刻工艺的另一个常见问题是无法检测到的光刻胶浮渣。当在显影过程中没有去除部分曝光的光刻胶时，就会发生这种情况。常见的原因是曝光不正确或不完整以及图案显影不足。由于湿法蚀刻工艺的高选择比，即使是非常薄的光刻胶残留层也足以完全阻止湿法蚀刻工艺。

在20世纪90年代，湿法蚀刻获得了一些发展。自动湿法蚀刻工作台问世，允许操作员精确控制蚀刻时间、浴温、搅拌程度、浴液成分和喷雾蚀刻的雾化程度。即使是在热的、腐蚀性很强的化合物中，增加过滤的使用也有助于控制颗粒沉积问题。然而，即使有了这些改进，对于大多数小于2μm的特征，湿法蚀刻仍然不被认可。

5.4 硅蚀刻

对于硅，主要使用的蚀刻剂是硝酸（HNO_3）与氢氟酸（HF）在水或乙酸（CH_3COOH）中的混合物。通过将硅从其初始氧化态提升到更高的氧化态来引发反应：

$$Si + 2h^+ \longrightarrow Si^{2+}$$

空穴（h^+）是通过以下自催化过程产生的：

$$HNO_3 + HNO_2 \longrightarrow 2NO_2^- + 2h^+ + H_2O$$

$$2NO_2^- + 2H^+ \longrightarrow 2HNO_2$$

Si^{2+}与OH^-（由H_2O解离产生）结合形成$Si(OH)_2$，随后释放出H_2、形成SiO_2：

$$Si(OH)_2 \longrightarrow SiO_2 + H_2$$

然后SiO_2溶解在HF中：

$$SiO_2 + 6HF \longrightarrow H_2SiF_6 + H_2O$$

整体反应可以写成：

$$Si(s) + HNO_3(l) + 6HF(l) \longrightarrow H_2SiF_6(l) + HNO_2(l) + H_2O(l) + H_2(g)$$

尽管可以使用水作为稀释剂，但优选是乙酸，因为可以延迟硝酸的解离，以便在很高浓度的HF和很低浓度的HNO_3下产生更高浓度的未解离物质，蚀刻速率由HNO_3控制，因为有过量的HF来溶解低浓度HF和高浓度HNO_3所形成的任何SiO_2，蚀刻速率由HF在形成时去除SiO_2的能力控制。后面的蚀刻机制是各向同性的，对晶向不敏感。图5.3表示了硅在HF和HNO_3中的蚀刻速率，需要注意的是，图中三个轴不是独立的。要找到蚀刻速率，就需要在HNO_3和HF的浓度百分比图中画线。它们应该在对应于低浓度HNO_3区稀释剂的剩余百分比线上相交于一点，蚀刻速率由氧化剂浓度控制。在低HF浓度下，蚀刻速率由HF浓度控制。该解决方案的最大蚀刻速率为470μm/min。以这个速度可以在大约90s内完全蚀刻一个孔。

一些蚀刻剂溶解给定的单晶硅晶面比其他晶面快得多，这导致了取向依赖蚀

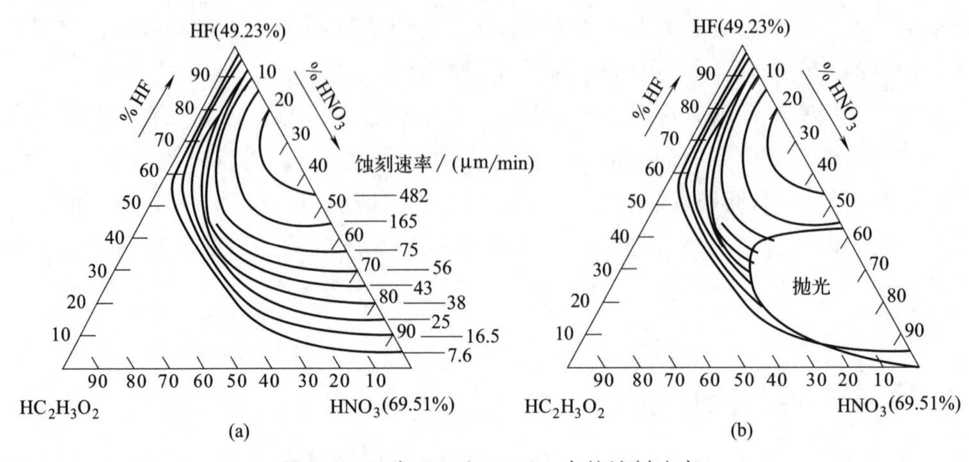

图 5.3 Si 在 HF 和 HNO_3 中的蚀刻速率

刻。对于硅晶格，每单位面积的（111）面具有比（110）和（100）面具有更多的可用键，所以蚀刻（111）面预计会更慢，通常硅的定向蚀刻由水中的 KOH 和异丙醇中的混合物组成。{100} 和 {110} 晶面被蚀刻，稳定的 {111} 族晶面作为取向为（111）硅晶片的难蚀刻面，几乎不受蚀刻 {100} 取向晶片以形成带有 {111} 面方形基锥体的冲击。这些锥体是在 C-Si 太阳能电池上实现的，目的是使反射最小化。{110} 取向的晶片形成具有 {111} 侧壁的垂直沟槽，用作例如微机械和微流体学中的微通道。蚀刻 {100} 硅晶片会导致锥体形蚀刻坑，如图 5.4（a）所

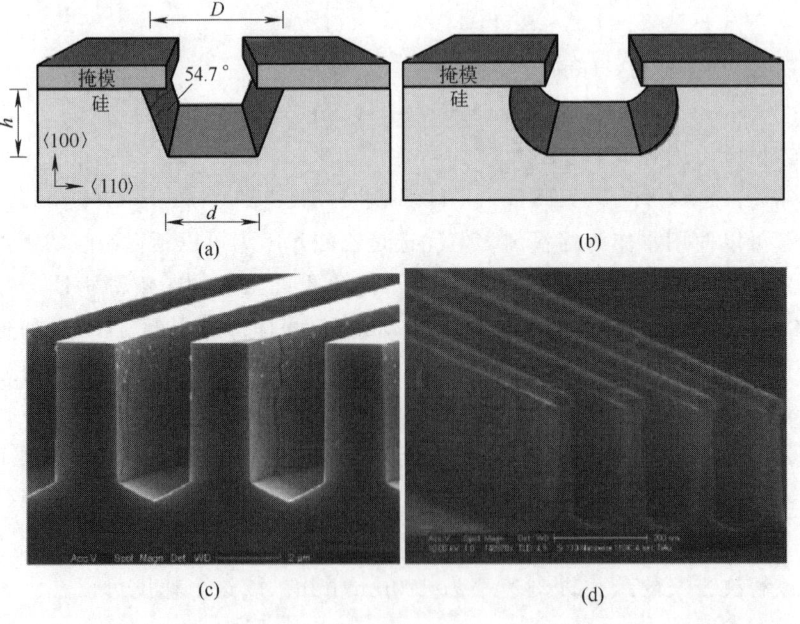

图 5.4 定向蚀刻剖面示意图：(a) 各向异性和 (b) 各向同性的（100）取向硅表面；(c)、(d) 基于 KOH 的湿法蚀刻（110）取向硅表面的 SEM 图像

示，蚀刻的壁面平坦且有一定角度，与晶片表面的角度为54.7°。图5.4（c）和（d）给出了基于KOH湿法蚀刻产生的具有微米和纳米尺度尺寸的（110）取向二维硅壁面的扫描电子显微照片。掩模尺寸、蚀刻深度和底宽之间的关系如下式：

$$d=D-\frac{2h}{\tan 54.7^\circ} \tag{5.3}$$

5.5 二氧化硅蚀刻

最常见的蚀刻工艺之一是在氢氟酸（HF）的稀溶液中对SiO_2进行湿法蚀刻。常见的蚀刻剂为6∶1、10∶1和50∶1，即6、10或50份（按体积计）水与1份HF混合。6∶1的HF溶液将以大约1200Å/min的速度蚀刻天然二氧化硅。沉积的氧化物往往蚀刻得更快。HF中沉积膜的蚀刻速率与热氧化物的蚀刻速率之比，通常用作其密度的量度。掺杂氧化物如磷硅玻璃和硼磷硅玻璃，蚀刻得更快，因为蚀刻速率随着杂质浓度的增加而增加。HF溶液对硅表面的氧化物选择比极强，确实会发生一些硅蚀刻，因为水会慢慢氧化硅的表面，而HF会蚀刻这种氧化物。选择比通常优于100∶1。然而HF溶液中氧化物的湿法蚀刻是完全各向同性的。确切的反应途径是复杂的，取决于离子强度、溶液pH值和蚀刻剂溶液。蚀刻SiO_2的整体反应是：

$$SiO_2(s)+6HF(l)\longrightarrow H_2(g)+SiF_6(l)+2H_2O(l)$$

由于反应消耗HF，反应速率会随着时间的推移而降低。为了避免这种情况，通常将HF与缓冲剂一起使用（BHF），例如氟化铵（NH_4F），通过溶解反应保持HF的恒定浓度：

$$NH_4F(s)\rightleftharpoons NH_3(g)+HF(l)$$

其中，NH_3（氨）是一种气体。缓冲剂还可以控制蚀刻剂的pH值，从而最大限度地减少光刻胶侵蚀。

氮化硅

氮化硅在室温下被HF溶液蚀刻得非常缓慢。例如，室温下的20∶1的BHF溶液以大约300Å/min的速度蚀刻热氧化物，但Si_3N_4的蚀刻速率小于10Å/min。在140～200℃的H_3PO_4中可以获得更实用的Si_3N_4蚀刻速率。在70℃下49%的HF（在水中）和70%的HNO_3得到的3∶10的混合物也可以使用，但不太常见。磷酸蚀刻的典型选择比，对于氧化物表面的氮化物是10∶1，对于硅表面的氮化物是3∶1。因此，如果氮化物层暴露在高温氧化环境中，通常在氮化物湿法蚀刻之前浸入BHF，以去除可能生长在氮化物顶部的任何表面氧化物。通过在涂覆光刻胶之前在氮化膜顶部沉积薄氧化物层，可以实现更好的图案化。光刻胶图案被转移到氧化层，然后作为后续氮化物蚀刻的掩模。

5.6 铝蚀刻

湿法蚀刻也被广泛用于图案化金属线。由于IC中使用的金属层通常是多晶的，因此湿法蚀刻产生的线条有时会具有参差不齐的边缘。常见的铝蚀刻剂是20%的乙酸、77%的磷酸和3%的硝酸（按体积计）。硅技术中大多数金属的互连不是元素而是稀合金。在许多情况下，这些杂质在镀液中的挥发性比母材低得多。特别地，添加到铝中的硅和铜通常难以在标准铝的湿法蚀刻溶液中完全去除。

绝缘膜和金属膜的蚀刻通常使用相同的化学物质来溶解这些材料，这些化学物质以大块形式溶解这些材料，并将它们转化为可溶性盐和复合物（表5.1）。一般来说，薄膜材料比它们对应的块体蚀刻得更快。此外，对于具有不良微观结构或内在应力、非化学计量或已被辐照的薄膜，蚀刻速率更高。

表5.1 蚀刻速率和成分

材料	蚀刻剂	蚀刻速率
SiO_2	28mL HF 170mL H_2O 113g NH_4F } BHF	100nm/min
	15mL HF 10mL HNO_3 300mL H_2O } p蚀刻	12nm/min
Si_3N_4	BHF H_3PO_4	0.5nm/min 10nm/min
Al	1mL HNO_3 4mL CH_3COOH 4mL H_2PO_4 1mL H_2O	35nm/min
Au	4g KI 1g I_2 40mL H_2O	1μm/min
Mo	5mg H_3PO_4 2mL HNO_3 4mL CH_3COOH 150mL H_2O	0.5nm/min
Pt	1mL HNO_3 7mL HCl 8mL H_2O	50nm/min
W	34g KH_2PO_4 13.4g $K_3[Fe(CN)_6]$ 加 H_2O 至1L	160nm/min

5.7 干法蚀刻工艺

自20世纪80年代后期特征尺寸达到3μm以来，干法蚀刻（也称为等离子蚀刻）工艺已逐渐取代湿法蚀刻工艺用于所有图案化蚀刻工艺。如今，由于它具有出色的各向异性轮廓并且可以产生非常活泼的化学物质，已成为半导体制造中的主要蚀刻方法。它可以仅通过使用化学反应气体或等离子体的化学反应去除材料，例如溅射和离子束诱导蚀刻，或结合化学反应及物理轰击。干法蚀刻工艺通常用于蚀刻电介质、单晶硅、多晶硅和金属，以及剥离光刻胶。

5.8 等离子蚀刻工艺

等离子体是由离子、电子和中性原子或分子组成的电离气体，具有等量的正负电荷。尽管等离子体在宏观意义上是中性的，但它的行为与分子气体完全不同，因为它由受外加电场和磁场影响的带电粒子组成。为了实现蚀刻作用，等离子体提供高能正离子，该正离子被高电场加速至晶片表面。这些离子物理轰击未受保护的晶片表面材料，导致材料从晶片表面喷出。当在两个电极之间施加电场时会产生等离子体，气体在低压下限制在两个电极之间，导致气体分解并被电离为简易的直流（DC）电源，可用于产生等离子体，但绝缘材料需要交流（AC）电源以减少充电。在等离子蚀刻中，通常使用射频（RF）场来产生气体放电。这样做的一个原因是电极不必由导电基质制成，另一个原因是电子可以在场振荡期间获得足够的能量，从而通过电子、中性原子碰撞引起更多的电离。可以在低于10^{-3} Torr的压力下产生等离子体，等离子蚀刻系统的概念图如图5.5所示。

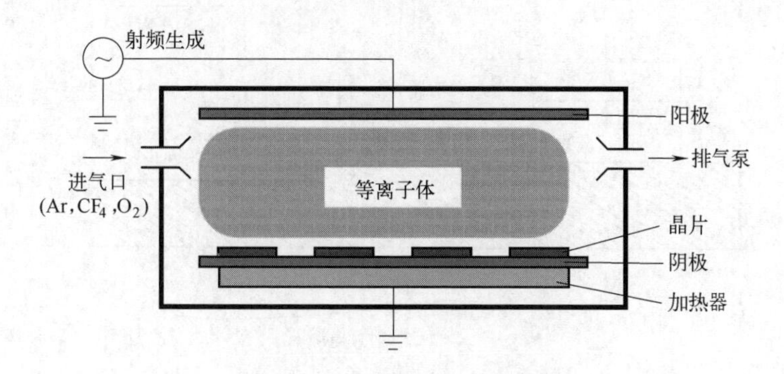

图5.5 等离子蚀刻系统示意图

通过负偏压电极的光电离或场发射释放的自由电子产生等离子体，自由电子从施加的电场中获得动能，在穿过气体的过程中，它们与气体分子碰撞并失去能量。

这些非弹性碰撞通过以下反应示例进一步电离或激发等离子体中的中性物质：

$$e^- + AB \longrightarrow A^- + B^+ + e^-\text{（附着解离）}$$

$$e^- + AB \longrightarrow A + B + e^-\text{（解离）}$$

$$e^- + A \longrightarrow A^+ + 2e^-\text{（电离）}$$

其中一些碰撞导致气体分子被电离并产生更多电子来维持等离子体。因此，当外加电压大于击穿电压时，整个反应室都会形成等离子体。这些非弹性碰撞中的一些还可以将中性物质和离子提升到激发电子态，然后通过光电发射衰变，从而导致特征等离子体发光。

等离子体与表面的相互作用通常分为物理和化学两部分。物理相互作用是指加速穿过等离子体鞘的高能离子的表面轰击。在这里，撞击离子造成的动能损失会导致粒子从样品表面喷出。相反，化学反应是标准的电子键合过程，导致表面化学物质的形成或解离。

如图 5.6 所示，等离子体辅助蚀刻工艺分几个步骤进行。它开始于等离子体中蚀刻物质的产生，伴随着反应物通过暗鞘层扩散到样品表面。反应物吸附在表面后，发生化学反应和/或物理溅射，形成挥发性化合物或原子，随后从样品表面释放，扩散到本体气体中，并被真空系统抽出。

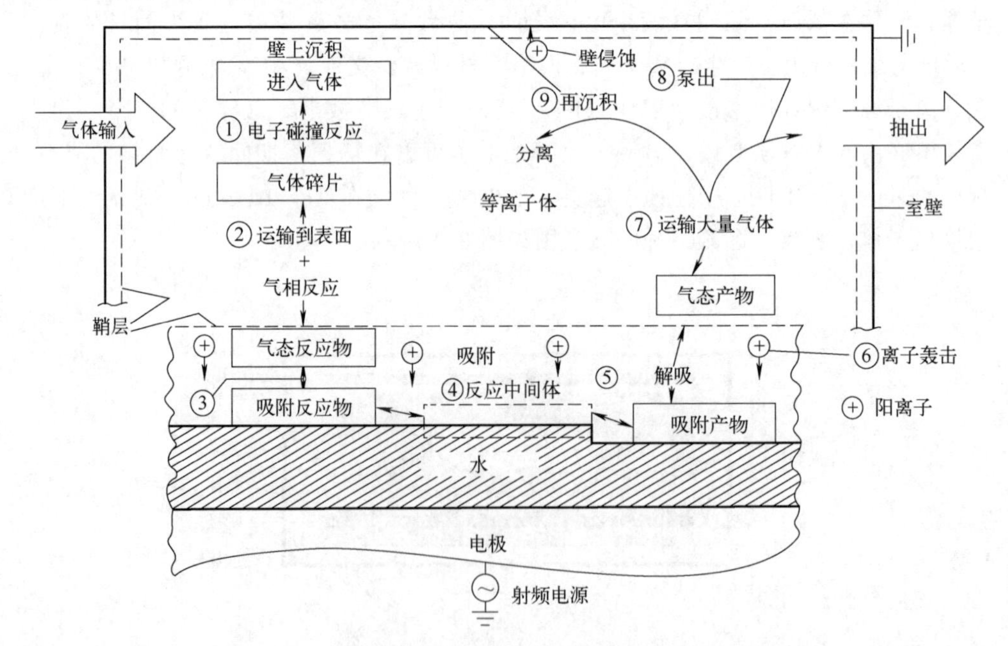

图 5.6 硅晶片等离子体蚀刻过程中发生的微观过程示意图

等离子体蚀刻涉及两种主要类型的物质：反应性中性化学物质和离子。反应性中性化学物质主要负责等离子体蚀刻过程中的化学成分，而离子则主要负责物理成分。根据这两个成分是一起工作还是独立工作，等离子体蚀刻工艺可以分为三种工艺：等离子体化学蚀刻工艺、溅射蚀刻工艺和反应离子蚀刻（RIE）工艺。这些都是当今IC行业最重要的干法蚀刻工艺。

5.8.1 等离子化学蚀刻工艺

等离子体蚀刻工艺也称为等离子体化学蚀刻工艺，因为在这样的系统中，待蚀刻材料通常通过与反应性化学物质之间的化学反应被去除。该过程涉及蚀刻剂气体之间的化学反应以轰击硅表面。化学干法蚀刻工艺通常是各向同性的，并表现出高选择比。各向异性干法蚀刻能够以比各向同性蚀刻更精细的分辨率和更高的深宽比进行蚀刻。由于干法蚀刻的方向性，可以避免钻蚀现象产生。反应性化学物质是自由基，它是具有不完全键合的中性物质。由于其不完整的键合结构，自由基是非常活泼的化学物质。等离子蚀刻工艺中使用的物质要具有在与待蚀刻材料反应时产生挥发性副产物的特性，从而可以容易地去除副产物，并且使表面暴露以用于更多要蚀刻的材料。由于该过程涉及化学反应，选择性高，但方向性差，即呈各向同性分布。图5.7展示了化学干法蚀刻中发生的反应。化学干法蚀刻中使用的一些离子是四氟化碳（CF_4）、六氟化硫（SF_6）、三氟化氮（NF_3）、氯气（Cl_2）或氟（F_2）。干法蚀刻有很多种具有不同数量的物理和化学侵蚀的工艺。更多的是各种蚀刻系统中使用的各种蚀刻化学成分，一些最常见的如表5.2所示。

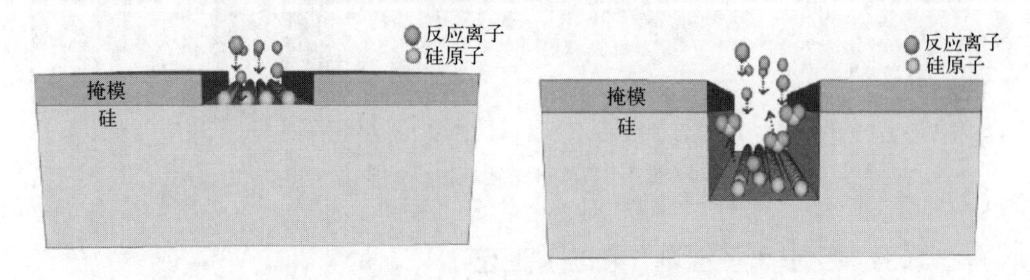

图5.7 反应离子与硅表面相互作用的过程。相互作用键合然后化学去除

表5.2 典型的蚀刻化学成分

Si_3N_4	$CF_4/O_2/H_2$，C_2F_6，C_3F_8，CHF_3
有机物	O_2，CF_4/O_2，SF_6/O_2
Al	BCl_3，BCl_3/Cl_2，$CCl_4/Cl_2/BCl_3$，$SiCl_4/Cl_2$
硅化物	CF_4/O_2，NF_3，SF_6/Cl_2，CF_4/Cl_2
耐火材料	CF_4/O_2，NF_3/H_2，SF_6/O_2
GaAs	BCl_3/Ar，$Cl_2/O_2/H_2$，$CCl_2F_2/O_2/Ar/He$，H_2，CH_4/H_2，$CClH_3/H_2$
InP	CH_4/H_2，C_2H_6/H_2，Cl_2/Ar
Au	$C_2Cl_2F_4$，Cl_2，$CClF_3$

5.8.2 溅射蚀刻工艺

另一种等离子体蚀刻工艺是通过利用离子来实现的，这些离子实现蚀刻操作。在这个蚀刻过程中，被高电场加速的离子轰击晶片表面上的原子，从而物理地移动它们。这种轰击导致蚀刻的更多物理成分产生，即溅射表面材料。当高能粒子从衬底表面击出原子时，材料在离开衬底后蒸发。不会发生化学反应，因此只会去除未被掩模的材料。因为它本质上是一种物理反应，所以选择性差但方向性强，即各向异性分布。

图 5.8 是使用相对高能量（> 500eV）惰性气体离子（如氩气）的溅射蚀刻系统示意图。将要蚀刻的晶片（称为靶）放置在通电的电极上，氩离子在外加电场的作用下加速轰击靶表面。通过动量的传递，表面附近的原子被溅射出表面。溅射蚀刻的典型操作压力为 0.01～0.1Torr。电场方向垂直于目标表面，在操作压力下，氩离子大部分也垂直到达表面。因此侧壁基本上没有溅射，并且可以获得高度的各向异性。然而溅射蚀刻的一个主要缺点是其选择性差，因为离子轰击工艺蚀刻了表面上的所有东西，尽管不同材料的溅射速率不同。

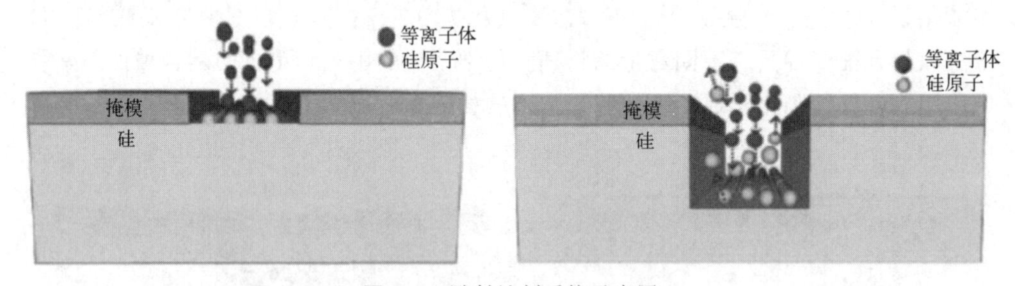

图 5.8 溅射蚀刻系统示意图

5.8.3 反应离子蚀刻（RIE）工艺

另一种等离子体蚀刻方法是反应离子蚀刻（RIE），它使用如图 5.9 所示的与溅射蚀刻类似的设备。这里的主要区别在于惰性气体等离子体被类似于等离子体蚀刻的分子气体等离子体所取代。该方法是自由基和离子以协同方式共同作用以蚀刻

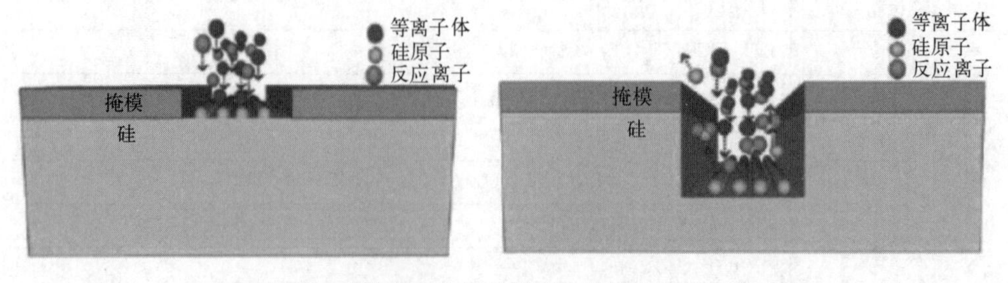

图 5.9 以物理和化学反应对硅蚀刻的 RIE 工艺

材料。换句话说，蚀刻过程包括离子溅射和自由基与晶片表面的反应。结果不仅具有高度的选择性，而且还实现了非各向异性的蚀刻轮廓。在这个蚀刻过程中，实际的蚀刻轮廓介于各向同性和各向异性之间，可以通过调整等离子体条件和气体成分来控制。Si 的典型 RIE 气体是 CF_4、SF_6 和 $BCl_2 + Cl_2$。

RIE 使用在低压（10～100mTorr）下产生的化学反应等离子体来消耗沉积在晶片上的材料，并伴随着离子轰击以打开化学反应区域。在 RIE 系统中，固定晶片的夹盘是接地的，另一个电极连接到频率为 13.56MHz 的射频电源，因为与正离子相比，电子由于重量较轻而具有更高的移动性，它们行进更长的时间并更频繁地与电极和室壁碰撞，因此从等离子体中去除。这个过程使等离子体带正电。然而，等离子体往往保持中性电荷，因此形成了直流电场。如图 5.10 所示的腔体和电极表面区域称为“暗鞘”。除了等离子体和目标材料之间的化学反应外，正离子还可以通过电场加速穿过暗鞘并撞击目标材料。这个过程是物理轰击，也可以辅助蚀刻过程。此外，与湿法化学法相比，RIE 更有可能在电场给定的方向上移动蚀刻剂，并产生更多的各向异性蚀刻轮廓。

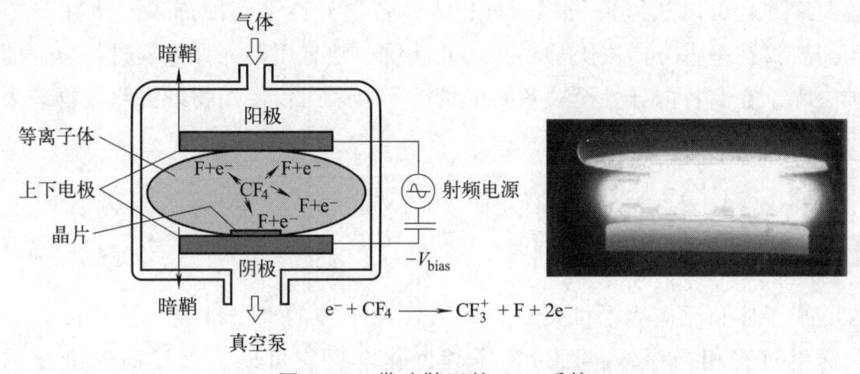

图 5.10 带暗鞘区的 RIE 系统

5.9 电感耦合等离子体蚀刻（ICP）

ICP 利用电磁感应线圈产生的射频能量产生能够蚀刻各种半导体材料的电离原子和自由基的等离子体。至于 ICP 的几何形状和操作，ICP 的感应线圈绕等离子炬缠绕两到三圈，并有循环水以进行冷却，为了使射频功率沿线圈表面以最小的速度传播电阻，所有 ICP 都有一个电容器组，该电容器组不断调整以匹配等离子体的电感。射频电源维持等离子体，特斯拉线圈通过产生与磁场耦合的电子和离子来点燃等离子体。ICP 可以获得非常高的等离子体密度，并且蚀刻轮廓比 RIE 更具有各向同性。

目前，典型的 RIE 和电感耦合等离子体 RIE 的组合是可能的。在该系统中，

ICP 用作高密度离子源以提高蚀刻速率，而单独的射频偏压施加到衬底上以在衬底附近产生定向电场，从而获得更多的各向异性轮廓，但是，它也可以在 RIE 模式下运行，用于某些低蚀刻速率应用并控制选择性损坏。

5.10 干法蚀刻（等离子蚀刻）和湿法蚀刻的优缺点

湿法蚀刻工艺的优点是设备简单、蚀刻速率高、选择比高。同时也有许多缺点。湿法蚀刻通常是各向同性的，从而造成掩模材料下的衬底材料被蚀刻剂化学物质去除。湿法蚀刻还需要大量的蚀刻剂化学物质，因为衬底材料必须被蚀刻剂化学物质覆盖，此外，蚀刻化学物质必须一直被取代，以保持相同的初始蚀刻速率。因此，与湿法蚀刻相关的化学和处理成本非常高。干法蚀刻的一些优点是它的自动化能力和减少的材料消耗。与湿法蚀刻相比，干法蚀刻（例如等离子蚀刻）处理产品的成本更低。纯化学干法蚀刻的一个例子是等离子蚀刻。纯化学蚀刻技术，特别是等离子蚀刻工艺的一个缺点是它们不具有高各向异性，因为反应物质可以在任何方向发生反应并且可以从掩模材料下方进入。各向异性是当蚀刻仅发生在一个方向时，当需要仅在垂直方向去除材料时，此性质非常有用，因为掩模材料覆盖的材料不会被去除。在高各向异性至关重要的情况下，采用仅使用物理去除或物理去除与化学反应组合的干法蚀刻技术。

5.11 蚀刻反应实例

在等离子体和反应离子蚀刻中，来自等离子体的离子被吸引到样品表面。然而，纯溅射过程相当缓慢。通过离子辅助化学反应可以显著提高蚀刻速率。图 5.11 描绘了蚀刻速率在有和没有 1keV Ne^+ 轰击的条件下与 XeF_2 分子流速的函数关系。横向蚀刻速率仅取决于在没有高能离子撞击表面的情况下 XeF_2 分子蚀刻硅的能力，而垂直蚀刻速率是由于 Ne^+ 轰击和 XeF_2 分子的协同效应。通常可以通过增加离子的能量来增强各向异性的程度。

当一种气体与另一种或多种添加气体混合时，蚀刻速率和选择比都可以改变。如图 5.12 所示，SiO_2 的蚀刻速率在添加高达 40% 的 H_2 时近似恒定，而 Si 的蚀刻速率单调下降，在 40% H_2 时几乎为零。图中还显示了选择比，即 SiO_2 与 Si 的蚀刻速率相比，CF_4-H_2 反应离子蚀刻可以获得超过 45∶1 的选择比。因此，当蚀刻覆盖多晶硅栅极的 SiO_2 层时，该工艺非常有用。

通过改变六氟化硫（SF_6）和氯的气体成分，可以观察到相反的效果，如图 5.13 所示。硅的蚀刻速率可调整为比 SiO_2 快 10～80 倍。表 5.3 中展示了一些表现出选择性效应的常见蚀刻剂的示例。

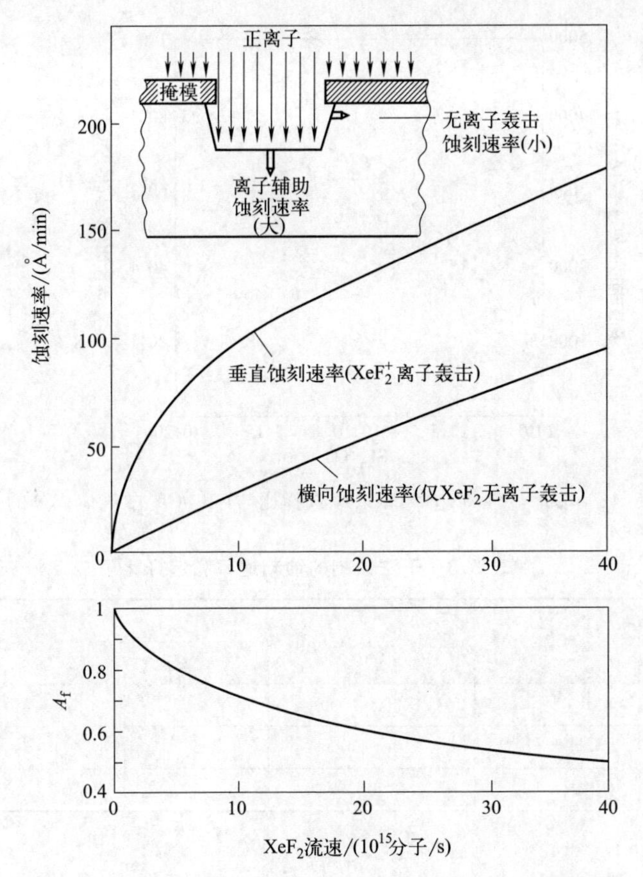

图 5.11 使用 1keV Ne^+ 轰击的硅蚀刻速率与 XeF_2 流速关系

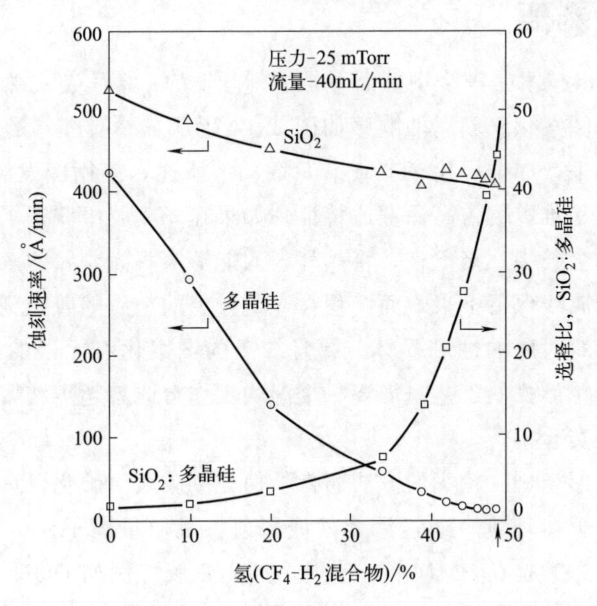

图 5.12 Si 和 SiO_2 的蚀刻速率和相应的选择比随 H_2 和 CF_4 混合物的变化关系

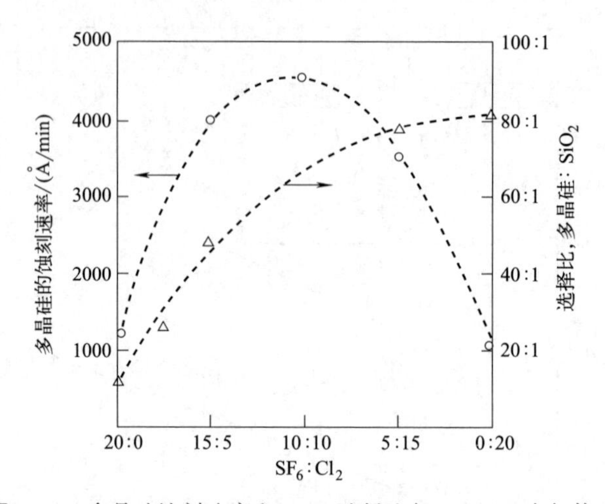

图 5.13 多晶硅蚀刻速率和 SiO_2 选择比与 SF_6-Cl_2 中气体成分的关系

表 5.3 干法蚀刻的蚀刻速率和选择比

材料(M)	气体	蚀刻速率/(Å/min)	选择比		
			M/光刻胶	M/Si	M/SiO_2
Si	SF_6+Cl_2	1000～4500	5	—	80
SiO_2	CF_4+H_2	400～500	5	40	—
Al, Al-Si, Al-Cu	BCl_3+Cl_2	500	5	5	25

5.12 剥离

大多数 GaAs 技术是围绕剥离而不是蚀刻开发的。该工艺仍然流行用于对难以蚀刻的材料进行图案化。剥离的顺序如图 5.14 所示。一层厚厚的光刻胶被旋转并形成图案。接下来，如金属化章节（第 8 章）中所述，使用蒸发沉积一层薄金属，蒸发的一个特点是难以覆盖高深宽比特征。如果在光刻胶中获得了凹形轮廓，则几乎可以确定金属会破裂。接下来，将晶片浸入能够溶解光刻胶的溶液中。直接沉积在半导体上的金属线保留下来，而沉积在光刻胶上的金属随着光刻胶的溶解而脱离水。这样避免了对衬底的蚀刻损坏，并且线条的图案化有无限的选择比且没有钻蚀。由于其最简单形式的工艺只需要一个湿式工作台或者超声波振荡器，因此它被广泛应用于研究实验室。

用于成形凹形光刻胶轮廓的方法通常会使光刻胶表面硬化，这可以在一定程度上在合适的等离子体环境中通过深紫外线照射，或通过离子注入，促进交联来实现。另一种解决方案是在 PMMA 上使用多层光刻胶，例如 DQN 光刻胶。PMMA 涂层后，上层光刻胶被旋转、烘烤、曝光并使用紫外线源正常显影。然后可以将图

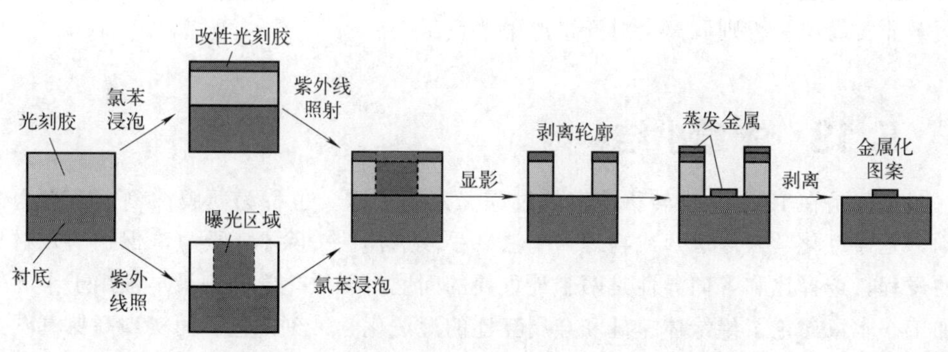

图 5.14 剥离顺序

案化的上层用作 PMMA 深紫外线曝光的掩模，然后使用不会侵蚀上层光刻胶的溶液过度显影。结果是得到一个明显的壁架，很难覆盖。由于多层光刻胶加工的复杂性，最流行的生成凹形轮廓的方法是在氯苯或类似化合物中软烘烤后浸泡单层的 DQN 光刻胶。典型的浸泡时间为 5～15min。浸泡工艺降低了光刻胶上表面的溶解速率。因此，在形成图案后，会出现一个突出部分（图 5.15）。突出部分的厚度取决于浸泡时间、氯苯浴的温度和光刻胶预烘烤周期。

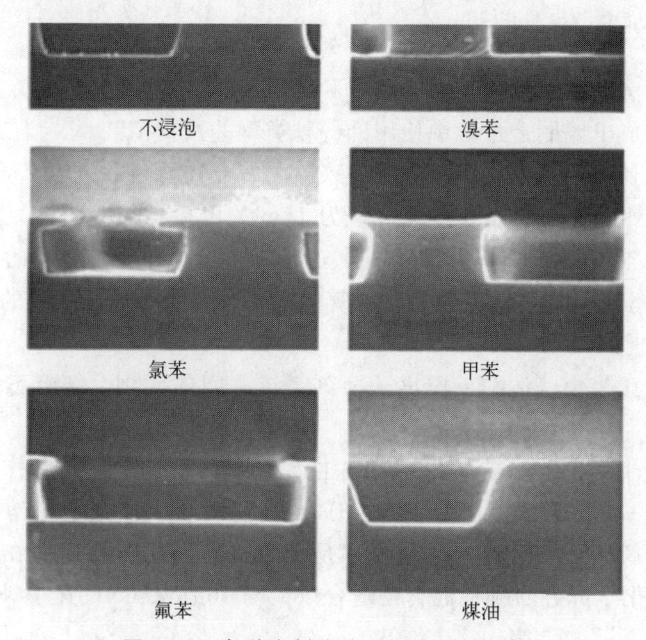

图 5.15 各种光刻胶处理后的剥离轮廓

剥离过程有几个缺点。首先是表面形貌结构必须非常光滑，因为金属沉积步骤被设计为具有较差的阶梯覆盖区，所以该技术要么仅限于一层金属化，要么在剥离图案化之前每层都必须是全层的，以有效防止溅射。另一个严重的问题是被剥离的金属仍然是固体并悬浮在浴槽中，它的碎片很可能重新沉积在晶片的表面上。除非图案非常简单，否则剥离会对产量产生严重影响。

5.13 本章小结

蚀刻是在IC制造中转移图案的过程。薄膜去除，也称为薄膜蚀刻，简称为蚀刻，是通过化学（湿法）或物理（干法）手段选择性去除不需要（未保护的）材料的过程，选择比和各向异性是两个最重要的问题。湿法化学蚀刻最早被用于半导体加工。本章讨论了绝缘体、硅和金属互连的湿法化学蚀刻工艺。而实现高保真图案转移的干法蚀刻方法更为可取。由于具有可控制性、柔韧性、再现性和各向异性的特性，目前干法蚀刻的作用无可替代。这种蚀刻与等离子体辅助蚀刻等同。本章讨论了各种干法蚀刻系统和等离子体基本原理。未来蚀刻技术的挑战是依赖低深宽比的蚀刻、更好的尺寸控制、高蚀刻选择比和低等离子体诱导损伤。为了满足这些要求，需要高密度、低压等离子反应器。

习题

1. 反应离子蚀刻和平行板等离子蚀刻的主要区别是什么？

2. 比较干法和湿法蚀刻技术的优点和局限性。

3. 解释集成电路制造过程中使用的各种类型的蚀刻工艺。

4. 解释为什么通过监测反应物种类来检测终点需要负载效应。

5. 圆柱形平行板RF蚀刻室由直径为14in的电极构成。腔体直径为16in，腔体高度为6in，其中一个电极接地。当建立等离子体时，电极之间的直流电压测量为25V。假设等离子体与腔壁接触，计算等离子体与每个电极之间的电位差，并解释结果的重要性。

6. 描述高压等离子体和反应离子蚀刻系统之间的区别，解释不同情况下的首选工艺。

7. 描述化学辅助离子束蚀刻（CAIBE）和离子辅助化学蚀刻的区别。

8. 用4份5% HNO_3、4份49% HF和2份 $C_2H_3O_2$ 组成的溶液蚀刻硅。如果溶液保持在室温下，期望的蚀刻速率是多少？如果化合物保持在2份 $C_2H_3O_2$ 中，这些相同化学成分的哪种混合物适合以大约10μm/min的速率蚀刻硅？

参考文献

1. W. A. Kern and C. A. Deckert, "Chemical Etching," Thin Film Processing, Academic press, New

York,(1978).

2. K. McAndrews and P. C. Subanek,"Nonuniform Wet Etching of Silicon Dioxide,"*J. Electrochem. Soc.* 138: 863(1991).
3. P. Burggraaf,"Wet Etching: Alive, Well, and Futuristic,"*Semicond. Int.* 13(9):58(1990).
4. W. Kern, H. G. Hughes and M. J. Rand,"Chemical Etching of Dielectrics,"Etching for Pattern Definition, Electrochemical Society, Pennington, NJ,(1976).
5. S. M. Hu and D. R. Kerf,"Observation of Etching of n-Type Silicon in Aqueous HF Solutions," *J. Electrochem. Soc.* 114:414(1967).
6. J. S. Judge, H. G. Hughes and M. J. Rand,"Etching for Pattern Definition,"Electrochemical Society, Princeton, NJ,(1976).
7. L. M. Loewenstein and C. M. Tipton,"Chemical Etching of Thermally Oxidized Silicon Nitride: Comparison of Wet and Dry Etching Methods,"J. Electrochem. Soc. 138:1389(1991).
8. J. T. Milek,"Silicon Nitride for Microelectronic Applications, Part 1—Preparation and Properties,"IFI/Plenum, New York,(1971).
9. B. Schwartz and H. Robbins,"Chemical Etching of Silicon: Etching Technology,"*J. Electrochem. Soc.* 123:1903(1976).
10. Kern and Deckert "A comprehensive listing of etching solutions for groups Ⅲ-Ⅴ", Eds Academic Press, Enlands(1978).
11. R. E. Williams,"Gallium Arsenide Processing Techniques,"Artech, Dedham, MA,(1984).
12. S. Adache and K. Oe,"Chemical Etching Characteristics of(001) GaAs,"*J. Electrochem. Soc.* 130:2427(1983).
13. Y. Tarui, Y. Komiya, and Y. Harada,"Preferential Etching and Etched Profiles of GaAs," *J. Electrochem. Soc.* 118:118(1971).
14. D. W. Shaw,"Enhanced GaAs Etch Rates Near the Edges of a Patterned Mask,"*J. Electrochem. Soc.* 113:958(1966).
15. J. J. Gannon and C. J. Nuese,"A Chemical Etchant for the Selective Removal of GaAs Through SiO_2 Masks,"*J. Electrochem. Soc.* 121:1215.
16. S. Iida and K. Ito,"Selective Etching of Gallium Arsenide Crystals in the H_2SO_4-H_2O_2-H_2O System,"*J. Electrochem. Soc.* 118:768(1971).
17. R. A. Logan and F. K. Reinhart,"Optical Waveguides in GaAs-AlGaAs Epitaxial Layers," *J. Appl. Phys.* 44:4172(1973).
18. J. J. LePore,"Improved Technique for Selective Etching of GaAs and $Ga_{1-x}Al_xAs$," *J. Appl. Phys.* 51:6441(1980).
19. R. P. Tijburg and T van Dongen,"Selective Etching of Ⅲ-Ⅴ Compounds with Redox Systems," *J. Electrochem. Soc.* 123: 687(1976).
20. D. G. Hill, K. L. Lear, and J. S. Harris,"Two Selective Etching Solutions for GaAs on In GaAs and GaAs/AlGaAs on InGaAs,"*J. Electrochem. Soc.* 137:2912(1990).
21. K. E. Bean,"Anisotropic Etching of Si,"IEEE Trans. Electron Dev. ED-25:1185(1978).

22. S. Wolf and R. N. Tauber, "Silicon Processing for the VLSI Era, Vol. 1," Lattice Press, Sunset Beach, CA, (1986).
23. D. L. Kendall, G. R. de Guel, C. D. Fung, P. W. Cheung, W. H. Ko, and D. G. Fleming, "Orientation of the Third Kind: The Coming Age of(110)Silicon Micromachining and Micropackaging of Transducers," Elsevier, Amsterdam, 107(1985).
24. P. D. Greene, "Selective Etching of Semi-Insulating Gallium Arsenide," Solid-State Electron. 19: 815(1976).
25. H. Muraoka, H. R. Huff and R. R. Burgess, "Controlled Preferential Etching Technology," Semiconductor Silicon 73:327(1973).
26. J. C. Greenwood, "Ethylene Diamine-Catechol-Water Mixture Shows Preferential Etching of p-n Junction," *J. Electrochem. Soc.* 116:1325(1969).
27. D. G. Schimmel, "Dry Etch for(100) Silicon Evaluation," *J. Electrochem. Soc.* 126:479(1979).
28. F. Secco d'Aragona, "Dislocation Etch for(100) Planes in Silicon," *J. Electrochem. Soc.* 119: 948(1972).
29. E. Sirtl and A. Adler, Z. Metallk, "Chromic acid-hydrofluoric acid as specific reagents for the development of etching pits in silicon," 52:529(1961).
30. W. C. Dash, "Copper Precipitation on Dislocations in Silicon," *J. Appl. Phys.* 27:1193(1956).
31. T. Abraham, "GB-288 Chemical Mechanical Polishing Equipment and Materials: A Technical Market Analysis, (2004)", Business Communications Company, Inc. , www. bccresearch. com/advmat/GB288. html(2004).
32. R. Jairath, D. Mukesh, M. Stell, and R. Tolles, "Role of Consumables in the Chemical-Mechanical Polishing(CMP) of Silicon Oxide Films," Proc. 1993 ULSISymp. (1993).
33. M. A. Fury, "Emerging Developments in CMP for Semiconductor Planarization," Solid State Technol. 38(4):47(1995).
34. G. Nanz and L. E. Camilletti, "Modeling of Chemical-Mechanical Polishing: A Review," IEEE Trans. Semicond. Manuf, 8:382(1995).
35. F. Malik and M. Hasan, "Manufacturability of the CMP Process," Thin Solid Films, 270: 612 (1995).
36. F. Kaufman, S. Cohen, and M. Jaso, "Characterization of Defects Produced in TEOS Thin Films Due to Chemical Mechanical Polishing(CMP)," in *Ultraclean Semiconductor Processing Technology and Surface Chemical Cleaning and Passivation*, MRS 386, Materials Research Society. Pittsburgh, 85(1995).
37. W. L. Patrick, W. L. Guthrie, C. L. Standley, and P. M. Schiable, "Application of Chemical-Mechanical Polishing to the Fabrication of VLSI Circuit Interconnections," *J. Electrochem. Soc.* 138(6):1778(1991).
38. B. Davari, C. W. Koburger, R. Schulz, J. D. Warnock, T. Furukawa, M. Jost, Y. Taur, W. G. Schwittek, J. K. DeBrosse, M. L. Kerbaugh, and J. L. Mauer, "*A New Planarization Technique Using a Combination of RIE and Chemical Mechanical Polish* (CMP)," IEDM Tech. Digest, 61

(1989).

39. P. Singer, "Chemical-Mechanical Polishing: A New Focus on Consumables," *Semiconductor Int*. 48(1994).

40. J. M. Steigerwald, R. Zirpoli, S. P. Murarka, D. Price, and R. J. Gutmann, "Pattern Geometry Effects in the Chemical-Mechanical Polishing of Inlaid Copper Structures," *J. Electrochem. Soc*. 141(10): 2842(1994).

41. R. Capio, J. Farkas, and R. Jairath, "Initial Study on Copper CMP Slurry Chemistries," Thin Solid Films 266(2):238(1995).

42. E. Ferri, "CMP Chemical Distribution Management," Proc. Semicond. West: Planarization Technology: Chemical Mechanical Polishing(CMP), (1994).

43. F. B. Kaufman, D. B. Thompson, R. E. Broadie, M. A. Jaso, W. L. Gutherie, D. J. Pearson, and M. B. Small, "Chemical-Mechanical Polishing for Fabricating Patterned W Metal Features as Chip Interconnects," *J. Electrochem. Soc*. 138:3460(1991).

44. C. W. Liu, W. T. Tseng, B. T. Dai, C. Y. Lee, and C. F. Yeh, "Perspectives on the Wear Mechanism During CMP of Tungsten Thin Films," Proc. CMP VLSI/ULSIMultilevel Interconnection Conf. , Santa Clara, CA, (1996).

45. I. Kim, K. Murella, J. Schlueter, E. Nikkel, J. Traut, and G. Castleman, "Optimized Process for CMP," *Semicond. Int.* , 9:119(1996).

46. R. Capio, J. Farkas, and R. Jairath, "Initial Study on Copper CMP Slurry Chemistries," Thin Solid Films 266:238(1995).

47. C. Sainio, D. Duquette, J. Steigerwald, and S. Muraka, "Electrochemical Effects in the Chemical-Mechanical Polishing of Copper for Integrated Circuits," *J. Elect. Mater*. 25(10):1593(1996).

48. I. Ali, S. R. Roy, and G. Shinn, "Chemical-Mechanical Polishing of Interlayer Dielectric: A Review," Solid State Technol. 37(10):63(1994).

49. L. Borucki Leonard J. Borucki, T. Witelski, C. Please, P. R. Kramer and D. Schwendeman, "A Theory of Pad Conditioning for Chemical-Mechanical Polishing," *J. Eng. Math*. 50(1): 1-24 (2004).

50. J. M. de Larios, M. Ravkin, D. L. Hetherington, and J. D. Doyle, "Post-CMP Cleaning for Oxide and Tungsten Applications," Semicond. Int. 121(1996).

51. I. Malik, J. Zhang, A. J. Jensen, J. J. Farber, W. C. Krusell, S. Raghavan, and Rajhunath, "Post-CMP Cleaning of W and SiO_2: A Model Study," *in Ultraclean Semiconductor Processing Technology and Surface Chemical Cleaning and Passivation*, MRS 386, Materials Research Society, Pittsburgh, 109(1995).

52. T. J. Cotler and M. Elta, "Plasma-Etch Technology," IEEE Circuits, Dev. Mag. 6:38(1990).

53. D. M. Manos and D. L. Flamm, "Plasma Etching, An Introduction," Academic Press, Boston, (1989).

54. R. A. Morgan, "Plasma Etching in Semiconductor Fabrication," Elsevier, Amsterdam, (1985).

55. A. J. van Roosmalen, J. A. G. Baggerman, and S. J. H. Brader, "Dry Etching for VLSI," Plenum,

New York,(1991).

56. J. W. Coburn and H. F. Winters,"Ion and Electron Assisted Gas Surface Chemistry,"*J. Appl. Phys*. 50(5): 3189 to 3196(1979).

57. V. M. Donelly,D. I. Flamm,W. C. Dautremont-Smith,and D. J. Werder,"Anisotropic Etching of SiO_2 in Low-Frequency CF_4/O_2 and NF_3/Ar Plasmas,"*J. Appl. Phys*. 55:242(1984).

58. G. Smolinsky and D. L. Flamm,"The Plasma Oxidation of CF_4 in a Tubular,Alumina,Fast-Flow Reactor,"*J. Appl. Phys*. 50:4982(1979).

59. C. J. Mogab,A. C. Adams,and D. L. Flamm,"Plasma Etching of Si and SiO_2—The Effect of Oxygen Additions to CF_4 Plasmas,"*J. Appl. Phys*. 49:3796(1978).

60. J. W. Coburn,"In-situ Auger Spectroscopy of Si and SiO_2 Surfaces Plasma Etched in CF_4-H_2 Glow Discharges,"*J. Appl. Phys*. 50:5210(1979).

61. R. d' Agostino, F. Cramarossa, F. Fracassi, E. Desimoni, L. Sabbatini, P. G. Zambonin, and G. Caporiccio,"Polymer Film Formation in C_2F_6-H_2 Discharges,"*Thin Solid Films* 143:163 (1986).

62. M. Shima,"A Study of Dry-Etching Related Contaminations of Si and SiO_2,"*Surf Sci*. 86:858 (1979).

63. S. Joyce,J. G. Langan,and J. I. Steinfeld,"Chemisorption of Fluorocarbon Free Radicals on Si and SiO_2,"J. Chem. Phys. 88:2027(1988).

64. C. Cardinaud and G. Turban,"Mechanistic Studies of the Initial Stages of Si and SiO_2 in a CHF_3 Plasma,"*Appl. Surf. Sci*. 45:109(1990).

65. G. S. Oehrlein,K. K. Chan,and G. W. Rubloff,"Surface Analysis of Realistic Semiconductor Microstructures,"*J. Vacuum. Sci. Technol. A* 7:1030(1989).

66. G. S. Oehrlein and J. F. Rembetski, "Study of Sidewall Passivation and Microscopic Silicon Roughness Phenomena in Chlorine-based Reactive Ion Etching of Silicon Trenches,"*J. Vacuum Sci. Technol. B* 8:1199(1990).

67. K. V. Guinn and C. C. Chang,"Quantitative Chemical Topography of Polycrystalline Si Anisotropically Etched in Cl_2/O_2 High Density Plasmas," *J. Vacuum Sci. Technol. B* 13: 214 (1995).

68. K. V. Guinn and V. M. Donnelly,"Chemical Topography of Anisotropic Etching of Polycrystalline Si Masked with Photoresist,"*J. Appl. Phys*. 75:2227(1994).

69. F. H. Bell and O. Joubert,"Polycrystalline Gate Etching in High Density Plasmas. Ⅱ. X-Ray Photoelectron Spectroscopy Investigation of Silicon Trenches Etched Using a Chlorine-based Chemistry,"*J. Vacuum Sci. Technol*. B 14:1796(1996).

70. M. M. Millard and E. Kay,"Difluocarbene Emission Spectra from Fluorocarbon Plasmas and Its Relationship to Fluorocarbon Polymer Formation,"*J. Electrochem. Soc*. 129:160(1982).

71. J. W. Coburn and E. Kay,"Some Chemical Aspects of Fluorocarbon Plasma Etching of Silicon and Its Compounds,"*IBM J. Res. Dev*. 23:33(1979).

72. V. M. Donnelly,D. E. Ibbotson,and D. L. Flamm,"Ion Bombardment Modification of Surfaces:

Fundamentals and Applications,"Elsevier,New York,(1984).

73. F. H. M. Sanders, J. Dieleman, H. J. B. Peters, and J. A. M. Sanders, "Selective Isotropic Dry Etching of Si_3N_4 over SiO_2" *J. Electrochem. Soc.* 129:2559(1982).
74. C. J. Mogab, "The Loading Effect in Plasma Etching," *J. Electrochem. Soc.* 124:1262(1977).
75. B. A. Heath and T. M. Mayer, "VLSI Electronics Microstructure Science Plasma Processing for VLSI," Academic Press, New York, (1984).
76. J. M. E. Harper, "Ion Beam Techniques in Thin Film Deposition," *Solid State Technol.* 30:129 (1987).
77. R. E. Lee, "Ion-Beam Etching (Milling)," VLSI Electronics Microstructure Science 8, Plasma Processing for VLSI, Academic Press, New York, (1984).
78. H. R. Kaufman, J. J. Cuomo, and J. M. E. Harper, "Techniques and Applications of Broad-Beam Ion Sources Used in Sputtering—Part 1. Ion Source Technology," *J. Vacuum Sci. Technol.* 21: 725(1982).
79. J. M. E. Harper, "Ion Beam Etching-Plasma Etching: An Introduction," Academic Press, New York, (1989).
80. S. Matsup and Y. Adachi, "Reactive Ion Beam Etching Using a Broad Beam ECR Ion Source," *Jpn. J. Appl. Phys.* 21:L4(1982).

第6章 扩散

6.1 简介

通过引入通常称为掺杂剂的杂质可选择性地改变硅的电学性质。在集成电路制造的早期，半导体深结需要掺杂工艺，然后是推进“将掺杂剂扩散到所需深度”，即扩散是成功制造器件所必需的。杂质原子被引入到硅晶片的表面并扩散到晶格中，因为它们倾向于从高浓度区域移动到低浓度区域。掺杂浓度从表面到内部逐渐减少，掺杂剂的深度分布主要受温度和扩散时间的影响。杂质原子扩散到硅中结晶仅在升高的温度下发生，通常为900～1200℃。

扩散和离子注入是将受控量的掺杂剂引入半导体和改变导电类型的两个关键过程。在现代最先进的集成电路制造中，所需的结深已经变得很浅，以致通过离子注入就可以将掺杂剂以所需深度引入到硅中，并且不需要掺杂剂的任何扩散；因此，扩散成为了经济需要考虑的一个问题。在整个行业中仍有许多非最先进的工艺仍在使用掺杂和扩散。对于最先进的工艺，必须要了解扩散，以最大限度减少不良影响。一般来说，扩散和离子注入是相辅相成的。例如，扩散用于形成深结，如CMOS器件中的n阱（n-tub），而离子注入用于形成浅结，如MOSFET的源极/漏极结。

硼是硅中最常见的p型杂质，而砷和磷则广泛用作n型掺杂剂。在扩散温度范围内（80～120℃），这三种元素在硅中的溶解度都很高，溶解度超过10^{20}原子/cm^3。这些掺杂剂可以通过多种方式引入，包括固体源（BN用于B，As_2O_3用于As，P_2O_5用于P）、液体源（BBr_3、$AsCl_3$和$POCl_3$）和气体源（B_2H_6、AsH_3和PH_3）。通常，气态源通过惰性气体（例如N_2）输送到半导体表面，然后在表面还原。在引入杂质之后，它们可能会重新分布在晶片中。这可能是正常现象，也可能是热过程的寄生效应。在任何一种情况下，都必须对其进行控制和监测。晶片中杂质原子的运动主要是通过扩散发生的，这是一种材料的净运动，随机热运动会导致物质在浓度梯度附近发生净运动。

6.2 扩散的原子机制

用作掺杂剂的杂质原子，如硼（B）、磷（P）和砷（As）占据了掺杂原子中可以向硅晶格贡献自由电子或空穴的取代位置（通过离子注入引入硅的掺杂原子可能不占据取代位置，直到掺杂剂被激活）。杂质扩散到固体中的过程基本上与半导体中不均匀地产生过量载流子时发生的过程相同，这会导致形成载流子梯度。在各种情况下，扩散都是随机运动的结果，粒子沿着浓度梯度下降的方向扩散。固体中杂质原子的随机运动是相当有限的，除非温度很高。杂质扩散到晶格中的物理机制主要有两种类型，下面就是它们的两种机制。

6.2.1 置换扩散

在高温下，半导体中的许多原子移出其晶格位置，会留下杂质原子可以移动的空位。之后，杂质通过这种空位运动扩散并在冷却后占据晶体中的晶格位置。通过用杂质原子代替母晶的硅原子来发生置换扩散。如图 6.1 所示，杂质原子通过从一个晶格位置移动到相邻的晶格位置来扩散，这是通过替换已经空出位置的硅原子来实现的。

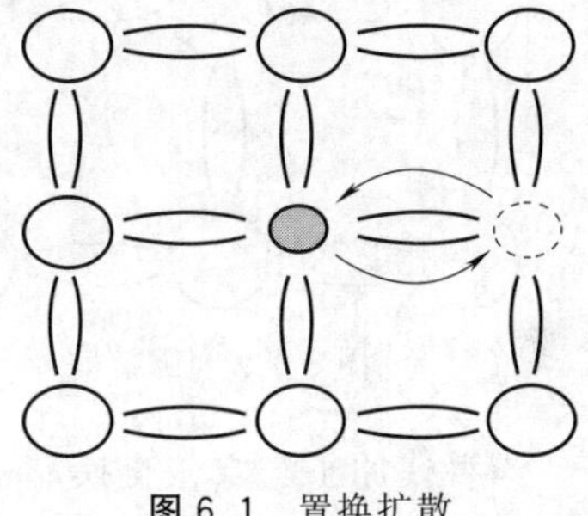

图 6.1　置换扩散

置换扩散机制适用于最常见的扩散剂，如 B、P 和 As。这些掺杂原子太大，无法进入间隙或空隙，所以它们进入硅晶体的唯一途径是替代一个硅原子。

为了使这样的杂质原子移动到相邻的空位，它必须克服由于共价键断裂所引起的能垒。它有足够的热能来做到这一点的概率与温度的指数函数成正比。此外，它是否能够移动还取决于空置相邻位点的可用性，并且由于晶格的热波动，相邻的位置被硅原子空出，这种事件的概率又是温度的指数。杂质原子在常温下的跳跃速度很慢，例如在常温下每 10^{50} 年大约跳跃 1 次。然而，扩散速度可以通过升高温度来加快。在大约 1000℃ 的温度下，杂质的置换扩散实际上是在合理的时间尺度内实现的。

6.2.2 间隙扩散

在这种扩散类型中，杂质原子并没有取代硅原子，而是移动到晶格中的间隙空隙中。通过这种机制扩散的杂质的主要类型是金、铜和镍，特别是将金引入硅中可以减少载流子寿命，从而提高数字集成电路的速度。

由于这些金属原子的尺寸较大，它们通常不在硅晶格中替代。要想理解间隙扩散，就需要考虑具有五个空隙的硅的金刚石晶格。其中，每个空隙都大到足以容纳一个杂质原子。位于一个这样空隙中的杂质原子就可以移动到相邻的空隙处，如图6.2所示。

在进行间隙扩散时，由于晶格的原因，它需要再次打破一个势垒，大多数相邻的间隙位点都是空的，因此运动的频率降低了。同样，由于该过程的扩散速率在室温下非常缓慢，但在大约1000℃的正常工作温度下实际上是可以接受的。这时间隙运动引起的扩散速率远大于置换运动。这是正常的，因为间隙扩散剂可以装入硅原子之间的空隙中。举一个例子，锂作为硅中的施主杂质，通常不被使用，因为即使在接近室温的温度下它仍然会四处移动，所以不会被冻结在原地。大多数其它间隙扩散也都是如此，因此此类杂质是无法保证器件长期稳定性的。

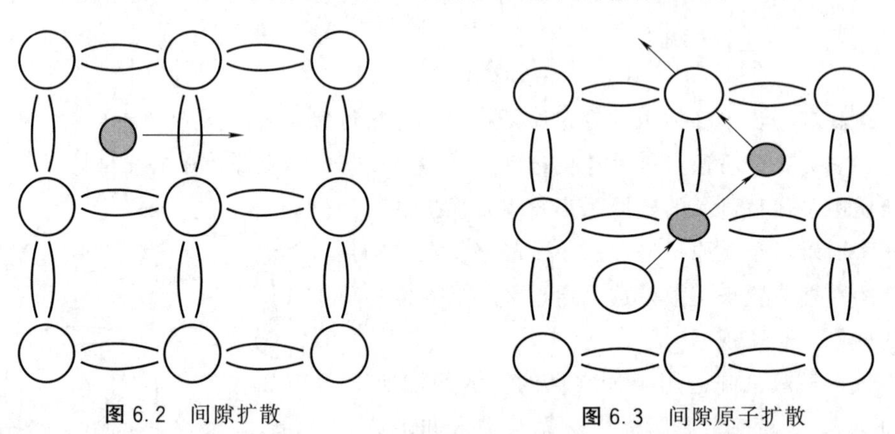

图6.2 间隙扩散　　图6.3 间隙原子扩散

当替代原子与空位交换晶格位置时发生置换扩散时，需要有空位存在。间隙扩散则发生在间隙原子跳到另一个间隙位置时。间隙原子扩散（图6.3）是硅自间隙将替代杂质转移到间隙位置的结果——需要硅自间隙的存在，然后杂质填隙可以将硅晶格原子撞击到自间隙位置。需要注意的是，由于掺杂剂原子如P、As和B占据的置换位置一旦被激活，与空位和间隙点缺陷存在密切相关的掺杂剂扩散会受其控制。

6.3 菲克扩散定律

杂质进入半导体晶格的扩散速率取决于以下几个因素：

- 扩散机制；
- 温度；
- 杂质的物理性质；
- 晶格环境的性质；

• 杂质的浓度梯度；

• 母体半导体的几何形状。

扩散粒子的行为受菲克（Fick）定律支配，当求解适当的边界条件时，会产生各种掺杂剂分布，称为在实际扩散过程中的近似分布。

1855年，菲克将溶液中的物质传递与通过传导的传热进行了类比。菲克定律假设在稀释的液体或气体溶液中，在没有对流的情况下，并且在一维流动中单位面积溶质原子的转移可以通过以下方程来描述：

$$F=-D\frac{\partial N(x,t)}{\partial x}=-\frac{\partial F(x,t)}{\partial x} \tag{6.1}$$

式中　F——扩散通量密度，即单位面积溶质原子转移速率，原子/(cm^2·s)；

N——溶质原子浓度，原子/cm^3，这里假设 N 仅是 x 和 t 的函数；

x——溶质流动的方向；

t——扩散时间，s；

D——扩散常数（也称为扩散系数或扩散率），cm^2/s。

上述方程称为扩散的菲克第一定律，指出单位时间、单位面积、溶质的局部转移速率（局部扩散速率）与溶质的浓度梯度成正比，并将比例常数定义为溶质的扩散常数。负号的出现是由于物质流动方向与浓度梯度相反，即物质向溶质浓度降低的方向流动。

菲克第一定律适用于硅中使用的掺杂杂质。通常，掺杂杂质不带电，也不在电场中移动，因此可以省略。与上述等式相关的常用漂移迁移率项（应用于在电场影响下的电子和空穴）。在这个方程中，N 是 x、y、z 和 t 的一般函数。

在无源或无汇的情况下，溶质浓度随时间的变化必须与扩散通量的局部减小相同，这是由物质守恒定律得出的，因此可以写出以下等式：

$$\frac{\partial N(x,t)}{\partial t}=-\frac{\partial F(x,t)}{\partial x} \tag{6.2}$$

将 F 代入上式中：

$$\frac{\partial N(x,t)}{\partial x}=\frac{\partial}{\partial x}\left[D\frac{\partial N(x,t)}{\partial x}\right] \tag{6.3}$$

如果在给定温度下溶质的浓度较低，则可以将扩散系数视为常数。所以方程变成：

$$\frac{\partial N(x,t)}{\partial x}=D\left[\frac{\partial^2 N(x,t)}{\partial^2 x}\right] \tag{6.4}$$

这就是菲克第二定律。菲克第二定律在形式上与热传导方程相同，只是常数 D 不同，因此对热流的大量研究可以应用于硅中杂质原子的扩散问题。

6.4 扩散分布

掺杂原子的扩散分布取决于初始和边界条件。根据边界方程，菲克定律有两种类型的解。这些解决方案提供两种类型的杂质分布，即遵循余误差函数（erfc）的恒定源分布和遵循高斯分布函数的有限源分布。式（6.3）的解已经在各种简单条件下获得，包括恒定表面浓度扩散和恒定总掺杂扩散。在第一种情况下，杂质原子从蒸气源传输到半导体表面并扩散到半导体晶片中。在整个扩散期间，蒸气源保持恒定的表面浓度水平。在第二种情况下，固定量的掺杂剂会沉积在半导体表面上，随后扩散到晶片中。

6.4.1 恒定源浓度分布

在这种杂质分布中，半导体表面的杂质浓度在整个扩散循环中保持恒定水平，即

$$N(o,t)=N_S=\text{常数}$$

适用于这种情况的扩散方程的解最容易通过首先考虑材料内部的扩散来获得，其中初始浓度在与 $x=0$ 相同的平面上变化，从 N_S 到 0。$t=0$ 处的初始条件是 $N(x,0)=0$，这表明宿主半导体中的掺杂浓度最初为零。边界条件为：

$$N(o,t)=N_S=\text{常数}$$

其中，N_S 是与时间无关的表面浓度（在 $x=0$ 处）。第二个边界条件指出，在离表面很远的地方没有杂质原子。满足初始和边界条件的微分方程的解由下式给出：

$$N(x,t)=N_S\operatorname{erfc}\left(\frac{x}{2\sqrt{Dt}}\right) \tag{6.5}$$

式中，erfc 代表余误差函数；x 是距离；D 是扩散系数；t 是扩散时间。表 6.1 总结了一小部分互补误差函数的值。

表 6.1 余误差函数

y	erfc(y)	y	erfc(y)
0	1.0	2.0	0.005
0.5	0.5	2.1	0.0004
1.0	1.7	∞	0
1.5	0.35		

线性和对数标度的恒定表面浓度条件扩散分布如图 6.4 所示。半导体每单位面积的掺杂剂总数 $Q(t)$，由从 $x=0$ 到 $x=\infty$ 的积分 $N(x,t)$ 给出：

$$Q(t)=\frac{2}{\sqrt{\pi}}N_{\mathrm{S}}\sqrt{Dt}\approx(1.13)N_{\mathrm{S}}\sqrt{Dt} \tag{6.6}$$

所述扩散的梯度（$\mathrm{d}x/\mathrm{d}N$）可以通过对式（6.5）进行微分得到，其结果为：

$$\frac{\mathrm{d}N}{\mathrm{d}x}=-\frac{N_{\mathrm{S}}}{\sqrt{\pi Dt}}\exp\left(\frac{-x^{2}}{4Dt}\right) \tag{6.7}$$

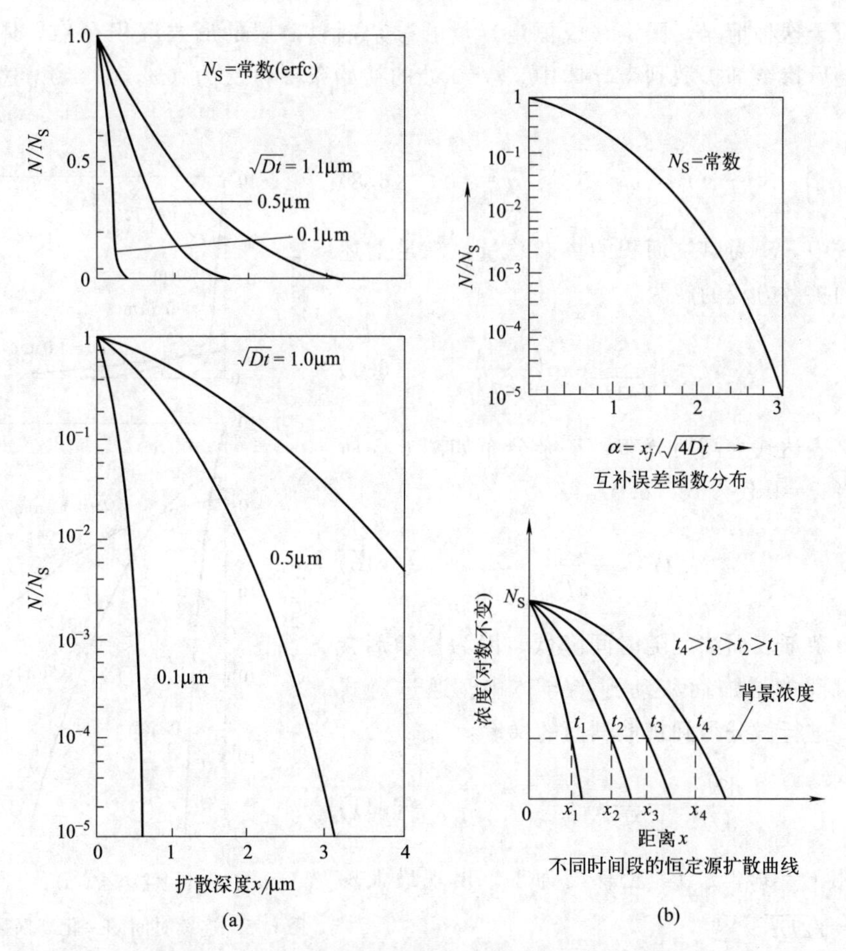

图 6.4 （a）连续扩散时间的误差函数与距离的扩散曲线；（b）误差函数评价随时间的变化

如果扩散的杂质类型与衬底材料的电阻类型不同，则会在扩散的杂质浓度等于衬底中已经存在背景浓度的点处形成结。在单片集成电路的制造中，恒定源扩散共同用于隔离和发射极扩散，因为它通过不断引入掺杂剂来保持高表面浓度。在各个温度条件下，可以容纳在半导体晶片上的任何杂质浓度都有一个上限。在恒定源扩散中，确定表面浓度的最大浓度称为杂质的固溶度。

6.4.2 有限源扩散或高斯扩散

与恒定源扩散不同，这里将一定量的杂质引入晶体中进行扩散分为两步：

① 预沉积步骤。在此步骤中，固定数量的杂质原子可在短时间内沉积在硅晶片上。

② 推进步骤。在此关闭杂质源，让第一步中已经沉积的大量杂质扩散到硅中。

对于这种情况，固定（或恒定）量的掺杂剂以薄层的形式沉积在半导体表面上，随后掺杂剂扩散到半导体中。$t=0$ 处的初始条件再次为 $(x,\ 0)=0$。边界条件为：

$$\int_0^\infty N(x,t)=S,\quad N(\infty,t)=0 \tag{6.8}$$

式中，S 为单位面积的掺杂总量，满足上述条件的扩散方程的解为：

$$N(x,t)=\frac{S}{\sqrt{\pi Dt}}\exp\left(\frac{x^2}{4Dt}\right) \tag{6.9}$$

该表达式为高斯分布，掺杂分布如图 6.5 所示。将 $x=0$ 代入式（6.9）得：

$$N_\mathrm{S}(t)=\frac{S}{\sqrt{\pi Dt}} \tag{6.10}$$

掺杂剂表面浓度随时间降低，因为掺杂剂会随着时间的增加而移动到半导体中。通过对式（6.9）进行微分得到扩散剖面的梯度：

$$\frac{\mathrm{d}N}{\mathrm{d}x}=-\frac{x}{2Dt}N(x,t) \tag{6.11}$$

在 $x=0$ 和 $x=\infty$ 处梯度为零，出现最大梯度 $x=\sqrt{2Dt}$。

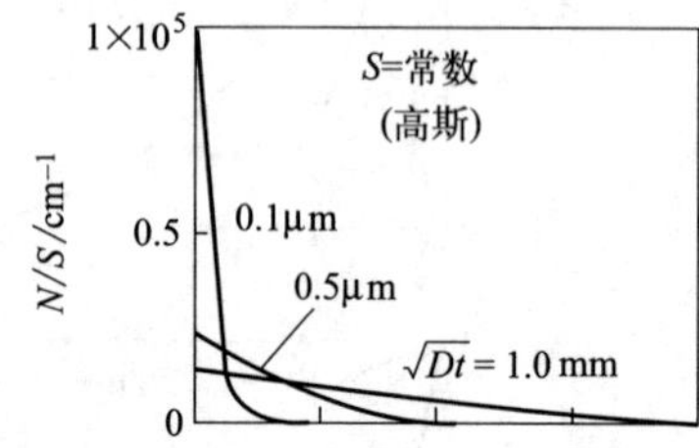

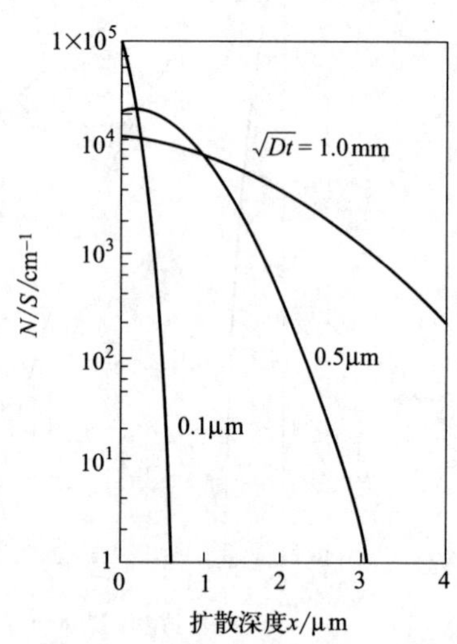

图 6.5 连续时间归一化高斯函数与距离的扩散曲线

余误差函数和高斯分布都是归一化距离的函数。因此，如果我们将掺杂浓度与表面浓度归一化，则每个分布都可以用对所有扩散时间有效的单一曲线表示，如图 6.6 所示。两种扩散技术的本质区别在于，误差函数扩散的表面浓度保持恒定。在应用余误差函数时，表面浓度是恒定的，通常是该温度下的最大溶质浓度或固溶度极限。

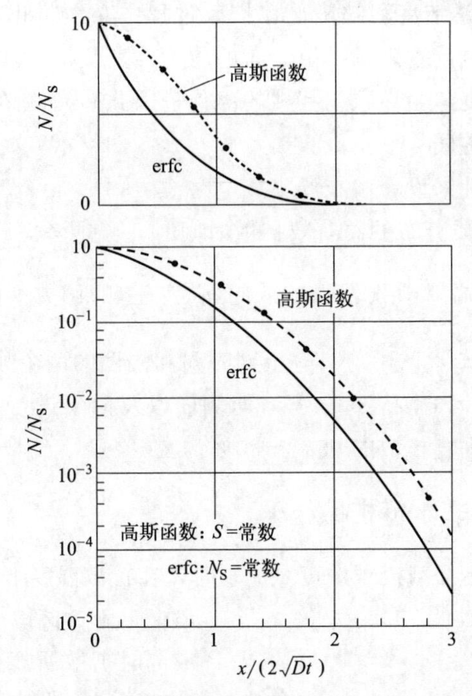

图 6.6 归一化浓度与归一化距离的误差函数和高斯函数的掺杂分布

6.5 两步扩散工艺

在 VLSI 制造中，通常使用两步扩散工序，先在恒定表面浓度条件下形成预沉积扩散层，然后在恒定总掺杂条件下进行推进扩散或重新分布。对于大多数实际情况，预沉积扩散的扩散长度$\sqrt{Dt}$远小于推进条件的扩散长度。因此，预沉积轮廓可以被视为表面处的 delta 函数。

影响扩散剖面的参数

- **固溶度**。在决定可以使用哪些可用杂质时，必须知道特定分布所需的单位体积的原子数是否小于扩散剂固溶度。

- **扩散温度**。较高的温度会给扩散的杂质提供更多的热能量，从而产生更高的速度。由此可见扩散系数主要取决于温度。因此，扩散炉的温度分布必须在其整个区域具有更高的温度变化容限。

- **扩散时间**。扩散时间 t 或扩散系数 D 的增加对结深的影响，可以从有限源和恒定源扩散方程看出。对于高斯分布，由于杂质补偿，净浓度会降低，并且随着扩散调谐的增加会逐渐接近于零。对于恒定源扩散，pn 结扩散侧的净杂质浓度随时间稳定增加。

• **硅晶体的表面清洁度和缺陷**。在扩散过程中必须防止硅表面受到污染物的影响，这些污染物可能严重影响扩散分布的均匀性。位错或堆垛层错等晶体缺陷可能会产生局部杂质浓度，会导致结特性的劣化，因此硅晶体必须高度完美。

扩散过程的基本性质

可以考虑以下特性来设计和布局集成电路。

• 在计算给定杂质分布的总有效扩散时间时，必须考虑后续扩散循环的影响。

• 余误差函数和高斯函数表明扩散剖面是$\frac{x}{\sqrt{Dt}}$的函数。因此，对于给定的表面和背景浓度，结深x_1和x_2与具有不同时间和温度的两个独立扩散相关。

• **横向扩散效应**。扩散从扩散窗口向侧面以及向下进行。在这两种分布函数中，侧面扩散大约是垂直扩散的75%～80%。

6.5.1 本征和非本征扩散

当掺杂浓度低于本征载流子浓度（n_i）时，在扩散温度下发生的扩散称为本征扩散。在该区域，n型或p型杂质依次或同时扩散所产生的掺杂分布可以由叠加确定，即扩散过程可以独立处理。但是，当掺杂浓度超过n_i（例如，在1000℃时，$n_i=5\times10^{18}$原子/cm^3）时，过程变成非本征扩散，并且扩散系数变得依赖于浓度，如图6.7所示。

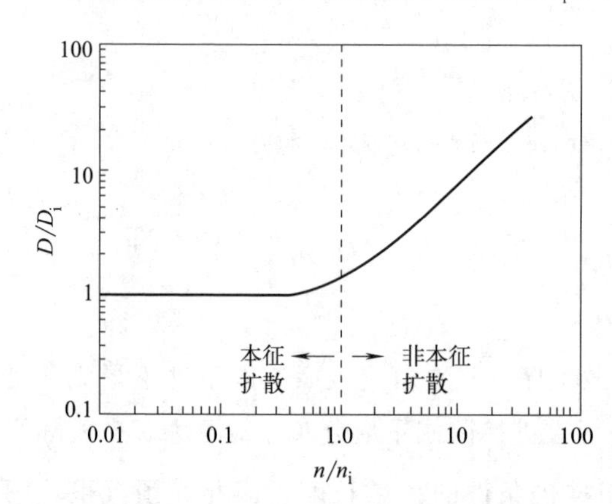

图6.7 施主杂质扩散系数对比电子浓度

为了进行合理精度的扩散计算，将在接下来的几节中介绍费尔扩散模型。费尔（Fair）开发了一种基于杂质与带电空位相互作用的扩散模型，该模型为大多数观察到的扩散结果提供了相当好的拟合。费尔扩散模型将扩散率计算为单个带电空位-杂质扩散率的总和。

本征模型由下式给出：

$$D_i=D^0+D^++D^-+D^=+\cdots,n\text{ 或 }p\ll n_i \tag{6.12}$$

式中，D_i是本征扩散系数；D^0是中性空位-杂质扩散；D^+是带正电的空位-杂质扩散；D^-是带负电的空位-杂质扩散；$D^=$是带负电荷的双空位-杂质扩散率；n_i是本征载流子浓度。对于非本征硅：

$$D_x=D^0+D^+\left(\frac{p}{n_i}\right)+D^-\left(\frac{n}{n_i}\right)+D^=\left(\frac{n}{n_i}\right)^2,n\text{ 或 }p\gg n_i \tag{6.13}$$

式中，D_x是非本征扩散系数。对于明确的杂质，并非所有空位电荷状态-杂质组合都会参与扩散。为了方便杂质扩散到完成的硅中，杂质必须在硅原子周围移动或置换硅原子。在间隙扩散期间，扩散原子从一个间隙位置跳跃到另一个间隙位置，具有相对较低的势垒能量和相对较多的间隙位点。替代原子需要存在空位或间隙来扩散破坏晶格键。空位和间隙形成是相对高能量的过程，因此在平衡状态下相对较少。打破晶格之间的键也是一个相对高能量的过程，替代原子的扩散速率往往比间隙原子低得多。当宿主原子获得足够多的能量并离开其晶格位置时，就会产生一个空位。根据与空位相关的电荷种类不同，它可以有：

① 中性空位，V^0；

② 受主空位，V^-；

③ 双电荷受主空位，$V^=$；

④ 施主空位，V^+；

⑤ 其它。

给定电荷态的空位密度（即单位体积的空位数量）具有与载流子密度相似的温度依赖性：

$$N_v = N_i e^{\frac{E_F - E_i}{kt}} \tag{6.14}$$

式中，N_v 是空位密度；N_i 是本征空位密度；E_F 是费米能级；E_i 是本征费米能级。

如果掺杂剂扩散受空位机制支配，那么扩散系数应该与空位密度成正比。在低掺杂浓度下（$n<n_i$），费米能级与本征费米能级一致（即 $E_i=E_F$）。空位密度等于 N_i 且与掺杂浓度无关。扩散系数与掺杂浓度成正比。在高浓度下，费米能级将向施主空位的导带边缘移动，并且该项系数变得大于 1。这导致 N_v 增加，从而导致扩散增强。

尽管现在已知置换扩散并非严格以空位为主，费尔模型对于它获得的合理结果非常有用，且无须借助复杂的模拟。在接下来的几节中介绍的扩散率值的温度依赖性将采用阿伦尼乌斯方程：

$$D = D_0 e^{-E_\alpha/(kT)} \tag{6.15}$$

式中，D_0 是一个置前指数常数，当把 $\ln D$ 相对 $1/T$ 作图时，阿伦尼乌斯方程形成一条直线。

6.5.2 锑在硅中的扩散率

锑被认为是通过纯空位机制以 $Sb^+ V^-$ 为主而分化的。锑的本征扩散系数由 $D_i = 0.214e^{-3.65/(KT)}\ \mathrm{cm^2/s}$ 给出。

锑的非本征扩散系数由下式给出：

$$D_x = D^0 + D^-\left(\frac{n}{n_i}\right) \tag{6.16}$$

这里 $D^{+}=D^{=}=0$。

图 6.8 说明了锑的扩散率与温度的关系。锑具有 0.136nm 的大四面体半径，而硅的半径为 0.118nm，提供 1.15 的失配因子并在硅晶格中产生应变。由于注入的硅自间隙原子消除空位，锑扩散被氧化阻滞。

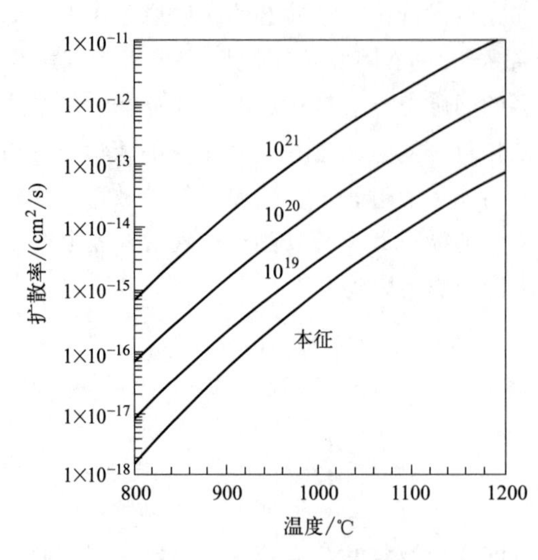

图 6.8 锑在硅中的扩散率与温度和浓度的关系

6.5.3 砷在硅中的扩散率

砷主要通过具有间隙成分的空位机制扩散。据估计，砷间隙形成的能量相对高达 2.5eV。由于小对结合能，高于大约 1050℃的扩散由 AsV^{-} 受主空位对主导，同时 $As^{+}V^{=}$ 双电荷受主空位比较少见。由于砷间隙形成能较高，氧化对砷扩散率几乎没有影响。

砷的本征扩散率由下式给出：

$$D_{i}=22.9e^{-4.1/(kT)} \tag{6.17}$$

在高浓度（$>10^{20}$ 原子$/cm^{3}$）下，砷的扩散会因聚类而变得复杂。砷原子被认为会形成聚类，其中三个砷原子与一个电子键合。在 $T<1000$℃时，聚类实际上是不动的。高于约 1000℃时砷的非聚类和下面的方程再次给出了扩散率。

$$D_{x}=D^{0}+D^{-}\left(\frac{n}{n_{i}}\right) \tag{6.18}$$

且 $D^{+}=D^{=}=0$，D^{0} 和 D^{-} 由下式给出

$$D^{0}=0.066e^{-3.44/(kT)}\ cm^{2}/s$$

$$D^{-}=12.0e^{-4.05/(kT)}\ cm^{2}/s$$

砷的扩散率与掺杂的关系如图 6.9 所示。

砷的四面体直径与硅的完全相同，因此在温度为 700℃时，砷不会使硅晶格变形，也不会导致其它掺杂剂的扩散率增强。

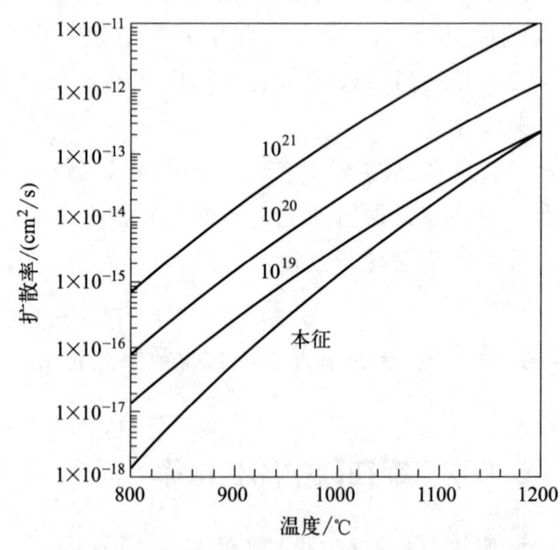

图 6.9 砷在硅中的扩散率与温度和浓度的关系

6.5.4 硼在硅中的扩散率

在费尔扩散模型中，假设硼在非氧化条件下完全通过空位机制扩散。

硼扩散间隙成分的估计值列于表6.2中，最近估计为小于98%。

表6.2 硼扩散的间隙成分

温度			
950℃	1000℃	1050℃	1100℃
0.16	0.17	0.18	0.19
0.22	0.34	0.42	0.52
0.17	0.32	0.17	0.17
0.38	0.17	0.60	0.80

在费尔的模型中，硼通过$B^- V^-$空位对扩散，迁移能量比其它空位离子对低约0.5eV。硼扩散率在$p>n_i$时通过p掺杂剂增强，而在$p<n_i$时降低。硼在n型硅中的扩散实际上是受阻的，其中$n>n_i$。

硼的本征扩散率由下式给出：

$$D_i=0.76e^{-3.46/(kT)}\ \text{cm}^2/\text{s} \tag{6.19}$$

硼的非本征扩散率由下式给出：

$$D_x=D^0+D^+\left(\frac{p}{n_i}\right) \tag{6.20}$$

其中，D^-和$D^=$为0，D^0和D^+由下式给出

$$D^0=0.037e^{-3.46/(kT)}\ \text{cm}^2/\text{s}$$

$$D^+=0.76e^{-3.46/(kT)}\ \text{cm}^2/\text{s}$$

硼的扩散率与掺杂的关系如图6.10所示。

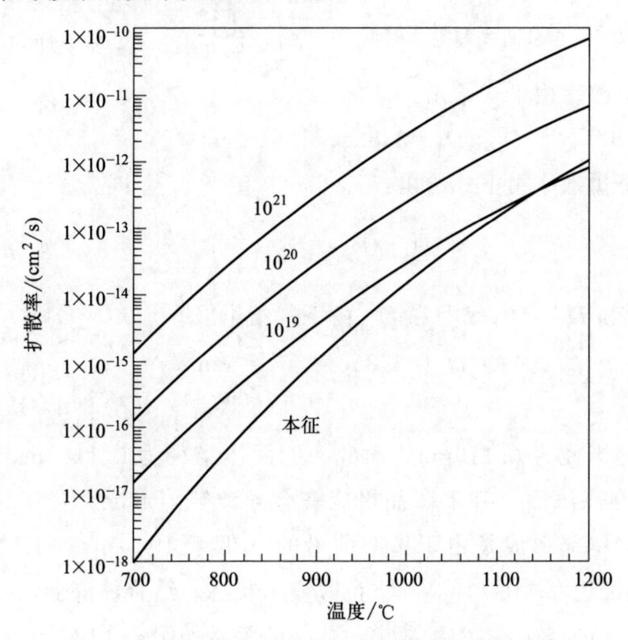

图6.10 硼在硅中的扩散率与温度和浓度的关系

硼是比磷或砷更快的扩散剂。硼的四面体半径为 0.82nm，而硅的四面体半径为 1.18nm，失配因子为 0.75。硼与硅相对较大的尺寸失配会产生晶格应变，从而导致位错形成和扩散率降低。硼引入硅晶格的应变可以通过一种诱捕机制帮助吸收杂质。高浓度的硼特别适合用来对铁进行开槽。硼的间隙形成能量相对较低，为 2.26eV，因此氧化增强了硼的扩散性。

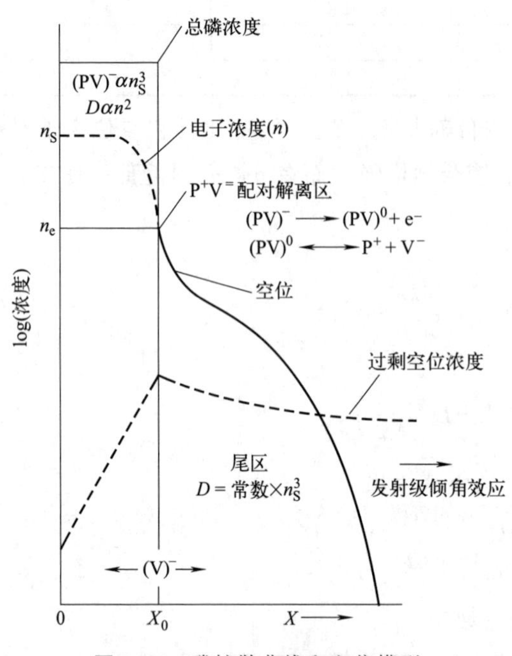

图 6.11 磷扩散曲线和空位模型

6.5.5 磷在硅中的扩散率

磷的扩散性再次被解释为空位主导的扩散。磷扩散表现出三个不同的行为区域，如图 6.11 所示。

磷的扩散曲线具有三个不同的区域：

① 总磷浓度超过自由载流子浓度的高浓度区；

② 曲线中的一个弯曲区域；

③ 扩散系数增强的尾部区域。

在高浓度区域中，一部分 P^+ 离子与 $V^=$ 空位成对，组成 $P^+V^=$ 对，记为 $(PV)^-$。$(PV)^-$ 对的浓度与表面电子浓度的三次方（n_S^3）成正比，这必须通过实验来确定。

磷的本征扩散率由下式给出：

$$D_i = 3.85e^{-3.66/(kT)} cm^2/s \tag{6.21}$$

磷的非本征扩散率由下式给出：

$$D_x = D^0 + D^= \left(\frac{n}{n_i}\right)^2 \tag{6.22}$$

其中，D^- 和 $D^+ = 0$，D^0 和 D^- 由下式给出

$$D^0 = 3.85e^{-3.66/(kT)} cm^2/s$$

$$D^= = 42.2e^{-4.37/(kT)} cm^2/s$$

磷的四面体半径为 0.110nm，而硅的四面体半径为 0.118nm，导致了失配因子为 0.93，且在高浓度条件下磷晶格应变会导致缺陷形成。费尔和蔡（Tsai）提出，磷轮廓中的尾部形成是由于扩散前沿的 n 低于 $10^{20}/cm^3$ 时 $P^+V^=$ 对的解离（费米能级距导带约 0.11eV）。$V^=$ 空位改变了状态，结合能降低，提高了解离的可能性并增加了空位通量。磷的扩散率与掺杂的关系如图 6.12 所示。

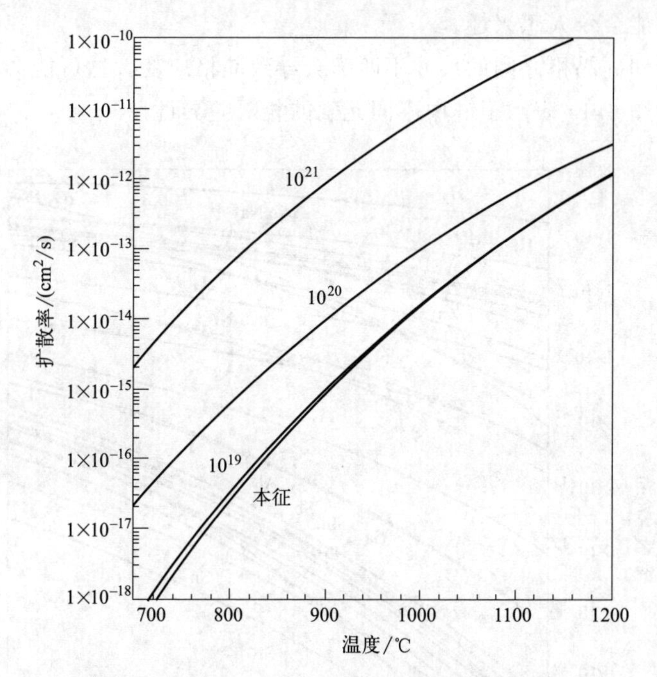

图 6.12 磷在硅中的扩散率与温度和浓度的关系

6.6 发射极推进效应

在采用磷扩散发射极和硼扩散基极的硅 npn 双极晶体管中，发射极下方的基区（内基区）比发射极外部（外基区）深达 0.6μm，这种现象称为发射极推进效应，如图 6.13 所示。弯曲区磷空位对（$P^+V^=$）的解离为尾区磷的增强扩散提供了一种机制。P^+V 对的解离也增强了发射极（内基区）里硼的扩散率。

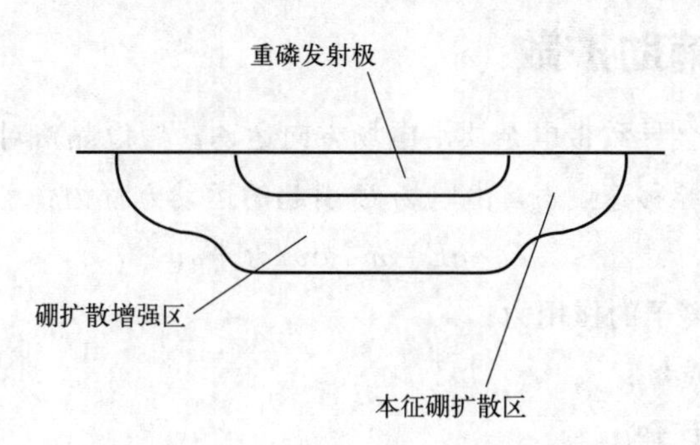

图 6.13 重磷掺杂区域下增强的扩散率——发射极推进效应

硅中杂项掺杂剂的扩散率

在前面的部分中，详细讨论了四种最常见硅掺杂剂的扩散率，还有多种其它杂质的扩散率可能会令人感兴趣。

扩散物质和硅晶格之间的尺寸不匹配会导致晶格应变，这可能会增强共扩散物质的扩散率。图 6.14 表示了硅中不同元素的相对差异性。

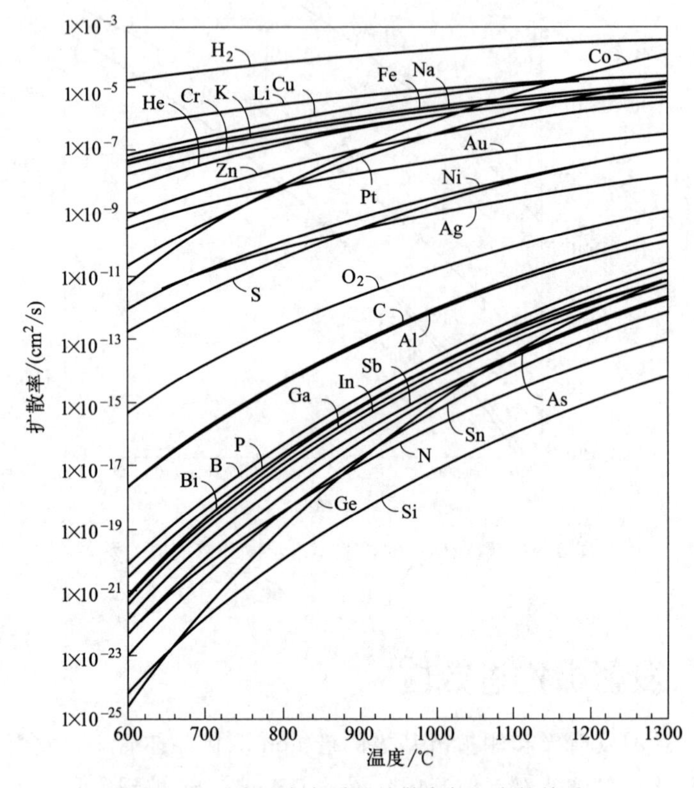

图 6.14 硅中选定杂质的扩散率与温度的关系

6.7 场辅助扩散

漂移场的存在会导致带电杂质沿电场方向运动。假设晶格对杂质的随机散射给了一个随之发生的漂移速度 v，由电场 E 引起的运动方程为：

$$F=qE=m^{*}\,\mathrm{d}v/\mathrm{d}t+\alpha v \tag{6.23}$$

式中 F——杂质离子的作用力；

m^{*}——有效质量；

α——比例因子。

力的方向显然取决于杂质离子上的电荷符号。

在达到稳定漂移速度 v_d 时的稳定状态：

$$v_d=qZE/\alpha=\mu E \tag{6.24}$$

式中 qZ——杂质离子的电荷；

$\mu=qZ/\alpha$——杂质离子的迁移率。

如果认为由于漂移和扩散引起的杂质离子的运动是独立的，那么存在漂移时的通量密度可以写为：

$$j=-D(\partial N/\partial x)+\mu NE \tag{6.25}$$

在扩散 n 型（施主）杂质的情况下，电离的施主产生的电子扩散速度比施主快得多，从而产生如图 6.15 所示的电场，并进一步有助于带正电的施主运动。因此，由扩散电子产生的空间电荷有助于施主的运动，从而增大扩散系数。

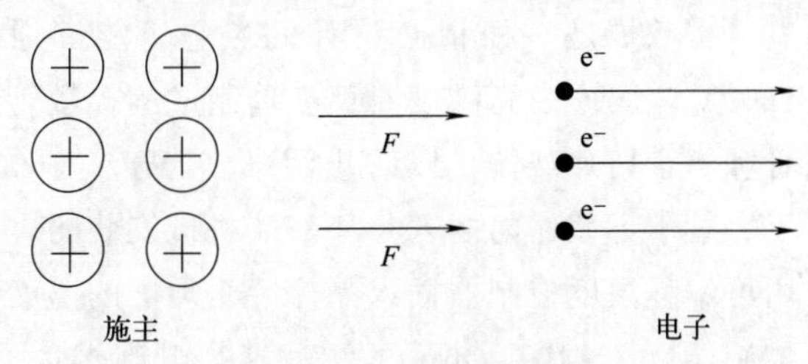

图 6.15 电场辅助扩散

扩散系数与迁移率的关系为

$$D=(kT/q)\mu \tag{6.26}$$

此外，在平衡状态下，由漂移引起的电子流被由扩散引起的流平衡。因此：

$$\mu nE=-D(\partial n/\partial x)=(kT/q)\mu(\partial n/\partial x) \tag{6.27}$$

简化后：

$$E=-(kT/q)(1/n)(\mathrm{d}n/\mathrm{d}x) \tag{6.28}$$

代入式（6.25）：

$$j=-D(1+\mathrm{d}n/\mathrm{d}N)(\partial n/\partial x) \tag{6.29}$$

因此杂质会随着等效扩散系数 D_{eff} 移动：

$$D_{\mathrm{eff}}=D(1+\mathrm{d}n/\mathrm{d}N) \tag{6.30}$$

对于 n 型杂质

$$n/n_{\mathrm{i}}=N/(2n_{\mathrm{i}})+[(N/(2n_{\mathrm{i}}))^2+1]^{1/2}$$

所以

$$\mathrm{d}n/\mathrm{d}N=1/2\{1+[1+(N/(2n_{\mathrm{i}}))^2]^{-1/2}\}$$

因此，有效扩散系数可以随着掺杂浓度而实质性增加，甚至提高了 2 倍。这已经在实验中对替代扩散剂进行了证明。

6.8 扩散系统

已经讨论了硅中掺杂剂的选择。广泛采用两种类型的扩散系统：（a）开管；（b）闭管。对扩散系统有一些一般要求：

① 表面浓度应能够控制在很宽的范围内，直至固溶度极限。

② 扩散过程不应对表面造成任何损害。

③ 扩散后残留的掺杂剂应该能够容易去除。

④ 这个系统应该是可重复的并且能够同时处理大量晶片。

⑤ 温度控制平稳，在±1/2℃内变化。

扩散炉是一种精心设计的装置，能够通过反馈控制器将温度保持在600～1200℃之间。由高纯度石英玻璃制成的扩散管必须小心处理，每种掺杂剂都有一个管和一个切片载体，以防止污染。对于工业炉，管子的长度10～150cm不等。对于大管子，载体的插入是从一端机械安装的，另一端用于气体和掺杂剂的流动。使用可编程温度控制器插入晶片后，炉子的温度从600℃逐渐升高，其中编程的温度控制器以3～10℃/min的线性速率升高温度。这是为了避免对晶片以及管和组件的热冲击。在实践中，扩散管始终保持在600℃以上，并且不允许冷却至室温以避免反玻璃化。气源扩散系统如图6.16（a）所示。

如果温度以$T=T_0-Ct$的速率下降，其中T_0表示初始温度且C是常数，可以表明这相当于晶片在初始扩散温度下经受额外的时间kT_0/CE_0，其中，E_0表示扩散的活化能。

硼扩散

最常见的p型杂质是硼，因为其固溶度高，为$6\times10^{20}/cm^3$，如表6.3所示。然而，由于硼的失配系数较大，为0.254，引入了应变诱导缺陷，实际上限是$5\times10^{19}/cm^3$。硼的扩散系统总结在表6.3中。

表6.3 硼的扩散系统

杂质源	室温物态	温度	杂质浓度范围
BN	固态	950～1100℃	高、低
BCL_3	气态	室温	高、低
B_2H_6	气态	室温	高、低

固体、液体和气体源可用于硼扩散。最常见的一种是氧化硼（B_2O_3），与其的初步反应如下：

$$2B_2O_3(s)+3Si(s)\longrightarrow 4B(s)+3SiO_2(s)$$

Si和B_2O_3保持在相同的温度，预沉积在含2%～3% O_2的N_2环境中进行。B_2O_3的温度控制着硼的表面浓度，如图6.16（c）所示。过量的B_2O_3会导致形成难以去除的硼的表面。切片因此短时间暴露于B_2O_3源以在Si表面形成玻璃层，然后在氧化性环境中移除源并进行推进扩散。

这可以保护表面免受杂质影响。这个过程给出了一个两步扩散曲线。可以使用比 Si 晶片稍大的氮化硼切片，它可以夹在 Si 切片之间，间距为 2～3mm。它们必须在 750～1100℃下进行预氧化，以在表面形成一层薄薄的 B_2O_3 表层，从而形成扩散源：

$$4BN(s)+7O_2(g)\longrightarrow 2B_2O_3(s)+4NO_2(g)$$

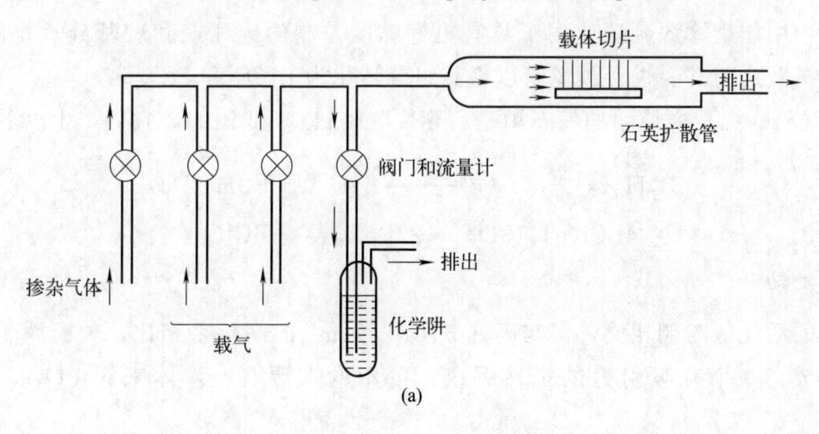

(a)

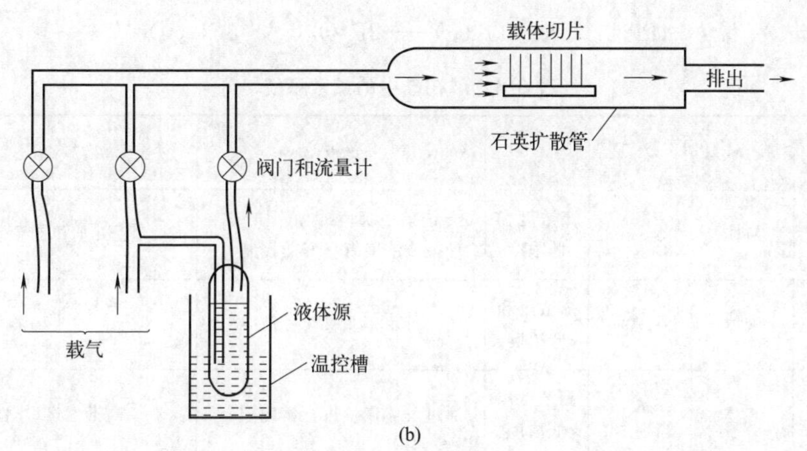

(b)

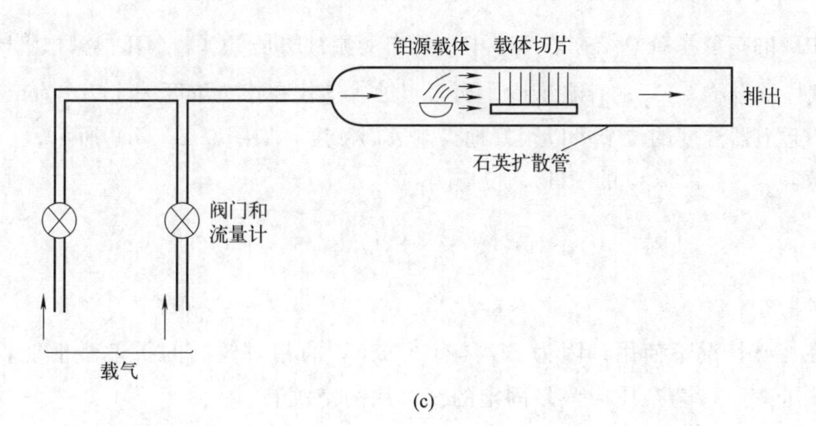

(c)

图 6.16 扩散系统：(a) 气源；(b) 液体源；(c) 固体源

不需要载气，但需要通入 11min 的干燥氮气流，防止污染物反向扩散。该过程具有极好的可重复性，并且在整个晶片上具有出色的一致性。为避免粘连，通常使用二氧化硅基质中的氮化硼，这也减少了硼表面的形成。

在经常用于制造太阳能电池的厚膜技术中，B_2O_3 和 SiO_2 的混合物在聚乙烯醇溶剂中用作旋涂源。还使用了具有更好黏度控制的碳硼烷和烷基硅氧烷的混合物。在扩散之前需要进行预烘烤以将其组分转化为 B_2O_3 和 SiO_2。

图 6.16（a）中使用的气态源是乙硼烷（B_2H_6）和 BCl_3，它们产生以下反应：

$$B_2H_6(s)+3O_2(g)\xrightarrow{300℃}B_2O_3(s)+3H_2O(l)$$

$$4BCl(g)+3O_2\longrightarrow 2B_2O_3(s)+6Cl(g)$$

磷扩散

磷的活化能与硼相同，但与高达 $5\times10^{20}/cm^3$ 的高掺杂相比，失配因子很小，这使其成为一个有吸引力的扩散系统。可用的来源有：液体来源 $POCl_3$、PCl_3 和 PBr_3。

$$4POCl_3(l)+3O_2(g)\longrightarrow 2P_2O_5(s)+6Cl_2(g)$$

表 6.4　磷在硅中的扩散系统

杂质源	室温状态	温度范围/℃	杂质浓度范围	优点	缺点
三氯氧磷($POCl_3$)	液体	0～40	高浓度和低浓度	清洁系统；对大范围的杂质浓度有良好的控制	受几何机制影响
三氯化磷(PCl_3)	液体	170	高浓度和低浓度	可用于非氧化扩散	—
磷化氢(PH_3)	气体	室温	高浓度和低浓度	通过气体流量进行精确控制	高毒性，爆炸性

Si 中磷的扩散系统总结在表 6.4 中，其中最流行的是 $POCl_3$。在预沉积阶段使用氧化性气体混合物。O_2 的存在减少了卤素点蚀，这仅在掺杂浓度大于 $10^{21}/cm^3$ 时变得明显。起泡器温度的调节可以很好地控制表面浓度，如图 6.16（b）所示。

气源：含 99.9%O_2 的 PH_3，反应为：

$$PH_3(g)+4O_2(g)\longrightarrow P_2O_5(s)+3H_2O(l)$$

锑扩散

这在特殊情况下使用，因为 Sb 具有 3.95eV 的相对较高的扩散激活能，因此在进一步处理时掺杂杂质应该是固定的。可用的来源有：

固体来源：900℃的 Sb_2O_3 和 Sb_2O_4。

液体来源：起泡器中的Sb_3Cl_5。

在最后一种情况下，Sb以氧化物形式传输。在与Si表面反应后，通过玻璃化层发生扩散。

砷扩散

由于As和Si的失配因子是0，因此不会对重掺杂产生应变。因此，它用于制造低电阻率外延层。As是剧毒的，因此必须非常小心地处理扩散系统。使用的来源如下。

固体来源：

$$2As_2O_3(s)+3Si(s)\longrightarrow 3SiO_2(s)+4As(s)$$

气体来源：

$$2AsH_3(g)+3O_2(g)\longrightarrow As_2O_3(s)+3H_2O(l)$$

金扩散

Au在Si中的扩散非常快，比硼或磷快几乎10^5倍。它用作深能级复合中心以减少少数载流子的寿命，从而减少二极管和晶体管的开关时间。在扩散之前，将其真空沉积为硅片背面上约10nm厚的层。Au-Si合金形式导致Si表面损坏。在800～1050℃下，扩散时间通常为10～15min，并导致Au扩散到整个晶片。Au扩散之后必须快速撤回并冷却至室温，以防止外扩散效应。由于Au掺杂难以控制，它正被一些替代技术所取代，例如辐射诱导中心，这些技术可以是区域选择性的，剂量和能量更容易控制。

6.9 氧化物掩模

由于半导体器件和IC需要选择性区域掺杂，因此需要掩模来防止某些区域的扩散。SiO_2的特性非常适合用作掩模，因为大多数杂质（例如B、P和As）的扩散系数在SiO_2中要比Si小几个数量级。然而，SiO_2不能作为Ga和Al的掩模，后者促使SiO_2还原为Si。SiO_2可以通过热氧化在Si上容易生长，并通过光刻在其中蚀刻窗口，使剩余区域充当掩模。窗口允许杂质扩散以根据需要形成pn结。必须确定用作特定扩散过程掩模的SiO_2层的最小厚度。SiO_2中的扩散过程可以被认为包括两个步骤：首先，掺杂杂质与SiO_2反应形成玻璃，随着过程的继续，玻璃厚度增加，直到它穿透氧化层的整个厚度；到达这一点时第二步开始，杂质通过玻璃扩散到达玻璃-Si界面后并开始扩散到Si中。第一步是当针对给定的杂质，SiO_2作为掩模有效。所需的氧化层厚度取决于杂质在SiO_2中的扩散率。表6.5中给出了不同温度下的典型扩散率。

表 6.5 不同温度下的扩散率

元素	$D(900℃)/(cm^2/s)$	$D(1000℃)/(cm^2/s)$	$D(1100℃)/(cm^2/s)$
B	3×10^{-19}	$3\times10^{-17}\sim2\times10^{-14}$	$2\times10^{-16}\sim5\times10^{-14}$
P	1×10^{-18}	$2.9\times10^{-16}\sim2\times10^{-13}$	$2\times10^{-15}\sim7.6\times10^{-13}$

图 6.17 显示了干氧生长的 SiO_2 的最小厚度，需要作为对 B 的掩模并传递温度和时间的函数。需要注意的是，对于相同的扩散条件 P 需要更厚的掩模，因为它在 SiO_2 中具有更高的扩散率。对于给定的温度，d 的厚度变化为其 1/2，因为扩散长度变化为 $(Dt)^{1/2}$。0.5～0.6μm 的氧化物掩模厚度足以满足大多数常规扩散步骤。

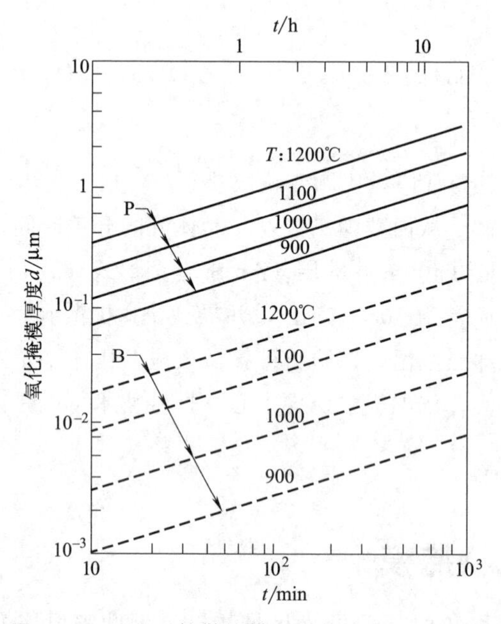

图 6.17 B 和 P 扩散掩模所需的最小 SiO_2 厚度

6.10 氧化物生长过程中的杂质再分布

在热氧化过程中，掺杂杂质在氧化物和硅之间重新分布，这是因为当两个固体表面接触时，杂质将在两者之间重新分布，直到达到平衡。这取决于几个因素，包括在第 3 章区域熔化的情况下定义的偏析系数 k，即 k 等于 Si 中杂质的平衡浓度与 SiO_2 中杂质的平衡浓度的比值。

另一个因素是杂质通过氧化物快速扩散并逃逸到环境中。这将取决于氧化物中杂质的扩散率。第三个因素是氧化物生长到硅中以及随之而来的硅氧化物界面的运动。因此，与杂质通过氧化物的扩散速率相比，再分布将取决于氧化物的移动速

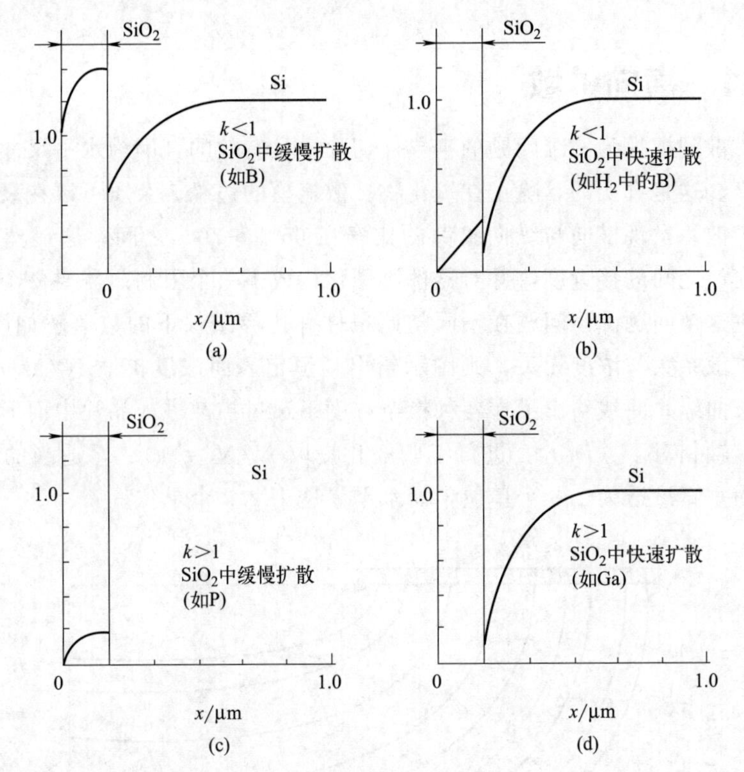

图 6.18　热氧化物与 Si 之间杂质的再分布：(a)、(b) $k<1$；(c)、(d) $k>1$

率。由于氧化层的厚度大约是 Si 的 2 倍，因此即使 $k=1$，它所替代的相同杂质也会重新分布在更大的体积中，从而导致 Si 中的杂质耗尽。

可能会出现四种不同的情况：

① $k<1$：氧化物容纳了通过氧化物（例如 B 和 $k=0.3$ 时）缓慢扩散的杂质。因此，在氧化物中积累了杂质［图 6.18 (a)］。

② $k<1$：氧化物容纳通过氧化物（例如在 H_2 环境中加热 B）迅速扩散出去的杂质。就像 H_2 在 SiO_2 中一样，增强了 B 的扩散率［图 6.18 (b)］。

③ $k>1$：氧化物排斥杂质，杂质在 SiO_2 中的扩散缓慢导致在 Si 界面处积聚，例如对于 P、Sb 和 As，$k=10$［图 6.18 (c)］。

④ $k>1$：氧化物排斥杂质且杂质在 SiO_2 中的扩散率是快速的，因此杂质从固体逸出到气体环境中，杂质总体上耗尽，例如 $k=20$ 的 Ga 和 SiO_2 中的快速扩散［图 6.18 (d)］。

在实践中，再分配效应对 B 很重要，在没有再分配的情况下，表面浓度会降低到其值的 50%。对于 P，整体影响可以忽略不计，因为重新分配和扩散效应相互抵消，氧化物中的杂质几乎没有电活性，但会影响加工和器件性能，氧化速率受 Si 中高掺杂浓度的影响，氧化物中杂质的不均匀分布影响界面状态属性。

6.11 横向扩散

杂质扩散到被视为一维问题的半导体切片中是有效的，因为水平尺寸远大于垂直扩散深度。这是真实的，除了在氧化物扩散掩模的边缘，杂质可以在氧化物掩模下方横向扩散。发现横向与纵向扩散的比率在 65%～70%之间。这显然限制了掩模中相邻窗口之间的接近度，并对器件小型化构成了一个限制。需要一个二维扩散方程来解决这个问题。该问题在不同初始条件和边界条件下的数值解如图 6.19 所示。假设扩散系数与浓度无关，则图示给出了恒定表面浓度扩散 N/N_S 的恒定掺杂浓度分布曲线。曲线给出了在各种掺杂浓度下通过扩散进入晶片中而形成结的位置。x 和 y 轴相对于 $(Dt)^{1/2}$ 进行了归一化。取 $N/N_S=10^{-4}$，适当的恒定浓度曲线显示为垂直渗透为 2.8 个单位，而水平渗透为 2.3 个单位。

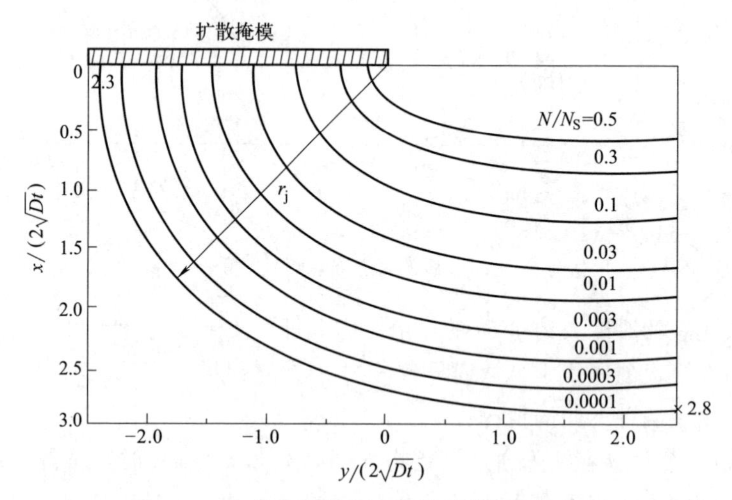

图 6.19 氧化物掩模窗口边缘的横向扩散效应

横向扩散导致 pn 结具有通过曲率半径 r_j 的圆柱形边缘。如果掩模具有尖角，尖角附近结的形状将大致为球形。圆柱形和球形的结区域具有更高的曲率，因此比具有相同背景掺杂浓度的平面结具有更高的雪崩击穿电压。

6.12 多晶硅中的扩散

多晶硅薄膜通常在 VLSI 中用作栅极或两级系统中的中间导体。由于栅电极位于薄氧化层（15～150nm）之上，因此多晶硅中的掺杂剂原子必须不扩散过栅极氧化层。多晶硅膜通常在低温下沉积而不掺杂元素。在定义栅极区域之后，通过扩散（来自掺杂氧化物源或气体源）或通过离子注入对多晶硅膜进行掺杂。

多晶硅薄膜中的杂质扩散可以用晶界模型定性地阐述。多晶硅薄膜由大小不同的单晶组成，这些微晶被晶界隔开。沿晶界迁移的杂质原子的差异性可高达单晶格中的100倍。此外，实验结果表明，每个微晶内的杂质原子的扩散率与单个晶体中的扩散率相当或大10倍。因此，多晶硅薄膜的扩散率很大程度上取决于结构（晶粒尺寸等）和质地，这些又是薄膜沉积温度、沉积速率、厚度和衬底组成的函数。因此，很难预测多晶硅中的扩散曲线。扩散率是根据结深从某种程度上估计，而表面浓度是通过实验来确定。

6.13 测量技术

扩散过程的结果可以通过三个参数来评估：

① 结深。

② 薄层电阻。

③ 掺杂分布。

表6.6总结了常用的测量技术。

表6.6 各种技术对比

技术	敏感度/(原子/cm^3)	点尺寸	检测量
凹槽和染色	约10^{12}	约1mm	结深
电容-电压(*C*-*V*)图	约10^{12}	约0.5mm	电活性掺杂水平与深度的关系
四探针	约10^{12}	约0.5mm	如果已知结深，则薄层电阻可转换为平均电阻率
二阶离子质谱(SIMS)	约10^{16}	约1μm	原子浓度、污染类型和深度剖面
扩展电阻探针(SRP)	约10^{12}	0.1mm	电活性掺杂剂与深度的关系

6.13.1 染色

结深通常是在角度重叠（1°～5°）的样品上测量，该样品由100mL HF（49%）和几滴 HNO_3 的混合物进行化学染色。如果样品受到强光照射1～2min，由于两个蚀刻表面的反射率差异，p型区域将比n型区域染色得更深。染色结的位置取决于p型浓度水平，有时取决于浓度梯度。如果用 HF^+ HNO_3 溶液（100mL中几滴）蚀刻表面，p型区域会比n型区域染色更深。通常，染色边界对应于10^{17}原子/cm^{3}范围内的浓度水平。

结深是表面下方掺杂浓度与背景浓度匹配的位置。可以通过用半径为 R_0 的工具在半导体表面开槽来找到。结深由下式给出

$$x_j=(R_0^2-a^2)^{1/2}-(R_0^2-b^2)^{1/2} \tag{6.31}$$

其中，a 和 b 如图 6.20 所示。若 $R_0 \gg a$ 和 b，则

$$x_j \approx \frac{a^2 - b^2}{2R_0} \tag{6.32}$$

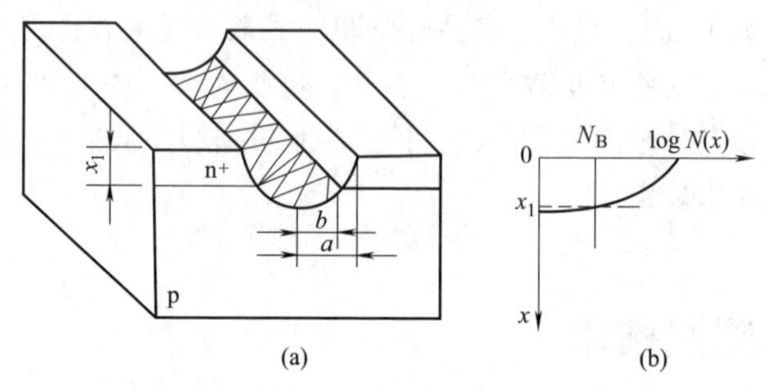

图 6.20 通过凹槽和染色测量结深

6.13.2 电容-电压（C-V）图

pn 结的反向偏置电容可用于测量杂质水平。该技术需要在要测量的杂质分布上方形成浅的高掺杂结。高掺杂结必须具有与被测杂质相反的导电类型（p 上的 n^+ 或 n 上的 p^+），结上的电压是斜坡式的，并且测量的是瞬时电容。电容可以通过以下方式转换为电活性杂质浓度：

$$C(V) = \left(\frac{q\varepsilon_s C_S}{2}\right)^{1/2} \left[V_0 \mp \left(V_R - \frac{2kT}{q}\right)\right]^{1/2} \tag{6.33}$$

式中，ε_s 为硅的渗透率；C_S 为背景浓度；V_0 为结电位；V_R 为结上的反向偏压。

该技术的局限性：测量的扩散一定比浅结扩散深，浅结扩散用于测量零偏置耗尽宽度。更常见的是，这种技术应用于消除浅结限制的 MOS 电容器结构。

6.13.3 四探针（FPP）

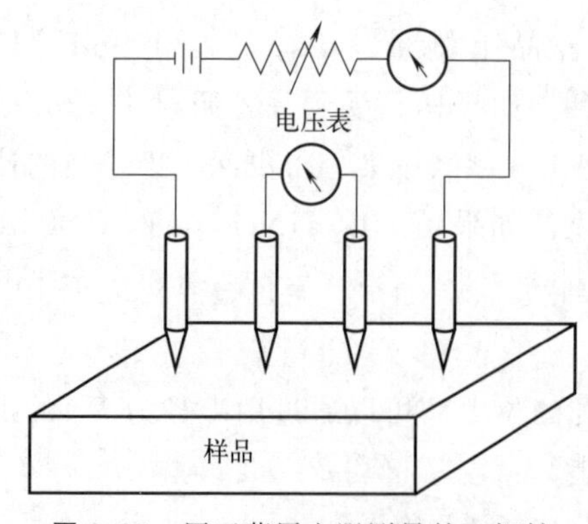

图 6.21 用于薄层电阻测量的四探针

四探针技术用于测量扩散结的薄层电阻，如图 6.21 所示。

在图 6.21 所示的系统中，恒定电流提供给外部的两个探针，并测量内部两个探针上的电压降。薄层电阻由下式给出：

$$\rho = \frac{\pi}{\ln 2} \times \frac{V}{I} x_j = 4.532 \frac{V}{I} x_j = R_S x_j \tag{6.34}$$

式中，I 为强制电流；V 为测得的电压降；R_S 为薄层电阻。

对于扩散结，浓度随深度变化，因此平均电阻率由下式给出：

$$\rho=\frac{x_{\mathrm{j}}}{q}\int_{0}^{x_{\mathrm{j}}}\frac{1}{C(x)\mu(x)}\mathrm{d}x \tag{6.35}$$

式中，$C(x)$ 是电子 q 的浓度；$\mu(x)$ 是迁移率。式（6.34）可以通过具有不同背景浓度的扩散高斯和误差函数曲线进行方程数值计算。在第一位研究人员介绍该技术后，由此产生的表面浓度与平均电阻率的曲线称为Irvin曲线。

6.13.4 二次离子质谱（SIMS）

SIMS用一束高能惰性离子轰击要研究的晶片部分，原子成分是通过对来自晶片表面的离子束溅射的质量分析来确定的。

离子束对表面的连续轰击导致蚀刻，从而可以确定深度轮廓。SIMS的最小斑点尺寸相对较小，为1μm。SIMS的缺点是灵敏度相对较低——大约 5×10^{16} 原子/cm^3，设备昂贵且难以使用，只有最大的半导体公司才能采用该技术，而且SIMS是破坏性的。然而，SIMS确实提供了原子浓度与深度的关系，并能识别原子种类。由于SIMS的独特能力，该技术被广泛用于分析掺杂分布和寻找污染物。

6.13.5 扩展电阻探针（SRP）

首先将晶片斜面研磨并沿小角度抛光以进行SRP分析。沿斜面拖动一小套导电针，见图6.22。

探针上的电压降通过施加在探针之间的已知电流来测量。探针下小体积的电阻率由下式给出

$$\rho=2R_{\mathrm{SR}}a \tag{6.36}$$

式中，R_{SR} 为扩散电阻值；a 为通过测量已知电阻率的样本确定的几何因子。

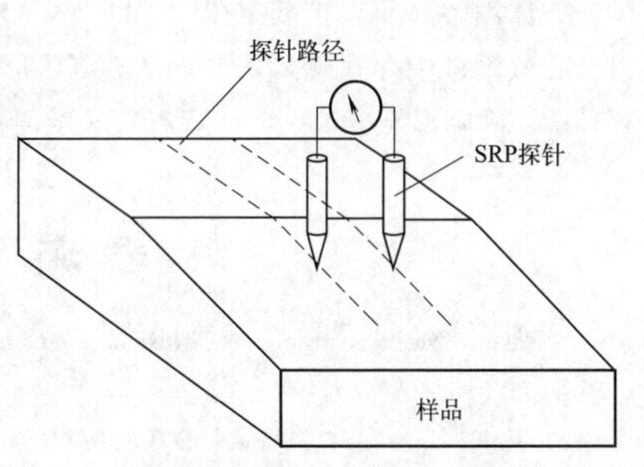

图6.22 扩展电阻探针分析

载流子浓度可以通过浓度和电阻率之间的关系来计算。如果探针在斜面上的运动得到很好的控制，则斜面角度是已知的，因此可以计算轮廓与深度的关系。SRP有几个限制：

① 仅考虑电活性掺杂剂，因此必须在SRP之前激活掺杂剂（这是与SIMS测量原子浓度对比而言的，而不考虑电子状态）。

② SRP需要相当大的测量区域。

③ SRP具有破坏性且对技术非常敏感。

6.14 本章小结

本章回顾了扩散的物理学并介绍了菲克定律，即控制扩散的关系。提出了对应于推进和预沉积扩散的两种特定解决方案。介绍了扩散的原子机制以及重掺杂效应，还讨论了各种流行掺杂剂的扩散细节。在高掺杂浓度下，扩散系数不再恒定，但通常取决于局部掺杂浓度和浓度梯度，引入了一种数值工具，使读者可以在这些非线性效应的情况下计算掺杂剂分布。

习题

1. 假设要求测量新的元素半导体中施主杂质的扩散率，需要测量哪些常数？能尝试什么试验？讨论将用来测量化学和载体分布的测量技术。其中可能会出现哪些问题？

2. 假设晶片是均匀掺杂的，如果在表面形成肖特基接触，*C-V* 曲线会是什么样子？

3. 如何测量扩散结的薄层电阻？解释四探针法。

4. 详细解释菲克扩散定律。

5. 假设硅中存在磷，扩散炉从 500℃升温 20min，在 1000℃保持 30min，然后在 15min 内降温至 500℃，计算有效扩散时间。

参考文献

1. K. B. Kahen,"Mechanism for the Diffusion of Zinc in Gallium Arsenide,"*Mater. Res. Soc. Symp. Proc.*,163:681(1990).
2. M. E. Greiner and J. F. Gibbons,"Diffusion of Silicon in Gallium Arsenide Using Rapid Thermal Processing:Experiment and Model,"*Appl. Phys. Lett.* 44:740(1984).
3. K. L. Kavanaugh,C. W. Magee,J. Sheets,and J. W. Mayer,"The Interdiffusion of Si,P,and in at Polysilicon Interfaces,"*J. Appl. Phys.* 64:1845(1988).
4. S. Yu,U. M. Gosele,and T. Y. Tan,"An Examination of the Mechanism of Silicon Diffusion in Gallium Arsenide,"*Mater. Res. Soc. Symp. Proc.*,163:671(1990).
5. K. B. Kahen,D. J. Lawrence,D. L. Peterson,and G. Rajeswaren,"Diffusion of Ga Vacancies and Si in GaAs,"in Mater. Res. Soc. Symp. Proc.,163:677(1990).
6. J. J. Murray,M. D. Deal,E. L. Allen,D. A. Stevenson,and S. Nozaki,"Modeling Silicon Diffusion in GaAs Using Well-Defined Silicon Doped Molecular Beam Epitaxy Structures,"*J. Electrochem. Soc.* 137(7):2037(1992).

7. D. Sudandi and S. Matsumoto,"Effect of Melt Stoichiometry on Carrier Concentration Profiles of Silicon Diffusion in Undoped LEC Sl-GaAs," *J. Electrochem. Soc.* 136:1165(1989).
8. L. B. Valdes, "Resistivity Measurements on Germanium for Transistors," *Proc. IRE* 42:420 (1954).
9. M. Yamashita and M. Agu,"Geometrical Correction Factor of Semiconductor Resistivity Measurement by Four Point Probe Method," *Jpn. J. Appl. Phys.* 23:1499(1984).
10. D. K. Schroder,"Semiconductor Material and Device Characterization,"Wiley-Interscience,New York,(1990).
11. L. J. Van der Pauw,"A Method for Measuring the Specific Resistivity and Hall Effect of Discs of Arbitrary Shape," *Phillips Res. Rep.* 13:1(1958).
12. D. S. Perloff,"Four-point Probe Correction Factors for Use in Measuring Large Diameter Doped Semiconductor Wafers," *J. Electrochem. Soc.* 123:1745(1976).
13. A. Diebold, M. R. Kump, J. J. Kopanski, and D. G. Seiler, "Characterization of two-dimensional dopant profiles:Status and review," *J. Vacuum Sci. Technol. B* 14:196(1996).
14. J. S. McMurray, J. Kim, and C. C. Williams, "Direct Comparison of TwoDimensional Dopant Profiles by Scanning Capacitance Microscopy with TSUPRE4 Process Simulation," *J. Vacuum Sci. Technol. B.* 16:344(1998).
15. M. Pawlik,"Spreading Resistance: A Comparison of Sampling Volume Correction Factors in High Resolution Quantitative Spreading Resistance,"STP 960, American Society for Testing and Materials, Philadelphia, (1987).
16. R. G. Mazur and G. A. Gruber, "Dopant Profiles in Thin Layer Silicon Structures with the Spreading Resistance Profiling Technique," *Solid State Technol.* 24:64(1981).
17. P. Blood, "Capacitance-Voltage Profiling and the Characterization of Ⅲ-Ⅴ Semiconductors Using Electrolyte Barriers," *Semicond. Sci. Technol.*, 1:7(1986).
18. M. Ghezzo and D. M. Brown, "Diffusivity Summary of B, Ga, P, As, and Sb in SiO_2," *J. Electrochem. Soc.*, 120:146(1973).
19. Z. Zhou and D. K. Schroder,"Boron Penetration in Dual Gate Technology," *Semicond. Int.* 21:6 (1998).
20. K. A. Ellis and R. A. Buhrman, "Boron Diffusion in Silicon Oxides and Oxynitrides," *J. Electrochem. Soc.* 145:2068(1998).
21. T. Aoyama, H. Arimoto, and K. Horiuchi,"Boron Diffusion in SiO_2 Involving High Concentration Effects," *Jpn. J. Appl. Phys.* 40:2685(2001).
22. S. Sze,"VLSI Technology,"McGraw-Hill, New York, (1988).
23. M. Uematsu,"Unified Simulation of Diffusion in Silicon and Silicon Dioxide,"Defect Diffusion Forum, 38:237(2005).
24. T. Aoyama, H. Tashiro, and K. Suzuki,"Diffusion of Boron, Phosphorus, Arsenic, and Antimony in Thermally Grown Silicon Dioxide," *J. Electrochem. Soc.* 146(5):1879(1999).
25. M. Susa, K. Kawagishi, N. Tanaka, and K. Nagata, "Diffusion Mechanism of Phosphorus from

Phosphorus Vapor in Amorphous Silicon Dioxide Film Prepared by Thermal Oxidation," *J. Electrochem. Soc.* 144(7):2552(1997).

26. T. Aoyama, K. Suzuki, H. Tashiro, Y. Toda, T. Yamazaki, K. Takasaki, and T. Ito, "Effect of Fluorine on Boron Diffusion in Thin Silicon Dioxides and Oxynitrides" *J. Appl. Phys.* 77:417(1995).
27. T. Aoyama, K. Suzuki, H. Tashiro, Y. Tada, and K. Horiuchi, "Nitrogen Concentration Dependence on Boron Diffusion in Thin Silicon Oxynitrides Used for Metal-Oxide-Semiconductor Devices," *J. Electrochem. Soc.* 145:689(1998).
28. K. A. Ellis and R. A. Buhrman, "Phosphorus Diffusion in Silicon Oxide and Oxynitride Gate Dielectrics," *Electrochem. Solid State Lett.* 2(10):516(1999).
29. F. J. Morin and J. P. Maita, "Electrical Properties of Silicon Containing Arsenic and Boron," *Phys. Rev.* 96:28(1954).
30. W. R. Runyan and K. E. Bean, "Semiconductor Integrated Circuit Processing Technology," Addison-Wesley, Reading, MA, (1990).
31. P. M. Fahey, P. B. Griffin, and J. D. Plummer, "Point Defects and Dopant Diffusion in Silicon," *Rev. Mod. Phys.* 61:289(1989).
32. T. Y. Yan and U. Gosele, "Oxidation-Enhanced or Retarded Diffusion and the Growth or Shrinkage of Oxidation-Induced Stacking Faults in Silicon," *Appl. Phys. Lett.* 40:616(1982).
33. S. Mizuo and H. Higuchi, "Retardation of Sb Diffusion in Si During Thermal Oxidation," *J. Appl. Phys. Jpn.* 20:739(1981).
34. A. M. R. Lin, D. A. Antoniadis, and R. W. Dutton, "The Oxidation Rate Dependence of Oxidation-Enhanced Diffusion of Boron and Phosphorus in Silicon," *J. Electrochem. Soc.* 128:1131(1981).
35. D. J. Fisher, "Diffusion in Silicon—A Seven-year Retrospective," Defect Diffusion Forum 241:1(2005).
36. D. J. Fisher, "Diffusion in Ga-As and other Ⅲ-Ⅴ Semiconductors," Defect Diffusion Forum 157-159:223(1998).
37. R. B. Fair, "Concentration Profiles of Diffused Dopants in Silicon," Impurity Doping Processes in Silicon, North-Holland, New York, (1981).
38. H. Ryssel, K. Muller, K. Harberger, R. Henkelmann, and F. Jahael, "High Concentration Effects of Ion Implanted Boron in Silicon," *J. Appl. Phys.* 22:35(1980).
39. R. Duffy, V. C. Venezia, A. Heringa, B. J. Pawlak, M. J. P. Hopstaken, G. J. Maas, Y. Tamminga, T. Dao, F. Roozeboom, and L. Pelaz, "Boron Diffusion in Amorphous Silicon and the Role of Fluorine," *Appl. Phys. Lett.* 84(21):4283(2004).
40. A. Ural, P. B. Griffin, and J. D. Plummer, "Fractional Contributions of Microscopic Diffusion Mechanisms for Common Dopants and Self Diffusion in Silicon," *J. Appl. Phys.* 85(9):6440(1999).
41. J. Xie and S. P. Chen, "Diffusion and Clustering in Heavily Arsenic-Doped Silicon—Discrepancies and Explanation," *Phys. Rev. Lett.* 83(9):1795(1999).

42. R. B. Fair and J. C. C. Tsai, "A Quantitative Model for the Diffusion of Phosphorus in Silicon and the Emitter Dip Effect," *J. Electrochem. Soc.* 124:1107(1978).
43. M. UeMatsu, "Simulation of Boron, Phosphorus, and Arsenic Diffusion in Silicon Based on an Integrated Diffusion Model, and the Anomalous Phosphorus Diffusion Mechanism," *J. Appl, Phys.* 82(5):2228(1997).
44. R. J. Field and S. K. Ghandhi, "An Open Tube Method for the Diffusion of Zinc in GaAs," *J. Electrochem. Soc.* 129:1567(1982).
45. L. R. Weisberg and J. Blanc, "Diffusion with Interstitial-Substitutional Equilibrium. Zinc in Gallium Arsenide," *Phys. Rev.* 131:1548(1963).
46. S. Reynolds, D. W. Vook, and J. F. Gibbons, "Open-Tube Zn Diffusion in GaAs Using Diethylzinc and Trimethylarsenic: Experiment and Model," *J. Appl. Phys.* 63:1052(1988).

离子注入

7.1 简介

离子注入是一种替代扩散法的工艺，它通过将不同类型的离子强行注入材料来改变材料的物理和电子特性。这项技术可以追溯到20世纪40年代，由美国橡树岭国家实验室发明。之后，此项技术被应用于一些材料的加工工艺。20世纪70年代，使用离子注入技术来改变半导体、金属、绝缘体和陶瓷材料的电子特性变得非常流行。对于扩散法来说，由于掺杂数量和掺杂深度无法完全控制，导致晶体管的尺寸无法得到精确控制，而集成电路上的元件尺寸不断微型化，需要对晶体管尺寸进行精确控制。当晶体管的尺寸为5μm（即5000nm）左右时，如果掺杂水平的变化为100nm，因为它的变化仅有2%，所以这是可以接受的，但当晶体管本身的尺寸为100nm时，如此数量的变化将无法接受。在制造VLSI的过程中，离子注入是使用非常普遍的工艺，因为它可以更精确地控制掺杂剂（与扩散法相比较而言）。随着元件尺寸缩小至亚微米范围，离子注入后的电激活依赖于快速热退火（RTA）技术，从而使杂质原子的移动尽可能地小。因此，与将杂质原子引入硅从而形成浅结的方法相比，扩散法已经变得不那么重要了，浅结是超大规模集成电路的一个重要特征。

与扩散法相比，离子注入法的主要优点是温度低、杂质掺杂能够更精确控制、可重复性和浅注入。然而，由于高能量轰击造成了晶格破坏，因此需要在400～500℃的温度下进行快速热退火，使注入原子占据正确的替代位置，修复晶格损伤，并推进注入原子。离子注入能够保证在硅中引入掺杂物是可控的、可重复的，并且没有不良副作用。在过去的几年里，离子注入技术已经发展成为一种加工集成电路的强大工具。它的可控性与可重现性使它成为一种非常通用的工具，能够顺应元件精密化的趋势。离子注入持续在气-液-固法（VLS）中得到了新的应用。

离子注入的特点

注入是在相对较低的温度下进行的，这意味着掺杂层可以在不干扰先前扩散区域的情况下被注入，同样意味着横向扩散的趋势较小。

• 离子注入可以更精确地控制沉积在晶圆上的掺杂剂浓度，从而控制薄层电阻。这可能是因为加速电压和离子束流都是在注入产生设备的外部由电力控制。

• 在注入过程中可以精确地测量离子束流，也能引入精确数量的掺杂剂。对掺杂程度的控制，以及在晶圆表面注入的均匀性，使离子注入技术显著提高了集成电路的质量，使此项技术在集成电路制造中具备吸引力。

• 任何特定种类离子的穿透深度将随着加速电压的增加而增加。穿透深度一般在 0.1～1.0μm 之间。

• 离子被注入后主要停留在硅晶体结构的间隙位置，而被注入的表面区域将受到高能离子冲击的严重破坏。表面区域硅原子的混乱导致该区域不再具有晶体结构，而成为非晶体结构。为了使表面区域恢复到有序的晶体状态，并使注入离子进入替代位置，晶圆必须进行退火处理。退火过程通常包括将晶圆加热至较高的温度，通常在 1000℃，并持续合适的时间，如 30min，也可采用激光束和电子束退火，在此种退火技术中，只有晶圆的表面区域被加热并再结晶。一次离子注入工艺之后通常伴随着一次传统类型的推进扩散，退火工艺将作为推进扩散的一部分发生。

• 与传统的沉积扩散相比，无论是从设备成本还是从产量上看，离子注入都是一种更为独特的工艺。

• 通过对掺杂浓度的精确控制，有可能得到非常低的剂量值，从而可以得到非常大的薄层电阻值，高薄层电阻值有利于集成电路获得高值电阻。非常低剂量、低能量的注入也用于调整 MOSFET 的阈值电压并有其它应用。

• 如今，大尺寸晶圆是可行的，它也是 VLSI 所必需的。这使得均匀注入晶圆的任务日益困难，反过来又对薄层电阻产生了影响。离子注入基本上是清洁的工艺，因为杂质离子在击中靶标前就已经从束流中分离出来。在靠近束流线的末端仍然有一些可能的污染源，这会导致杂质含量上升至预期离子剂量的 10%，例如金属原子从室壁、水支架、掩模孔等处撞击而出。

• 退火是为了修复晶格损伤，并使掺杂原子占据到它们将电激活的替代位置上。通过使用霍尔效应技术试验发现，退火的成功通常是以掺杂物的电激活比例来衡量的。对于 VLSI 来说，退火过程中的挑战不仅仅是修复损伤与激活掺杂物，而是要在这样做的同时将扩散降到最低，使得浅注入保持在浅层。

7.2 离子注入机

普通的离子注入机与直线加速器有很多相同之处。实际上，早期的离子注入机取得了大量进步，当核物理的研究转向高能时，实验室中的设备不再有用，这些设备被换去研究有助于离子注入的相对低能量的离子-固体相互作用。离子注入机的简图如图 7.1 所示。基本上，离子注入系统由以下几个系统组成，即气体系统、电机系统、真空系统、控制系统和射线系统。这些系统将在后续内容中详细介绍。

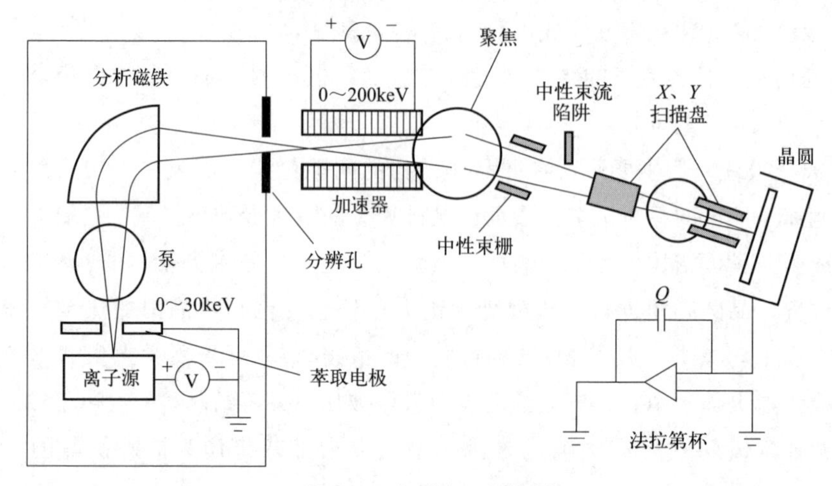

图 7.1　离子注入机简图

7.2.1 气体系统

离子注入机的基本要求是离子源具有足够高的能量，传统上蒸发的固体源或气体源用于为离子注入输送物料。砷化氢、磷化氢、乙硼烷和三氟化硼（BF_3）是气体源，五氧化二磷（P_2O_5）是固体源。这些源常用的气体具有剧毒性，应被氢气混合稀释至15%后装于超过 400psi❶ 高压的钢瓶内使用。出于安全方面的考虑，硼元素、砷元素或磷元素的固体源是目前的首选。固体源的主要优点是，它可以被蒸发和注入。新气体如沸石基质，作为分子筛吸收气体并且储存在低于大气压的钢瓶中，降低了泄漏和爆炸的风险。

7.2.2 电机系统

离子注入需要高电压和高电流的电机系统。高电压的直流电源对于加速离子是

❶ 1psi=6894.757Pa。

必要的，电压高达200kV的直流电源供给系统配备于离子注入机中。离子源的离子产生于热灯丝或射频等离子体系统。热灯丝需要数千伏的高电流偏压电源供能，而射频离子源系统需要千瓦级的射频电源。分析磁体需要高电流以产生足够强的磁场来偏转离子轨迹，帮助分辨正确的离子并创建出超纯净的离子束。

7.2.3 真空系统

束流线必须处于高真空状态，以求将高能离子与中性气体分子沿离子轨迹的碰撞降至最低。碰撞会导致离子散射损失并产生离子注入不需要种类的离子。束流线系统的真空度要求为10^{-7} Torr，高真空度要求可以通过联用低温泵、涡轮泵和干燥泵来实现。

离子注入过程中使用了危险气体。因此，离子注入机真空系统的废气必须与其它系统的废气分离开。废气在释放到空气中之前需要通过燃烧盒和洗涤器。在燃烧盒中，可燃和易爆气体在火焰中与氧气中和。在洗涤器中洗涤水溶解了腐蚀性气体，并排出燃烧尘埃。

7.2.4 控制系统

离子注入机需要精确控制离子束的能量、电流和离子种类。离子注入机需控制机械部件，如用于装载和卸载晶圆的机器人，并控制晶圆的移动，以实现均匀注入整个晶圆。节流阀根据压力设定点进行控制，以保持系统压力。

7.2.5 射线系统

射线系统是离子注入机最重要的部分，由离子源、萃取电极、质量分析器、后加速器、等离子体浸没系统和末端分析器组成。上述部件的介绍如下。

7.2.5.1 离子源

掺杂剂离子是通过离子源产生的，离子源可来源于原子的电离放电，掺杂剂蒸气分子的电离放电和气态掺杂化合物放电。热灯丝离子源是最常用的离子源之一。热电子热灯丝被电弧电源加速，以达到足够高的能量使掺杂气体分子或掺杂原子解离与电离。离子源中的磁场迫使电子做螺旋运动，这有助于电子运动到更远的距离，并增加其与掺杂分子碰撞的概率以产生更多的掺杂离子，其它类型的离子源有射频离子源和微波离子源，射频离子源通过射频电源的电感耦合来电离出掺杂离子。微波离子源通过电子回旋共振来产生等离子体与电离掺杂离子。

7.2.5.2 萃取电极

带有负偏压的萃取电极将正离子从离子源中的等离子体中吸引出来，并将其加速至足够高的50keV能量。分析器的磁场能够选择合适类型的离子种类是离子获得高能量的前提。当掺杂物离子加速冲向萃取电极时，一些离子会穿过狭缝并继续沿束流线运动。晶体坡面撞击到萃取电极表面，产生了X射线并激发了一些次级电子。抑制电极的电势比萃取电极的电势低得多，差距最大可达10kV，抑制电极用于防止这些电子被加速送回离子源，从而造成损害。所有的电极都有一条狭缝，离子通过狭缝被抽取出来成为准直离子流，最后形成离子束。

7.2.5.3 质量分析器

在磁场中，带电离子在磁力的作用下开始旋转，力的方向垂直于带电离子的运动方向。磁场强度和离子能量固定，则旋转半径只和带电离子的质量与电荷之比或带电离子的 m/q 值有关。这一特性曾被用于同位素分离，以获取用于制造核弹的浓缩铀-235。在大多数的离子注入机中，质量分析器被用来精确选择适合的离子进行注入，并剔除不需要种类的离子。m/q 比值较小的离子被更多地检测到，并且不会通过质量分析器的狭缝。同样，m/q 比值较大的离子也会被阻止通过。离子注入机的质量分析器如图7.2所示。

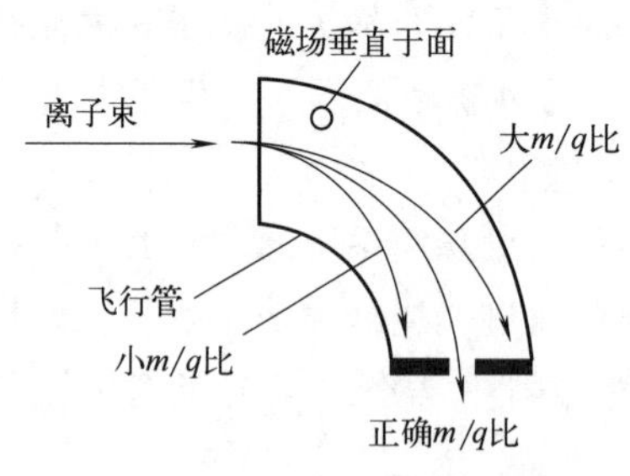

图7.2 离子注入机的质量分析器

三氟化硼（BF_3）是常用于p型注入的材料之一。在等离子体中，有解离化合物、电离基和重组分子。硼有两种同位素，即硼-10（^{10}B，19.9%）和硼-11（^{11}B，80.1%）。因此，硼在等离子体状态下有若干种离子形式，即^{10}B（10g）、^{11}B（11g）、^{10}BF（29g）、^{11}BF（30g）、F_2（38g）、$^{10}BF_2$（48g）和$^{11}BF_2$（49g）。括号中的数字表示原子量或分子量，对于p阱注入，质量较小的$^{10}B^+$是首选，因其可以渗透到硅衬底更深处。对于浅结注入，$^{11}BF_2^+$是首选，因其具有较大的尺寸与质量。在最低能量级上，离子注入机可以提供$^{11}BF_2$离子进行最浅p型结注入。

7.2.5.4 后加速器

在分析器选择了合适种类的离子后，离子会经过后加速器部分，后加速器控制束流和最终离子能量。离子束流由一对可调叶片控制，离子能量由后加速电极电位控制，该部分通过限定孔径和电极来控制离子束聚焦和锐化光束。

高能量离子注入主要在阱和掩模层，它需要几个高压加速电极沿着束流线串联起来，以便将离子加速至数兆电子伏。对于像p型硼注入这样的超浅离子注入，后加速器的电极是反向连接的，这样离子束在经过电极时就会被减速，而不是加速，它可以产生能量低至500eV的纯净离子束。

为了避免所有设备的注入分布不对称，晶圆在注入过程中经常会旋转，或者分四次旋转注入。为了彻底避免阴影效应，需要在零倾斜角的情况下进行注入。另外，*X-Y* 扫描板可以引导束流扫描晶圆表面以进行离子注入。

离子注入提供了一种非常精确的方法，将特定剂量或数量的掺杂原子引入硅晶格中，这是因为离子上的电荷使其可以通过法拉第杯进行计数，尽管剂量能被精确控制。

7.3　离子注入阻止机制

当离子轰击并穿透硅衬底时，离子与晶格原子发生碰撞。离子逐渐失去能量，并最终停止在晶格内。存在着两种阻止机制，即核阻止和电子阻止。当离子与晶格原子的原子核碰撞时，离子会被大幅散射，并将其能量转移至晶格内的原子。此种阻止机制称为核阻止。在硬碰撞中，晶格原子可以获得足够的能量来挣脱晶格结合能，从而导致晶格紊乱并破坏晶体结构。如果离子与原子中的电子发生碰撞，这种类型的碰撞是一种软碰撞，不会显著改变离子的路径和能量。软碰撞不会引起晶体损伤，并且渗透的范围较长，这种类型的碰撞被称为电子阻止。

离子在硅晶格中的碰撞类型可以是随机碰撞、沟道碰撞和背散射。随机碰撞和背散射属于核阻止，而沟道碰撞属于电子阻止。图 7.3 阐明了阻止机制的类型。当入射离子进入到衬底时，它与基质原子之间的空隙对齐，在最终静止前经过了较长距离，这种现象被称为离子沟道效应。

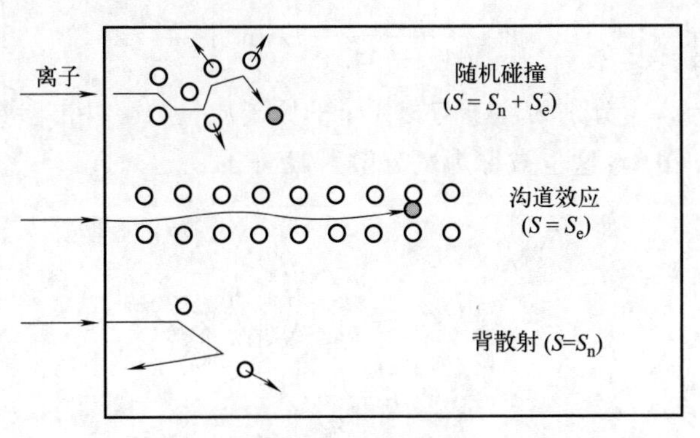

图 7.3　阻止机制

目标的总阻止力 S，定义为离子 x 单位路径长度的能量损失 E，总阻止力由两部分组成，即核阻止和电子阻止。图 7.4 展示了不同阻止机制的阻止力与离子速度之间的关系，数学表达为：

$$S=\left(\frac{\mathrm{d}E}{\mathrm{d}x}\right)_{\text{核阻止}}+\left(\frac{\mathrm{d}E}{\mathrm{d}x}\right)_{\text{电子阻止}} \quad (7.1)$$

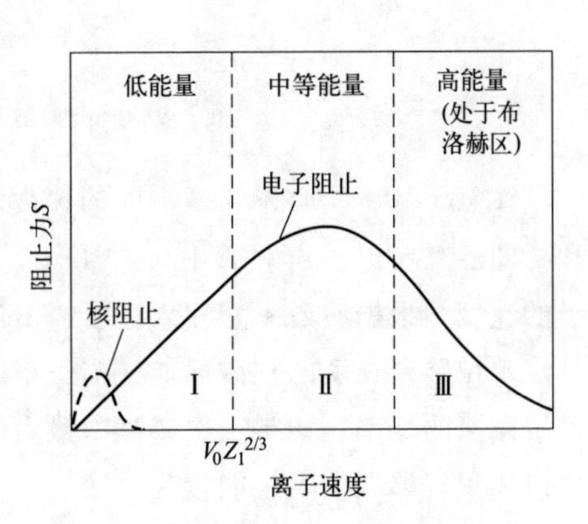

图 7.4　阻止力与离子速度之间的关系

核阻止是由两个原子之间的碰撞引起的，可以用经典运动学来描述。若原子是裸核，那么在间隔为 r 时，它们之间的库仑电势 $V_c(r)$ 为：

$$V_{c}(r)=\frac{q^{2}Z_{1}Z_{2}}{4\pi\varepsilon_{0}r} \tag{7.2}$$

其中，Z_1 和 Z_2 为原子的实际原子序数，电子屏蔽了核电荷，因而必须包含一个屏蔽函数。伴随着存在电子围绕原子核的旋转，需要将屏蔽函数 $f_s(r)$ 考虑进去。屏蔽函数 $f_s(r)$ 定义为：

$$f_{s}(r)=a_{1}e^{-\frac{r}{b_{1}}}+a_{2}e^{-\frac{r}{b_{2}}}+a_{3}e^{-\frac{r}{b_{3}}}+\cdots \tag{7.3}$$

因此，库仑电势 $V(r)$ 就等于：

$$V(r)=V_{c}(r)f_{s}(r) \tag{7.4}$$

有了这个相互作用的电势，原子的运动方程可以通过积分得到任意入射离子轨迹的散射角，尽管必须采用数值求解才能得到真实电势。通过质心系简化了相关方程的推导。图 7.5 为离子散射的视图，视图展现了撞击参数和散射截面之间的关系。考虑撞击参数 p 是基于质心系的函数，离子的能量损失 $T(p)$ 与散射角 θ 的关系如下：

$$T(p)=\frac{4M_{1}M_{2}}{(M_{1}+M_{2})^{2}}E\sin^{2}\left[\frac{\theta(p)}{2}\right] \tag{7.5}$$

其中，M_1 与 M_2 分别为离子与靶原子的原子质量数。冲击参数在 p 和 $p+dp$ 之间的概率为 $2\pi p\,dp$，这也被称为微分散射截面 $d\sigma$。

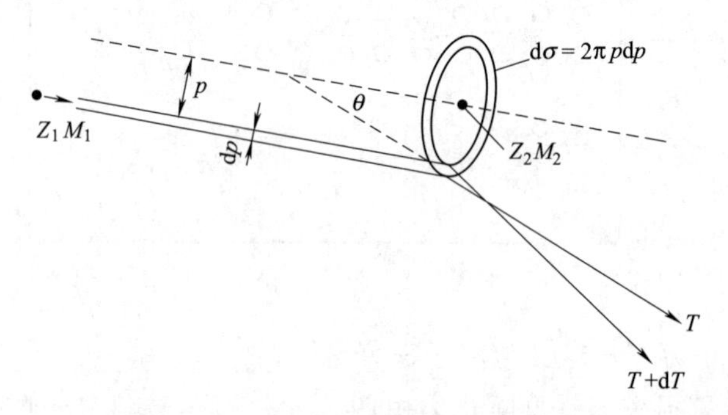

图 7.5　撞击参数与散射截面之间的关系

注意：基于质心系，撞击前的速度 v_{imp} 等于撞击后速度与被撞击原子速度之和，即 $v_{imp}=v_1+v_2$，其中，v_1 和 v_2 分别等于注入离子的撞击后速度与被撞击原子的速度。根据质心系，注入离子撞击后动量等于被撞击的原子动量。

单位路径长度的核碰撞能量损失率等于每个可能影响参数的能量损失总和乘以发生碰撞的概率。如果一次碰撞中最大能量转移为 T_{max}，并且有 N 个目标大气压单位体积，那么核阻止能量为：

$$S_{核阻止}=\left(\frac{dE}{dx}\right)_{核阻止}=N\int_{0}^{T_{max}}T\,d\sigma \tag{7.6}$$

其中，$d\sigma$ 为微分散射截面。核阻止是有弹性的，入射离子所损失的能量被转移到靶原子上，随后从其晶格位置弹回，从而产生损伤或缺陷位点。

电子阻止是由入射离子与靶原子中的电子相互作用引起的。其理论模型相当复杂，但在低能量体系中，电子阻止类似于黏性拖曳力，并与离子速度成比例。电子停止是非弹性的。入射离子的能量损失通过电子云消散在靶原子的热振动中。

7.4 离子注入的射程与分布

离子注入是一个随机的过程，因为每个离子都遵循着自身的随机轨迹，如图7.6所示，在晶格硅原子的能量之前散射出晶格硅原子，并静止在某个位置。分散在晶格硅原子周围，离子注入法之所以能够成功应用，是由于注入了大量的离子，因而可以计算出掺杂物注入的平均深度。

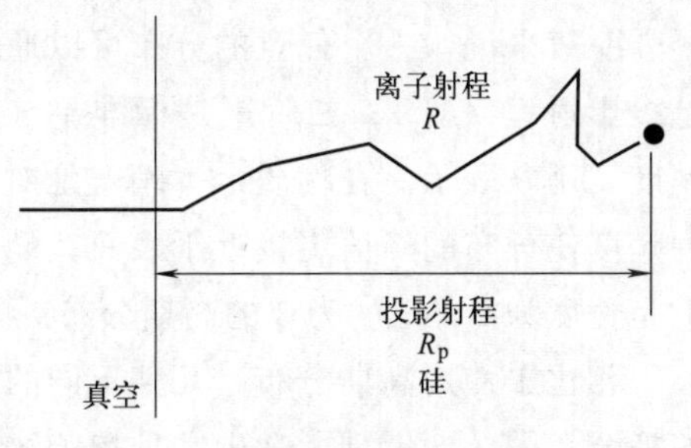

图7.6　垂直于硅表面入射的离子注入的不同射程

图7.7展现了不同类型掺杂剂注入硅中的离子分布，像锑这样的重离子没有像硼这样的轻离子走得远。重离子的分布比轻离子的分布更窄，离子浓度的峰值不在硅表面附近。峰值处于距硅表面一个平均距离的位置，它被称为平均投影射程 R_n。

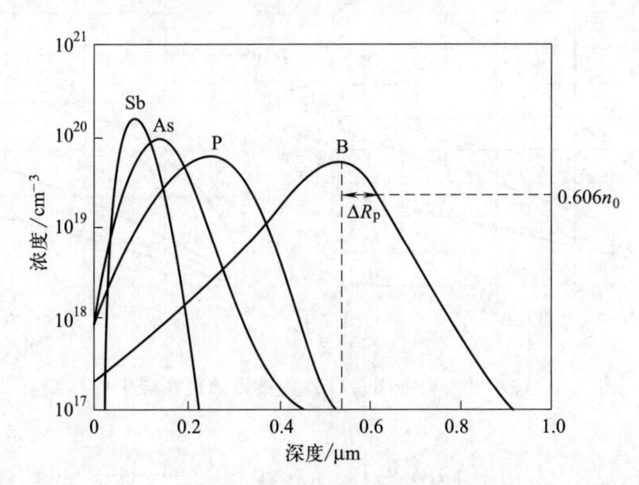

图7.7　200keV能量下各类型掺杂剂在硅晶格中离子注入分布

每个注入的离子在穿透目标时都会通过一段随机的路径，通过核阻止或电子阻止失去能量。由于注入剂量通常高于 10^2 离子/cm^2，离子轨迹可以用统计学的方法来预测。平均总路径长度被称为离子射程（R），它由横向和纵向运动组成，如图7.6所示。注入离子的平均深度被称为投射射程（R_p），并且注入离子在该深度的分布可以被近似为标准差为 R_p（或 $\Delta\sigma_p$）的高斯分布，如图 7.7 所示。离子的横向运动造成了标准差为 $\Delta R_\perp$（或 $\Delta\sigma_\perp$）的横向高斯分布。在远离掩模边缘的地方，横向运动可以被忽略，而深度为 x 的离子浓度 $n(x)$，可以被表达为：

$$n(x)=n_0\exp\left[-\frac{(x-R_p)^2}{2\Delta R_p^2}\right] \tag{7.7}$$

其中，n_0 为峰值浓度；R_p 为投影射程；ΔR_p 为标准差。若总注入剂量是 Q_T，结合式（7.7），可以得到峰值浓度 n_0 的表达式：

$$n_0=\frac{Q_T}{\sqrt{2\pi}\,\Delta R_p}\approx\frac{0.4Q_T}{\Delta R_p} \tag{7.8}$$

一般来说，一个任意的分布可以通过它的矩来表征。离子分布的标准化一阶矩是投影射程（R_p）；二阶矩是标准差（ΔR_p）；三阶矩是偏度（Γ）；而四阶矩，即峭度，用 β 表示。在性质上，峭度是对分布的不对称性的一种衡量。相比 R_p，正的峭度使分布的峰值更接近于表面。峭度是分布顶部平坦程度的表征，此分布实际上是偏度为 0、峭度为 3 的高斯分布。

相比于使用高斯分布，几种不同的分布被用来对离子注入分布的矩进行更精确的拟合。图 7.8 展现了硅中常见掺杂物的绘制曲线和标准差。结果显示，注入深度和标准差与高能注入成线性关系。通过注入深度可以很明显地发现，像锑和砷这样的重离子具有很强的穿透力。

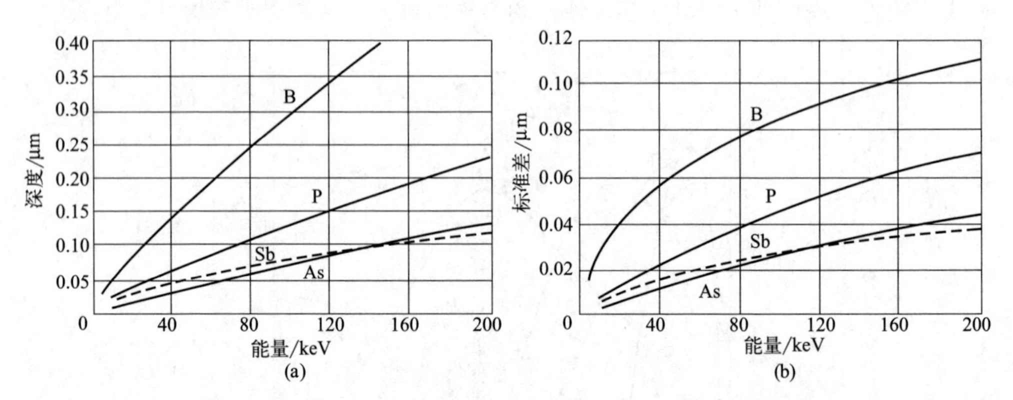

图 7.8 （a）平均射程图；（b）各类掺杂剂在硅中的标准差

$$Q_T=\int_{-\infty}^{\infty}n(x)\mathrm{d}x=\int_{-\infty}^{\infty}n_0\exp\left[-\frac{(x-R_p)^2}{2\Delta R_p^2}\right]\mathrm{d}x \tag{7.9}$$

积分的结果得：

$$Q_T=\sqrt{2\pi}\,\Delta R_p C_p \tag{7.10}$$

在试验中，揭示垂直原子轮廓是比较容易的。然而，准确评估横向原子轮廓要困难得多，窗口边缘附近的二维投影是有意义的，因为它指出了有多少离子由于横向离散而散布在窗口下。由于很难在实验中测量横向掺杂轮廓面，通常假定二维分布是由垂直和横向分布的乘积组成。

$$n(x, y)=\frac{n_{\text{vert}}(x)}{\sqrt{2\pi}\,\Delta R_{\perp}} \tag{7.11}$$

此式描述了在表面单点注入的结果，用以获得通过掩模窗口注入的结果；式(7.11) 可以对离子束进入的开放区域进行积分。图 7.9 展现了通过厚掩模上宽度为 1μm 的狭缝注入 70keV 硼的结果，离子散布在开放区域外的阱周围。为了尽量减少横向散射，掩模层的边缘通常是锥形的，而不是完全突兀的，这样就可以逐渐阻止离子进入硅。

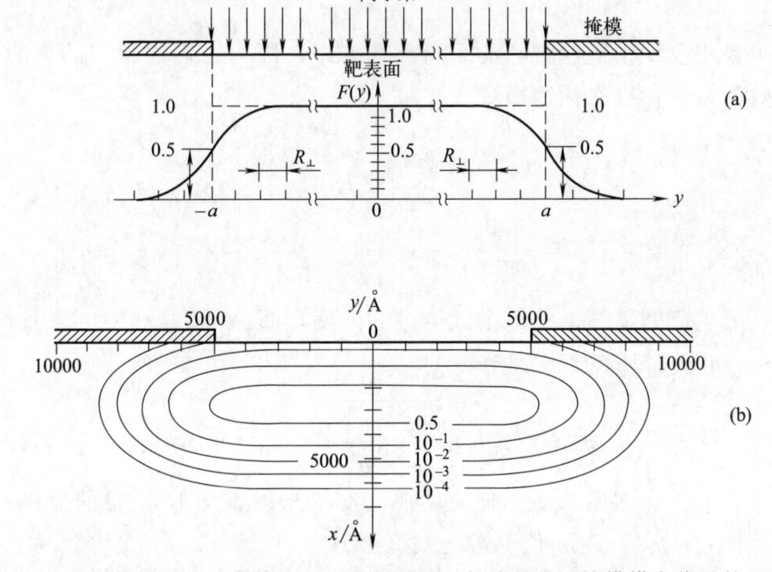

图 7.9 两个维度的注入轮廓。(a) 总剂量的一部分是关于掩模横向位置的函数；(b) 70keV 硼通过 1μm 狭缝注入的等效浓度轮廓图

7.5 掩模厚度

现在来确定阻挡离子穿透入硅的必要掩模厚度，例如，因为杂质在室温下污染，所以常使用光刻胶。在掩模边缘附近，轮廓是由横向离散控制，并由点响应函数与高斯方程式 (6.9) 之和给出。这意味着像 MOSFET 的栅极一样，掩模边缘下的离子轮廓可以由注入的横向散乱分布和退火过程中它移动的距离决定。随着器件厚度的降低，掩模下的离散分布成为备受关注的研究领域。

掩模的厚度应该为多少，才能有效阻止离子通过掩模的传输呢？掩模的厚度应足够大，使得硅中注入物的轮廓末端处于如图 7.10 所示的特定背景浓度。

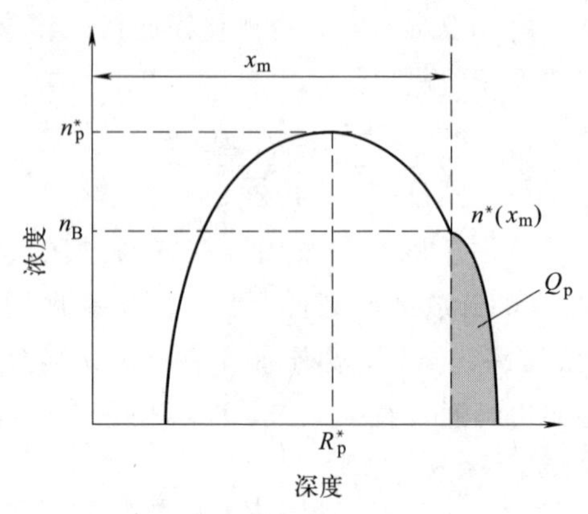

图 7.10 掩模过程中展现渗透入掩模厚度 x_m 剂量的简图

上标 * 是用于识别掩模材料的距离和标准差，因为它们通常与硅中的值不同。高效且有效的掩模标准必须遵循式（7.7）。

$$n^*(x_m)=n_0^*\exp\left[-\frac{(x_m-R_p^*)^2}{2\Delta R_p^{*2}}\right] \tag{7.12}$$

$$=\frac{Q_T}{\sqrt{2\pi}\Delta R_p^*}\exp\left[-\frac{(x_m-R_p^*)^2}{2\Delta R_p^{*2}}\right]\leqslant n_B \tag{7.13}$$

式中，n^* 是厚度为 x_m 的掩模远侧边的浓度，而 n_B 是衬底中的背景浓度。设 $n^*(x_m)=n_B$ 并求解掩模厚度，可得方程：

$$X_m=R_p^*+\Delta R_p^*\sqrt{2\ln\left(\frac{n_0^*}{n_B}\right)}=R_p^*+m\Delta R_p^* \tag{7.14}$$

式中，m 是一个参数，表示掩模的厚度应等于射程加上 m 倍的掩模材料标准差。不同掩模效率水平的 m 值易被上式算出。

若 Q_p 是穿透掩模的剂量，那么 Q_p 可用如下公式计算：

$$Q_p=\frac{Q_T}{\sqrt{2\pi}\Delta R_p^*}\int_{x_m}^{\infty}\exp\left[-\left(\frac{x-R_p^*}{\sqrt{2}\Delta R_p^*}\right)^2\right]\mathrm{d}x \tag{7.15}$$

此方程可以通过误差函数描述，展现为：

$$Q_p=\frac{Q_T}{2}\mathrm{erfc}\left(\frac{X_m-R_p^*}{\sqrt{2}\Delta R_p^*}\right) \tag{7.16}$$

$$Q_p=\frac{Q_T}{2}\left[1-\mathrm{erf}\left(\frac{X_m-R_p^*}{\sqrt{2}\Delta R_p^*}\right)\right] \tag{7.17}$$

7.6 离子注入掺杂轮廓

在一般情况下，掩模边缘不是垂直的，或是离子呈一定角度注入，因此必须使用数值方法来计算和展现二维掺杂轮廓。使用高角度注入的可能理由是将掺杂物引入 MOS 栅极底部。为了尽量减少小型元件的短沟道效应，可以在栅极下的尖端延伸区域下引入掺杂物。这种掺杂物的“光环”是由栅极边缘下的高倾斜度注入形成的。由于晶圆上已有形貌的影响，倾斜注入会引起阴影效应。图 7.11 展现了使用集成电路工艺仿真工具（TSUPREM）对掩模附近倾斜注入的数值模拟。

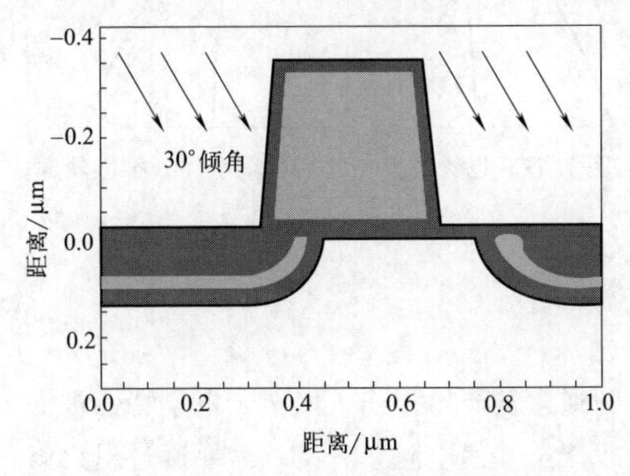

图 7.11 使用 TSUPREM 模拟 50keV 磷在 30°倾角下注入的结果，显示多晶硅栅极造成的不对称注入与阴影效应

为了实现所有器件的对称分布，晶圆经常在注入过程中旋转，或者分四次旋转注入，以实现完全避免阴影效应所需要的在零倾角下进行注入。

为了解在随后的退火过程中注入轮廓是如何演变的，可以将注入的高斯公式与注入已扩散的 delta 函数进行比较。

半介质的两种高斯分布结果展现在以下公式中：

$$n(x)=n_{\mathrm{p}}\exp\left(-\frac{x-R_{\mathrm{p}}^{*}}{\sqrt{2}\,\Delta R_{\mathrm{p}}^{*}}\right)^{2} \tag{7.18}$$

$$n(x)=n(0)\exp\left(-\frac{x^{2}}{4Dt}\right) \tag{7.19}$$

通过比较这些结果可以看到，标准偏差为 R_{p} 的注入高斯分布与初始 delta 函数分布具有相同的形式，该分布在有效的时间温度周期内扩散。因此，退火的附加时间温度循环对注入高斯分布的影响可用方程表示：

$$n(x,t)=\frac{Q_{\mathrm{T}}}{\sqrt{2\pi(\Delta R_{\mathrm{p}}^{2}+2Dt)}}\exp\left[-\frac{(x-R_{\mathrm{p}})^{2}}{2(\Delta R_{\mathrm{p}}^{2}+2Dt)}\right] \tag{7.20}$$

通过以上公式可以清楚地看出，高斯分布仍是高斯分布，在无限介质中退火后，尽管其峰值浓度的标准差或离散随着扩散距离的增加而增加，但仍保持了它的形状，如图 7.12 所示。

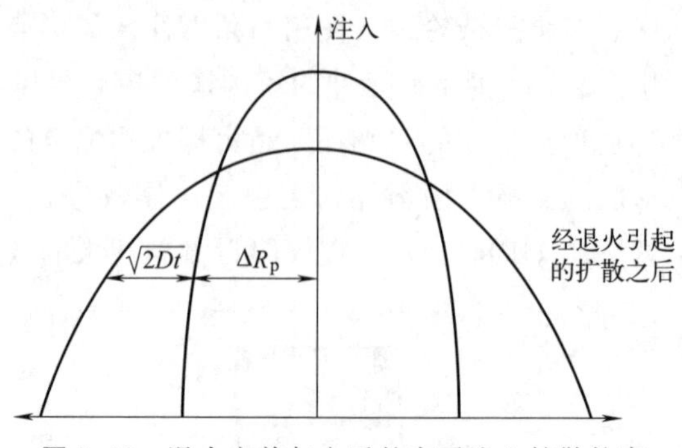

图 7.12 退火之前与之后的离子注入扩散轮廓

7.7 退火

离子注入后，晶圆通常被严重损伤，以至于电学特性被深层电子和空穴陷阱所支配，空穴陷阱俘获载流子并使电阻率升高。需要通过退火修复晶格损伤并将原子置于替代位置。图 7.13 展现了退火前和退火后对晶体结构的影响。

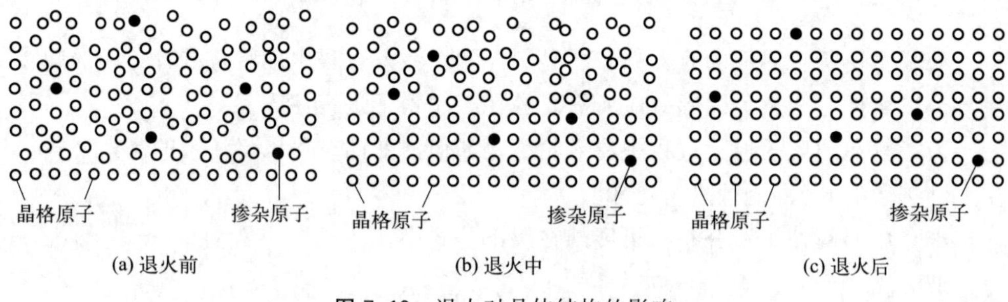

图 7.13 退火对晶体结构的影响

成功的退火通常通过电活性的掺杂物的比例来衡量，这是在实验中通过霍尔效应技术发现的。霍尔效应测量的是平均有效掺杂水平，它是对每个单位面积上的局部掺杂密度和局部迁移率的积分求值：

$$N_{\mathrm{Hall}}=\frac{\left(\int_0^{x_j}\mu n\,\mathrm{d}x\right)^2}{\int_0^{x_j}\mu^2 n\,\mathrm{d}x} \tag{7.21}$$

式中，μ 为迁移率；n 为载流子的数量；x_j 为结深。如果迁移率不是深度的强函数，N_{Hall} 测量的是全部电活性掺杂原子。如果退火激活了所有的注入原子，那么这个值应该等于剂量 Q_T。

7.7.1 炉内退火

退火特性取决于掺杂物的类型和剂量。已经非晶化的硅和仅仅是部分无序的硅之间有明显的区别。对于非晶化的硅，通过固相外延（SPE）持续再生长。无定形/结晶界面以一个固定的速度向表面迁移，该速度取决于温度、掺杂剂和晶体取向。无定形硅的SPE生长速度在各种晶体取向下与温度相关的函数展现在图7.14中。应该注意的是，SPE的活化能为2.3eV，意味着该过程涉及界面上的键破坏。杂质的存在，如O、C、N和Ar阻碍了再生长过程，因为这些杂质被认为会与断裂的硅键结合。诸如B、P和As的掺杂剂会提高再生长速度（在体系浓度为10^{20}原子/cm^3的情况下，再生长速度可提高10倍），可能是因为替代性杂质削弱了键并增加了键破坏的可能性。

再生长速率v由下列公式给出：

$$v=A\exp\left(-\frac{2.3\text{eV}}{kT}\right) \tag{7.22}$$

式中，A是由实验确定的参数。对于MOS器件中源极和漏极的掺杂水平特征，其再生长速率可以提高10倍。低温下的再生长能迅速消除晶体在非晶区的初级损伤，因此不会发生异常的掺杂扩散。非晶区的大部分掺杂物原子在重新生长的过程中被纳入到晶格替代位点上，因此高级别的电激活甚至在低温情况下也是可能的。

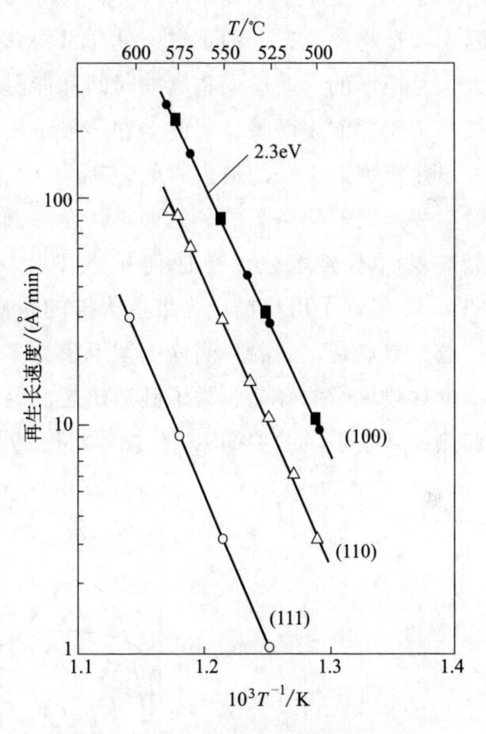

图7.14 常见晶体取向的无定形硅的外延生长率与温度的函数

如果注入情况不足以形成非晶层，那么晶格修复通过点缺陷的产生与扩散而发生。修复过程的激活能约为5.0eV，并需要至少900℃的温度才能消除所有的缺陷。因此，修复完全非晶化层比修复部分损伤层更容易。

高温退火会导致固相外延SPE和局部扩散重排之间的竞争，这会导致多晶硅的形成。因此，最好在高温步骤之前进行低温再生长，然后，高温缺陷扩散可以修复SPE后遗留的扩展缺陷。在低温下对部分损伤层进行退火，实际上会损害晶格重建过程，因为会形成如位错环这样稳定的扩展缺陷，此类缺陷需要1000℃的温度来消除。

7.7.2 快速热退火（RTA）

退火的目的是以最小的扩散来修复损伤。修复晶体损伤过程的激活能为

5.0eV，而扩散过程激活能的范围为 3.0～4.0eV。由于激活能的不同，在足够高的温度下，修复晶格要比扩散快。

炉内退火能够提供高温，但由于实际步骤需要在没有施加压力的情况下加载和移除晶圆，导致最低退火时间为 15min。这个时间远远长于在高温下修复晶格所需的时间。因此，扩散是无法避免的，快速热退火是一种方法，它涵盖了从纳秒到 100s 范围内加热晶片的各种技术，并且允许以最小的扩散来修复晶格。

快速热退火可分为三类，即绝热型、热流型和等温型。在绝热退火中，加热时间很短，小于 1μs，这种类型的退火只影响到薄的表面膜。高能量的激光脉冲可以用来熔化深度小于 1.0μm 的表面，并通过液相外延实现表面结晶而不留下任何缺陷。掺杂物在液态下的扩散速度非常快，所以从表面延伸到熔化深处，最终的轮廓大致是矩形的。通过调整脉冲时间和能量，可以得到浅结，但是这种方法不可能保护掺杂轮廓或表面膜。因此，它一般不用于 VLSI 电路中。

热流型退火法的退火时间范围为 10^{-7}～1.0s。它是通过用激光、电子束或放射射线照射器从晶圆的一侧加热，在晶圆的厚度上提供一个温度梯度。一般来说，晶圆表面不会熔化，在任何扩散发生之前，可以通过 SPE 来修复表面损伤。图 7.15 展现了用扫描激光束退火砷的轮廓。几乎产生了完全电活化，而没有发生扩散。缺点是，高温瞬间淬火留下了许多点缺陷，这些缺陷可能凝结成位错，降低了少数载流子的寿命。为了制造出超浅结（将在下个小节中详细讨论），采用激光加热或其它手段的尖端 RTA 技术将使晶圆暴露在高温下零点几秒。

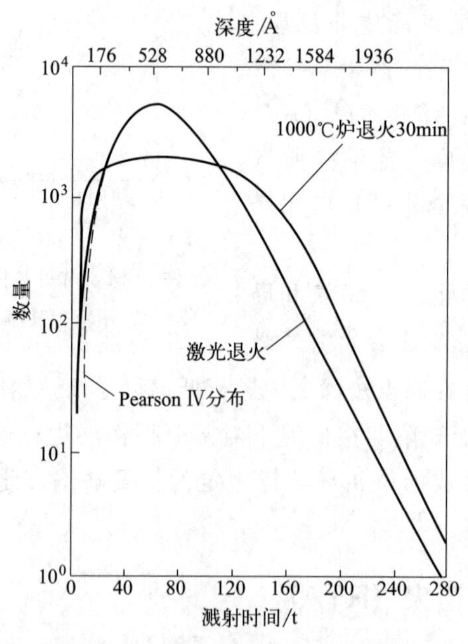

图 7.15 对砷使用传统炉退火与激光退火方法的轮廓对比

等温型退火的工艺时间涉及加热过程，要长于 1.0s。等温退火使用卤钨灯或石墨电阻条从晶圆的一侧或两侧加热晶圆，如图 7.16（a）所示。另一种方法是基于高温炉的速热工艺，设备示意图见图 7.16（b）。在这种方法中，通过调整供应给遮光罩不同区域的功率来建立热梯度，而最热的区域位于顶部。样品迅速进入该区域以实现 RTA。晶圆温度高达 1200℃并可实现高达 150℃/s 的升温速率。

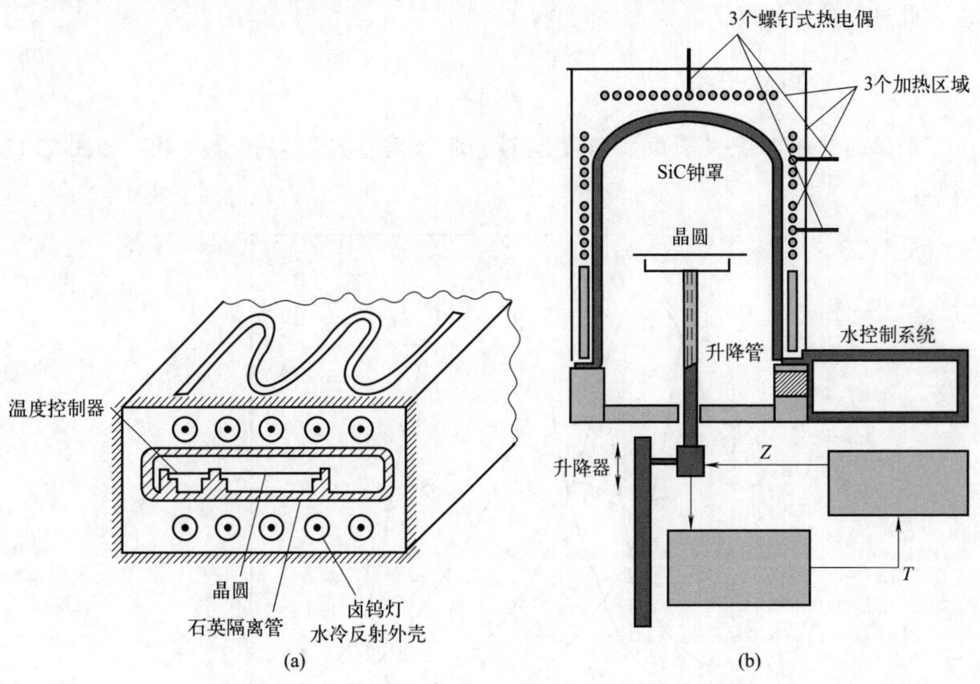

图 7.16（a）等温型退火系统；（b）快速热退火系统

7.8 浅结形成

在横向比例达到亚微米和深亚微米尺度时，当务之急是垂直测量掺杂物轮廓。深亚微米元件需要几十纳米（nm）或更小的结深。这些可以通过使用各种方法的离子注入来实现。

7.8.1 低能量注入

对于 CMOS 元件，源极区和漏极区需要浅 n^+ 层和浅 p^+ 层。砷足够重，使其能够在商业低能量离子注入机允许的能量下形成浅 n^+ 层。然而，以硼为例，注入原子会穿透得更深，但通过注入分子离子 BF_2^+，因其在撞击后会解离成原子硼和氟，有效能量可被减少至 11/49。额外的氟原子加重了晶格损伤，从而使沟道效应最小化，促进退火。新的改进使得现代低能量离子注入机在能量低于 1keV 时提供尽可能高的离子流。对于超浅结的形成，激光掺杂和等离子体掺杂是可供选择的技术，但低能量束流线离子注入技术仍然是主流。

通过注入表面膜，如 SiO_2，可以使轮廓更接近于表面。这大致使轮廓移动了一个氧化层的厚度，但可能存在氧原子反弹的问题。然而，如果通过使用 Si 或惰性气体注入，将掺杂物从沉积表面膜中敲出来进行掺杂，就可以利用这种反弹效应，此过程被称为离子混合。

7.8.2 斜离子束

如果晶圆相对于离子束大角度倾斜，那么垂直投影射程会降低，如图 7.17 所示。

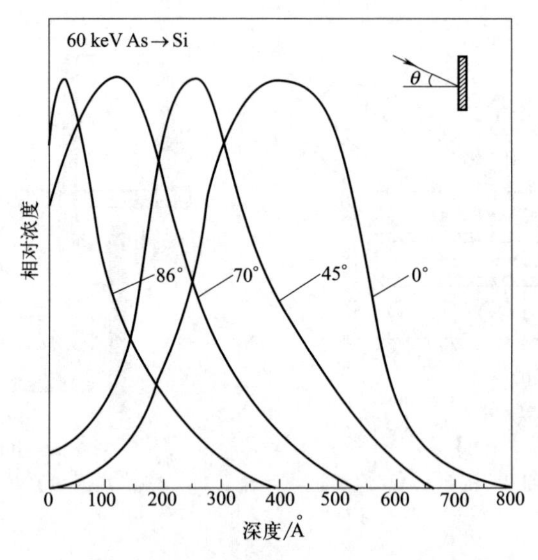

图 7.17 60keV 能量时砷通过各种入射角度注入硅的轮廓图

然而，对于大倾斜角度，相当一部分注入离子被散射到表面之外，因此有效剂量会减少。作为一种实用的技术，它只有在晶圆表面未被图案化的情况下才有用，因为大倾斜角度会在掩模边缘造成长阴影和不对称现象。

7.8.3 硅化物与多晶硅注入

如果沉积了一层表面层，并且掺杂物随后从表面层扩散至衬底中，那么就可以规避形成浅层的问题了。当表面膜与衬底欧姆接触时，这是最常见的做法。仔细控制的扩散可以在不损害硅晶格的情况下产生陡峭的掺杂物轮廓。如图 7.18 所示，多晶硅（或硅化物）中的掺杂物扩散通常比单晶硅中的快得多，因此注入原子很快就会均匀地分布在表面薄膜中。一些掺杂原子会扩散到衬底中，因此产生了一个相当陡峭的轮廓，如图 7.18 所示。

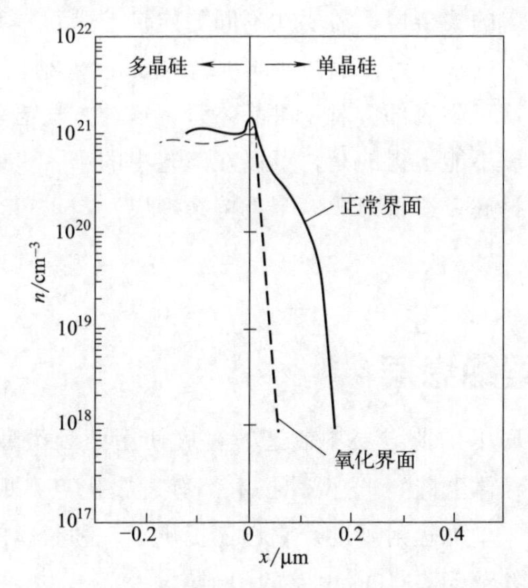

图 7.18　砷从在 900℃退火 30min 的多晶硅源扩散入硅中的轮廓图

界面上的小峰可能是晶界偏析或杂质被困在界面上造成的。如虚线曲线所示，多晶硅和衬底之间存在的 25Å 厚的氧化层足以阻挡大部分的扩散。对于硅化物，还有另一种选择，即在形成硅化物的热处理之前注入沉积金属薄膜。如果注入物在金属层下方，掺杂原子将在硅化物形成时会“雪犁”式前进，导致界面附近出现陡峭的掺杂梯度。如果注入物在金属内部，它将在移动的硅化物-硅界面上分离出来，也使得掺杂物的分布峰值非常尖锐。

7.9　高能量注入

MeV 能量级的注入常用于 VLSI 制造。最常见的应用是在单个器件中形成深隔离区。它也被用来在 CMOS 结构中形成阱（图 7.19），高能离子注入提供了三种改进传统外延 CMOS 工艺的方法。首先，阱可以被注入来实现而不是从表面扩

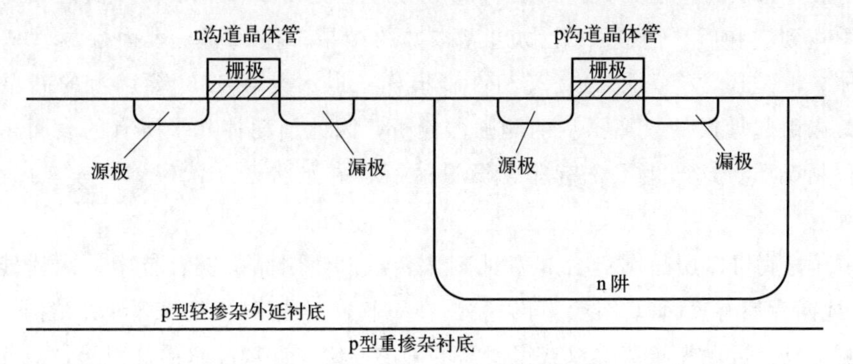

图 7.19　外延衬底 CMOS 结构截面图

散。为了达到大致均匀的掺杂层，需要在不同的能量下进行一系列的注入，并伴有一个较短的退火步骤。其次，可以通过逆向掺杂阱来改善结构，即改变注入剂量，使阱表面的掺杂程度低于阱底部。对于阱晶体管，这种方法与阱外晶体管使用外延衬底的优点相同。最后不能不提的是，可以在工艺中的第一步通过使用覆盖高能量注入来完全取消外延衬底。这将形成一个重掺杂埋层，与重掺杂的衬底具有相同的功能。

7.10 埋层绝缘层

器件可在绝缘衬底上的薄硅层中制造，衬底使用两种类型的材料 SOS（蓝宝石上硅）和 SOI（绝缘体上硅）。这两种技术都有一个优点，那就是减少由电离辐射产生的电荷收集量来增加辐射硬度。它们还提供了一种紧凑的方式将器件互相隔离，以减少寄生电容并消除 CMOS 电路的闩锁。

SOS 技术更加成熟，高质量的硅外延膜已经成功在蓝宝石晶圆上生长。然而，蓝宝石衬底非常昂贵，从而限制了 SOS 的使用，使其仅限于高要求的应用，如军事设备。

两种常见的 SOI 技术之一是引入覆盖掩埋氧化层将器件有源区与大块晶片隔离，这一过程被称为 SIMOX（注氧隔离技术），掩埋氧化层的形成原理非常简单。如果氧离子的注入剂量为 10^{18} 原子/cm^2，那么在峰值附近的氧原子数量将是硅原子的 2 倍。退火后，将形成二氧化硅。

高剂量氧离子注入在细节上有几个方面与传统的注入步骤不同。其目的是保证高质量的单晶硅表面层，以便于器件的制造。因此，在注入过程中，衬底要保持在 600℃附近，以便于自退火来保持晶体的完整性。每个入射氧离子溅射大约 0.1 个硅原子，因此大量注入氧离子会侵蚀多层硅原子层。尽管如此，这还是被氧化物形成过程中的体积膨胀所抵消（44%），最终的结果是硅表面轻微膨胀。注入轮廓也从高斯形分布变为平顶分布，如图 7.20 所示。这是由于氧离子在峰值区域周围的衬底中达到饱和后，向硅-氧化物边界扩散的结果。注入后，表面层尽管依旧是单晶体，但是还含有大量的氧气和许多损伤。退火是在 1300℃以上的高温下进行的，以引起埋层的氧离子从两侧强烈偏析，因此消耗掉几乎所有的表面注入原子，包括杂质。这产生了含有非常微量的氧，并且少于 10^9 位错/cm^2 的高质量表面膜。

SOI 衬底可以用晶圆键合和背蚀刻法合成。使用晶圆键合技术，两片硅晶圆（一片或两片都有表面氧化层）可以粘贴在一起，形成一个 $Si/SiO_2/Si$ 结构。结构的一侧可以通过抛光减薄，以获得所需的硅层厚度。此项技术的优点是，氧化层和

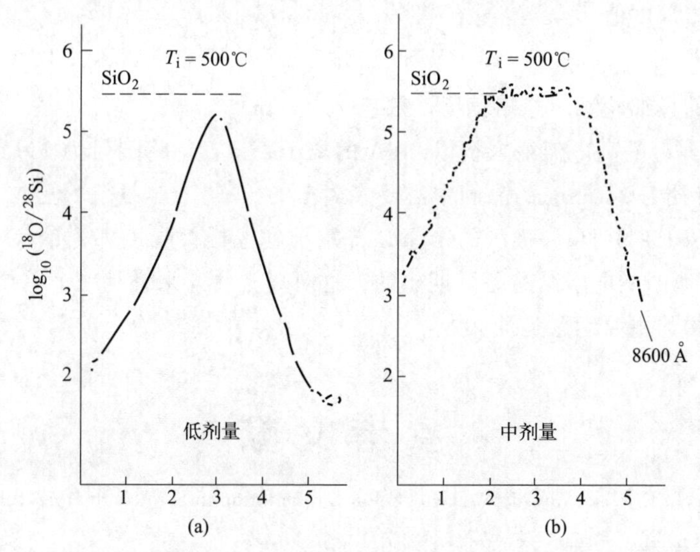

图 7.20 未经退火，在 200keV 能量下氧离子注入硅。(a) 低 O_2 剂量高斯形分布；(b) 在高退火温度与高氧剂量的情况下，变得向注入峰值扩散，形成随机的 SiO_2 埋层

硅层的厚度可以被任意调整，但制造一片 SOI 晶圆需要两片晶圆，从而提高了成本。

7.11 本章小结

本章介绍了离子注入技术。描述了现代离子注入机的组成部分，并介绍了离子注入杂质的局限性。大多数注入轮廓可以用高斯分布来描述，高斯分布的附加矩包括偏度和峭度，有时被用来对试验观察轮廓进行更好的近似计算。注入后，杂质必须进行退火处理，退火步骤激活了杂质并且修复了注入损伤，不同的退火方法根据衬底中的损伤量而命名。在关于硅的技术中，注入法也可以通过高剂量的氧注入来形成埋层绝缘层。最后介绍了使用软件来模拟注入。

习题

1. 能量为 40keV 时注入 ^{11}B 到裸硅片中，剂量为 $10^{12}/cm^2$。

(a) 注入轮廓峰值的深度为多少？

(b) 此深度下的浓度为多少？

(c) 深度为 4000Å (0.4μm) 时的浓度为多少？

2. 磷被注入硅中，注入参数为：剂量 $10^{16}/cm^2$、能量 200keV，找到注入轮廓峰值，并求出深度值。

3. 对比通过 R_p 标度法与剂量匹配法计算 100keV 能量硼经过 1400Å 的硅化钛注入到硅中的详细轮廓。忽略偏度，剂量 $10^{16}/cm^2$。

4. 一台典型的高电流注入机以 2mA 的离子束运行，将剂量为 $1\times10^{18}/cm^2$ 的 O^+ 注入到直径为 140mm 的晶圆中需要多久？

5. MOSFET 中源/漏极区的结深必将减小到像栅极长度那样的尺度，生产出比 0.1μm 更薄的低电阻结是备受期望的。这对离子注入来说是一个重要的问题吗？形成这些结构的主要问题是什么？

参考文献

1. J. W. Mayer, L. Erickson, and J. A. Davies, "Ion Implantation in Semiconductors, Silicon and Germanium," Academic Press, New York, (1970).
2. H. Ryssel and I. Ruge, "Handbook of Ion Implantation Technology," Wiley, New York, (1986).
3. G. Dearnaley, J. H. Freeman, R. S. Nelson, and J. Stephen, "Ion Implantation," New Holland Amsterdam, (1973).
4. T. C. Smith, "Wafer Cooling and Photoresist Masking Problems in Ion Implantation," Ion Implantation Equipment and Techniques, 11, Springer Series in Electrophysics, Springer-Verlag, New York, 196(1983).
5. P. Burggraaf, "Resist Implant Problems: Some Solved, Others Not," *Semicond. Int.* 15: 66 (1992).
6. J. F. Gibbons, "Ion Implantation in Semiconductors—Part Ⅰ, Range Distribution Theory and Experiments," *Proc. IEEE* 56:295(1968).
7. Y. Xia and C. Tan, "Four-parameter Formulae for the Electronic Stopping Cross-section of Low Energy Ions in Solids," *Nucl. Instrums, Methods* B, 13:100(1986).
8. B. Smith, "Ion Implantation Range Data for Silicon and Germanium Device Technologies," Research Studies, Forest Grove(1977).
9. T. E. Seidel and S. M. Sze, "Ion Implantation," *VLSI Technology*, McGraw-Hill, New York, (1983).
10. J. Lindhard and M. Scharff, "Energy Dissipation by Ions in the kev Region," *Phys. Rev.* 124: 128(1961).
11. J. Lindhard, M. Scharff, and H. SchiOtt, "Range Concepts and Heavy Ion Ranges," *Mat. Fys. Med. Dan. Vidensk. Selsk* 33:14(1963).
12. J. F. Gibbons, W. S. Johnson, and S. W. Mylroie, "*Projected Range Statistics*," Dowden, Hutchinson, and Ross, Stroudsburg, PA, (1975).
13. W. P. Petersen, W. Fitchner, and E. H. Grosse, "Vectorized Monte Carlo Calculations for the Transport of Ions in Amorphous Targets," *IEEE Trans. Electron Dev.* 30:1011(1983).

14. D. S. Gemmell,"Channeling and Related Effects in the Motion of Charged Particles Through Crystals,"*Rev. Mod. Phys*. 46:129(1974).

15. N. L. Turner,"Effects of Planar Channeling Using Modern Ion Implant Equipment,"*Solid State Technol*. 28:163(1985).

16. G. H. Kinchi and R. S. Pease,"The Displacement of Atoms in Solids by Radiation,"*Rep. Prog. Phys*,18:1(1955).

17. F. F. Morehead,B. L. Crowder. F. Eisen and L. Chadderton,"A Model for the Formation of Amorphous Silicon by Ion Implantation,"*First International Conference on Ion Implantation*, Gordon and Breach,New York,(1971).

18. R. J. Schreutelkamp, J. S. Custer, J. R. Liefting, W. X. Lu, and F. W. Saris, "Preamorphization Damage in Ion-Implanted Silicon,"*Mat. Sci. Rep*. 6:275(1991).

19. T. Y. Tan,"Dislocation Nucleation Models from Point Defect Condensations in Silicon and Germanium,"*Materials Res. Soc. Symp. Proc*. 2:163(1981).

20. B. L. Crowder and R. S. Title,"The Distribution of Damage Produced by Ion Implantation of Silicon at Room Temperature,"*Radiation Effects* 6:63(1970).

21. T. E. Seidel, A. U. MacRae, F. Eisen and L. Chadderton,"The Isothermal Annealing of Boron Implanted Silicon,"*First International Conference on Ion Implantation*,Gordon and Breach, New York,(1971).

22. S. Wolf and R. N. Tauber,"*Silicon Processing for the VLSI Era* vol. 1,"Lattice Press,Sunset Beach,CA,(1986).

23. M. I. Current and D. K. Sadana,"Materials Characterization for Ion Implantation,"in *VLSI Electronics—Micro structure Science* 6,Academic Press,New York,(1983).

24. L. Csepergi,E. F. Kennedy,J. W. Mayer,and T. W. Sigmon,"Substrate Orientation Dependence of the Epitaxial Growth Rate for Si-implanted Amorphous Silicon,"*J. Appl. Phys*. 49:3906 (1978).

25. J. A. Pals,S. D. Brotherton,A. H. van Ommen,and H. J. Ligthart,"Recent Developments in Ion Implantation in Silicon,"*Mat. Sci. Eng*. B,4:87(1989).

26. J. Gyulai,J. Ziegler,"Annealing and Activation",*Handbook of Ion Implantaion Technology*. Elsevier Science,Amsterdam(1992).

27. S. Radovanov,G. Angel,J. Cummings,and J. Buff,"Transport of Low Energy Ion Beam with Space Charge Compensation,"54th Annual Gaseous Electronics Conference,State College,PA, American Physical Society,(2001).

28. B. Thompson and M. Eacobacci,"Maximizing Hydrogen Pumping Speed in Cryopumps Without Compromising Safety,"*Micro Mag*. May(2003).

29. K. Ohyu and T. Itoga,"Advantage of Fluorine Introduction in Boron Implanted Shallow P-n Junction Formation."*Jpn. J. Appl. Phys*. 29(3):457(1989).

30. D. Lin and T. Rost,"The Impact of Fluorine on CMOS Channel Length and Shallow Junction Formation,"*IEDM Technical Digest*,843(1993).

31. M. A. Foad, R. Webb, R. Smith, J. Matsuo, A. Al Bayati, T. S. Wang, and T. Cullis, "Shallow Junction Formation by Decaborane Molecular Ion Implantation," *J. Vacuum Sci. Technol. B: Microelectron Nanometer Struct*. 18(1):445-449(2000).

32. A. S. Perel, W. K. Loizides, and W. E. Reynolds, "A Decaborane Ion Source for High Current Implantation," *Rev. Sci. Instrum*. 73(2 Ⅱ):877(2002).

33. M. A. Albano, V. Babaram, J. M. Poate, M. Sosnowski, and D. C. Jacobson, "Low Energy Implantation of Boron with Decaborane Ion," Materials Research Society Symposium, *Proceedings* 610:B3. 6. 1-B3. 6. 6(2000).

34. C. Li, M. A. Albano, L. Gladczuk, and M. Sosnowski, "Characteristics of Ultra Shallow B Implantation with Decaborane," *Materials Research Society Symposium*, *Proceedings* 745:235 (2002).

35. "Axcelis", "Imax High Dose, Low Energy Boron Cluster Implant Technology Added to Optima Platform," *Semicond. Fabtech* (2006).

36. D. Jacobson, T. Horsky, W. Krull, and B. Milgate, "Ultra-high Resolution Mass Spectroscopy of Boron Cluster Ions," *Nucl. Instrum. Methods, Phys. Res. B: Beam Interactions Mater. Atoms (1-2): August, 2005*, Ion Implantation Technology Proceedings of the 15th International Conference on Ion Implantation Technology, 406-410, (2005).

37. http://www. amat. com/products/Quantum. html? menuID=1_9_1.

38. K. Sridharan, S. Anders, M. Nastasi, K. C. Walter, A. Anders, O. R. Monteiro, and W. Ensinger, "Nonsemiconductor Applications," in *Handbook of Plasma Immersion Ion Implantation and Deposition*, Wiley, New York, (2000).

39. P. K. Chu, N. W. Cheung, C. Chan, B. Mizumo, and O. R. Monteiro, "Semiconductor Applications," *Handbook of Plasma Immersion Ion Implantation and Deposition*, Wiley, New York, (2000).

40. X. Y. Qian, N. W. Cheung, M. A. Lieberman, M. I. Current, P. K. Chu, W. L. Harrington, C. W. Magee, and E. M. Botnick, "Sub-100nm p_/n Junction Formation Using Plasma Immersion Ion Implantation," *Nucl. Instrum. Methods Phys. Res. B: Beam Interactions Mater. Atoms* 55(1-4):821(1991).

41. M. Takase and B. Mizuno, "New Doping Technology—Plasma Doping for Next Generation CMOS Process with Ultra Shallow Junction-LSI Yield and Surface Contamination Issues," *IEEE International Symposium on Semiconductor Manufacturing Conference*, *Proceedings*, B9-B11(1997).

42. K. H. Weiner, P. G. Carey, A. M. McCarthy, and T. W. Sigmon, "Low-Temperature Fabrication of p-n Diodes with 300-angstrom Junction Depth," *IEEE Electron Dev. Lett*. 13(7):369-371 (1992).

43. K. H. Weiner, and A. M. McCarthy, "Fabrication of Sub-40-nm p-n Junctions for 0. 18μm MOS Device Applications Using a Cluster-Tool- Compatible, Nanosecond Thermal Doping Technique," *Proc. SPIE* 2091:63-70(1994).

44. D. R. Myers and R. G. Wilson, "Alignment Effects on Implantation Profiles in Silicon," *Radiation Effects* 47:91(1980).

45. M. C. Ozturk and J. J. Wortman, "Electrical Properties of Shallow P_n Junctions Formed by BF_2 Ion Implantation in Germanium Preamorphized Silicon," *Appl. Phys. Lett.* 52:281(1988).

46. H. Ishiwara and S. Horita, "Formation of Shallow P_n Junctions by B-Implantation in Si Substrates with Amorphous Layers," *Jpn. J. Appl. Phys.* 24:568(1985).

47. T. E. Seidel, D. J. Linscher, C. S. Pai, R. V. Knoell, D. M. Mather, and D. C. Johnson, "A Review of Rapid Thermal Annealing (RTA) of B, BF_2 and As Implanted into Silicon," *Nucl. Instrum. Methods B* 7/8:251(1985).

48. T. O. Sedgwick, A. E. Michael, V. R. Deline, and S. A. Cohen, "Transient Boron Diffusion in Ion-implanted Crystalline and Amorphous Silicon," *J. Appl. Phys.* 63:1452(1988).

49. G. S. Oehrlein, S. A. Cohen, and TO. Sedgwick, "Diffusion of Phosphorus During Rapid Thermal Annealing of Ion Implanted Silicon," *Appl. Phys. Lett.* 45:417(1984).

50. H. Metzner, G. Suzler, W. Seelinger, B. Ittermann, H. P. Frank, B. Fischer, K. H. Ergezinger, R. Dippel, E. Diehl, H. J. Stockmann, and H. Ackermann, "Bulk-Doping-Controlled Implant Site of Boron in Silicon," *Phys. Rev. B.* 42:11419(1990).

51. L. C. Hopkins, T. E. Seidel, J. S. Williams, and J. C. Bean, "Enhanced Diffusion in Boron Implanted Silicon," *J. Electrochem. Soc.* 132:2035(1985).

52. R. B. Fair, J. J. Wortman, and J. Liu, "Modeling Rapid Thermal Diffusion of Arsenic and Boron in Silicon," *J. Electrochem. Soc.* 131:2387(1984).

53. A. E. Michael, W. Rausch, P. A. Ronsheim, and R. H. Kastl, "Rapid Annealing and the Anomalous Diffusion of Ion Implanted Boron," *Appl. Phys. Lett.* 50:416(1987).

54. K. J. Reeson, "Fabrication of Buried Layers of SiO_2 and Si_3N_4 Using Ion Beam Synthesis," *Nucl. Instrum. Methods* B19-20:269(1987).

55. K. Izumi, M. Doken, and H. Ariyoshi, "CMOS Devices Fabricated on Buried SiO_2 Layers Formed by Oxygen Implantation in Silicon," *Electron. Lett.* 14:593(1978).

56. H. W. Lam, "SIMOX SOI for Integrated Circuit Fabrication," *IEEE Circuits Devices*, 3: 6 (1987).

57. P. L. F. Hemment, E. Maydell-Ondrusz, K. G. Stevens, J. A. Kilner, and J. Butcher, "Oxygen Distributions in Synthesized SiO_2 Layers Formed by High Dose O^- Implantation into Silicon," *Vacuum*, 34:203(1984).

58. G. F. Celler, P. L. F. Hemment, K. W. West, and J. M. Gibson, "Improved SOI Films by High Dose Oxygen Implantation and Lamp Annealing," in *Semiconductor-on-Insulator and Thin Film Transistor Technology*, *Mater. Res. Soc. Symp. Proc.* 53, Boston, (1986).

59. S. Cristoloveanu, S. Gardner, C. Jaussaud, J. Margail, A. J. Auberton Herve, and M. Bruel, "Silicon on Insulator Material Formed by Oxygen Ion Implantation and High Temperature Annealing: Carrier Transport, Oxygen Activation, and Interface Properties," *J. Appl. Phys.* 62: 2793 (1987).

60. M. I. Current and W. A. Keenan, "A Performance Survey of Production Ion Implanters," *Solid State Technol*. 28:139(1985).

61. H. Glawischnig and K. Noack, "Ion Implantation System Concepts," *Ion Implantation Science and Technology*, Academic Press, Orlando, FL, (1984).

62. P. Burggraaf, "Equipment Generated Particles: Ion Implantation," *Semicond. Int*. 14(10): 78 (1991).

第8章 薄膜沉积：电介质、多晶硅和金属化

8.1 简介

制造 IC 需要不同种类的薄膜，可分为五类：(a) 外延层；(b) 热氧化层；(c) 介电层（电介质层）；(d) 多晶硅；(e) 金属膜。外延层和热氧化层的生长分别在第 2 章和第 3 章讨论过。介电层，例如二氧化硅（SiO_2）和氮化硅（Si_3N_4），用于导电层之间的绝缘，作为扩散和离子注入的掩模，用于覆盖掺杂膜以防止掺杂剂的损失，以及用于钝化来保护设备免受杂质、湿气和刮擦。磷掺杂二氧化硅，通常称为“P-glass”或磷硅玻璃（PSG），作为钝化层特别有用，因为它能抑制杂质（如 Na）的扩散，并且在 950～1100℃下软化和流动，以形成有利于沉积金属的平滑形貌。硼磷硅玻璃（BPSG）是通过将硼和磷加入到玻璃中形成的，可在 850～950℃之间的更低温度下流动。BPSG 中较小的磷含量降低了水分存在时铝腐蚀的严重程度。Si_3N_4 是钠扩散的屏障，几乎不受水分影响，并且具有较低的氧化速率。硅的局部氧化（LOCOS）工艺也使用 Si_3N_4 作为掩模。图案化的 Si_3N_4 将防止底层硅氧化，但使暴露的硅氧化。当 Si_3N_4 与 SiO_2 结合时，它也用作 DRAM MOS 电容器的电介质。

多晶硅可用作 MOS 器件中的栅电极材料、多级金属化的导电材料和具有浅结器件的接触材料。多晶硅可以不掺杂，或掺杂诸如 As、P 或 B 等元素，以降低电阻率。

掺杂剂可在沉积期间原位掺入，或随后通过扩散或离子注入掺入。由百分之几的氧组成的多晶硅是一种用于电路钝化的半绝缘材料。

金属化是晶圆加工顺序的最后一步，这是 IC 的组件通过导体互连的过程。最常见的导体材料是铝。该工艺产生一层薄膜金属层，用作芯片上各种组件互连所需的导体图案。金属化的另一个用途是在芯片周围产生称为焊盘的金属化区域，用于从封装到芯片的引线键合。焊线通常为 25μm 直径的金线，键合焊盘通常为 $100\times100\mu m^2$ 左右，以完全容纳焊线的扁平端，并允许在焊盘上放置焊线时出现一些对准偏差。

下面将详细讨论可用于沉积薄膜的工艺，其中一些已在第 2 章（CVD 和 MBE）中讨论过。这是一套非常重要的工艺，因为晶圆表面以上的所有层都必须沉积；而用于沉积半导体和绝缘层的工艺通常涉及化学反应。然而，这种区别现在正在发生变化，例如通常用于沉积金属的技术是物理方法而不涉及化学反应。本节从蒸发的物理过程开始，还包括第二个物理沉积过程：溅射。溅射已广泛应用于硅技术中。它能够沉积范围广泛的合金和化合物，并具有良好的覆盖表面形貌的能力。然后将介绍化学气相沉积法，这三种方法中，化学气相沉积法具有最好的覆盖表面形貌的能力，并且由于每种工艺的化学特性是独特的，因此对衬底的损伤最小。

8.2 物理气相沉积（PVD）

物理气相沉积（PVD）是一个过程，在该过程中，目标材料首先蒸发或溅射，然后在衬底表面冷凝。衬底表面附近没有化学反应。在 PVD 中，气相中的原子或分子物理吸附到衬底表面来形成固体膜，该固体膜通常具有非晶态性质，并可在适当的退火环境下转化为结晶形态。PVD 发生在非常低的压力下，因此很少发生气体碰撞，表面反应发生得非常快，并且在晶圆表面很少发生原子重排。

物理气相沉积技术分为三类：

① 蒸发；

② 溅射；

③ 分子束外延（MBE）。

在第 2 章已经详细讨论了分子束外延，所以这里将重点讨论蒸发和溅射方法。

8.2.1 蒸发

蒸发是沉积薄膜最古老的技术之一。蒸气首先通过在真空室中蒸发源材料产生，然后从源材料输送至衬底，并冷凝为衬底表面上的固体膜，如图 8.1 所示。晶片被装载到高真空室中，该高真空室通常用扩散泵或低温泵来泵送。扩散泵送系统通常有一个冷阱，以防止泵油蒸气回流到腔室中。将装料或待沉积材料装入称为坩埚的加热容器中。它可以通过外部电源的嵌入式电阻加热器非常简单地加热。当坩埚中的材料变热时，电荷释放出蒸气。由于腔室中的压力远小于 1mTorr，蒸气的原子以直线穿过腔室，直到它们撞击表面，并在表面聚集成膜。蒸发系统可包含多达四个坩埚，以允许在不破坏真空的情况下沉积多层并可包含多达 24 个悬浮在坩埚上方框架中的晶片。此外，如果需要合金，可以同时操作多个坩埚。坩埚前面使用机械快门，以供突然启动和停止沉积。

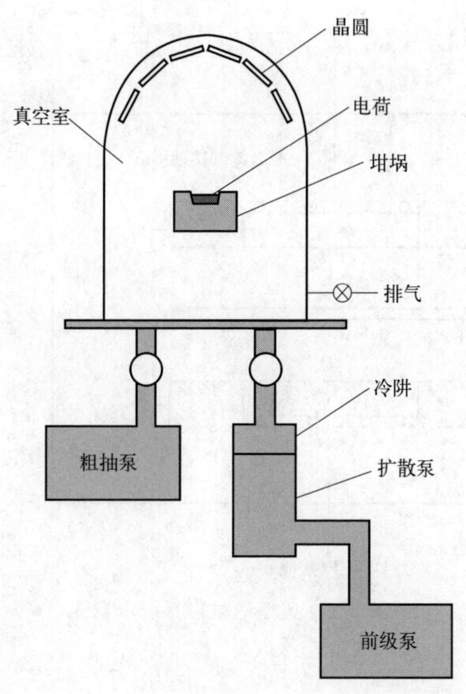

图 8.1　含扩散泵及晶圆室的蒸发系统示意图

8.2.2　溅射

溅射，与蒸发不同，可以得到非常好的控制并普遍适用于微电子制造中的所有材料，如金属、绝缘体、半导体和合金的薄膜沉积。它比蒸发具有更好的台阶覆盖性，比电子束蒸发产生的辐射损伤小得多，并且在制造复合材料和合金层方面也更好。这些优点使得溅射成为大多数硅基技术的首选金属沉积技术，直到出现铜互连。溅射涉及电极表面原子的喷射，这是通过从轰击离子到电极表面原子的动量转移来实现的。随后，电极材料产生的蒸气沉积在衬底上。简易的溅射系统如图 8.2 所示，非常类似于一个简单的反应离子蚀刻系统，即真空室中的平行板等离子体反应器。然而，在溅射应用中，等离子体室的布置必须确保高能离子撞击含有待沉积材料的靶。靶材料必须以最大离子通量放置在电极上。为了尽可能多地收集这些喷出的原子，简易溅射系统中的阴极和阳极间隔很近，一般小于 15cm。通常使用惰性气体来供应腔室，且压强通常保持在约 0.1Torr。这导致平均自由程为数百微米。由于物理性质，溅射可用于沉积多种材料。当沉积金属元素时，简单的直流溅射由于其大的溅射速率通常是受欢迎的。当沉积绝缘材料（如 SiO_2）时，必须使用射频等离子体。

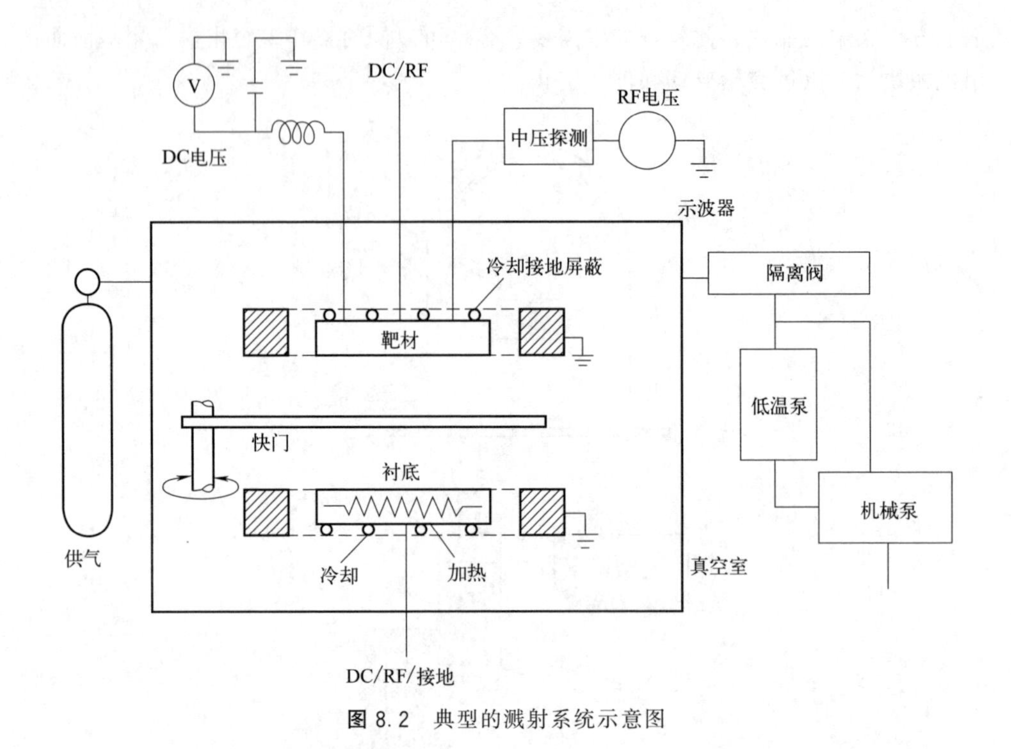

图 8.2　典型的溅射系统示意图

8.3　化学气相沉积（CVD）

化学气相沉积（CVD）已非常流行，是广泛材料的首选沉积方法。热化学气相沉积也是 IC 制造中大多数外延增长的基础。简单热化学气相沉积工艺的改进提供了替代能源，如等离子体或光激发来推进化学反应，允许在低温下就会发生沉积。常见的 CVD 方法是：

① 大气压化学气相沉积（APCVD）；

② 低压化学气相沉积（LPCVD）；

③ 等离子体增强化学气相沉积（PECVD）。

APCVD 和 LPCVD 的对比表明，低压沉积工艺的优点是均匀的台阶覆盖、成分和结构的精确控制、较低的温度处理、足够高的沉积速率和处理能力以及较低的处理成本。此外，LPCVD 不需要运载气体，可减少颗粒污染。APCVD 和 LPCVD 最严重的缺点是工作温度高，PECVD 是解决这一问题的合适方法。表 8.1 比较了三种 CVD 工艺的特点和应用情况。

APCVD 反应器是第一个用于微电子工业的反应器。在大气压下运行使反应器设计简单，并允许高沉积速率。然而，该技术易受气相反应的影响，并且薄膜通常表现出较差的台阶覆盖性。由于 APCVD 通常在质量传输受限的情况下进行，所以

表 8.1 CVD 工艺的特点及应用情况

处理过程	优势	缺点	应用
APCVD(低温)	反应堆简单，沉积速度快，温度低	台阶覆盖性差，颗粒污染，产能低	掺杂或未掺杂的低温氧化物
LPCVD	优良的纯度和均匀性，保形台阶覆盖，晶圆容量大，高产能	高温，沉积速率较低	掺杂/未掺杂的高温氧化物，氮化硅、多晶硅、钨、WSi_2
PECVD	温度低，沉积速度快，良好的台阶覆盖性	化学（例如 H_2）和颗粒污染	钝化反应（氮化物），金属表面上的低温绝缘子

必须精确控制反应器中每个衬底所有部分的反应物通量。图 8.3 显示了三个典型 APCVD 反应器的示意图。

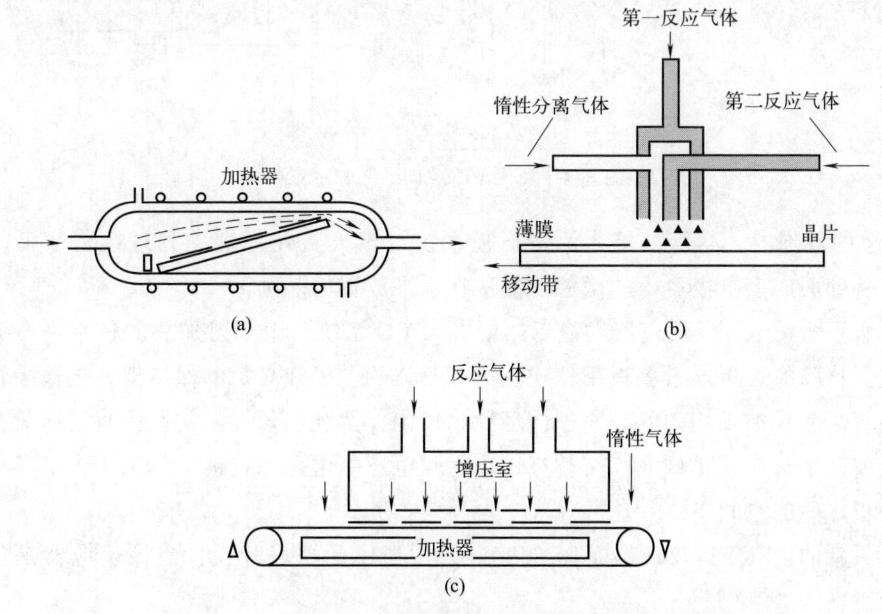

图 8.3 三种典型 APCVD 反应器示意图。(a) 水平管；(b) 气体喷射式连续处理；(c) 增压式连续处理

图 8.4 显示了典型的商用 PECVD 系统。PECVD 系统使用射频感应辉光放电将能量转移到反应气体中，使衬底保持比 APCVD 和 LPCVD 更低的温度，而不是仅仅依靠能量来维持化学反应。因此，PECVD 允许在不具有最终稳定性的衬底上沉积薄膜。此外 PECVD 可以提高沉积速率，与单独的热反应相比，可以制备出具有独特成分和性能的薄膜。然而产能受限，尤其是对于大直径晶圆而言，主要问题可能是松散黏附的沉积物造成的颗粒污染。

PECVD 反应器一般有三种类型：(a) 平行板；(b) 水平管；(c) 单晶片。在图 8.5 (a) 所示的平行板反应器中，电极间距通常为 5～10cm，工作压力在 0.1～

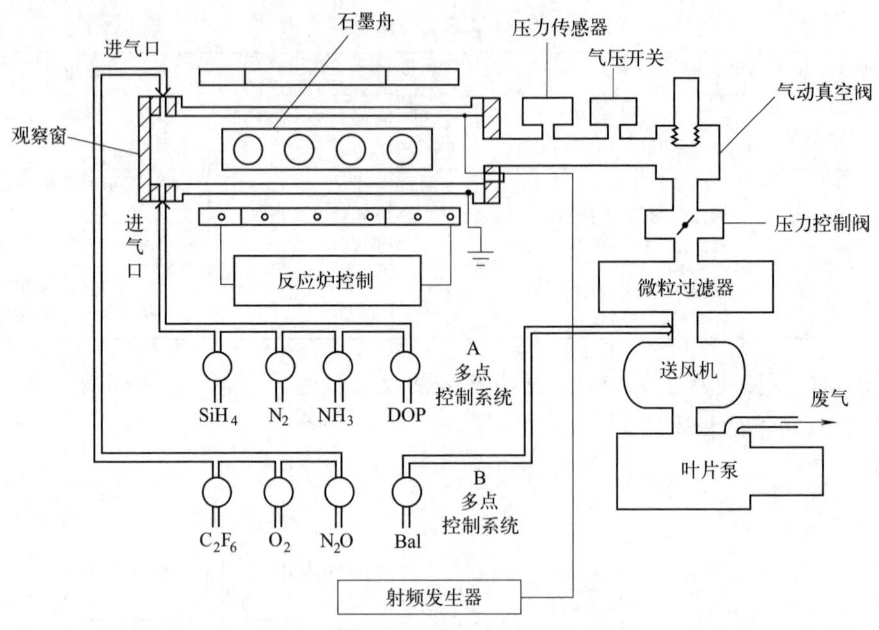

图 8.4 商用 PECVD 系统的示意图

5Torr 的范围内。尽管简单，但平行板系统对于大直径晶圆的处理能力较低。此外，从壁面或上电极脱落的微粒可能落在水平放置的晶圆上。

水平管 PECVD 反应器类似于热壁 LPCVD 系统，由辐射加热的长水平石英管组成。特殊的长矩形石墨板用作建立等离子体的电极和晶片的保持架。电极配置旨在为每个晶片提供均匀的等离子体环境，以确保薄膜均匀性。这些垂直定向的石墨电极彼此平行、并排堆叠，交替板用作射频电压的电源和接地。等离子体形成于每对极板之间的空间中。

最新的 PECVD 反应器是图 8.5（b）中所示的单晶片设计。该反应器是负载

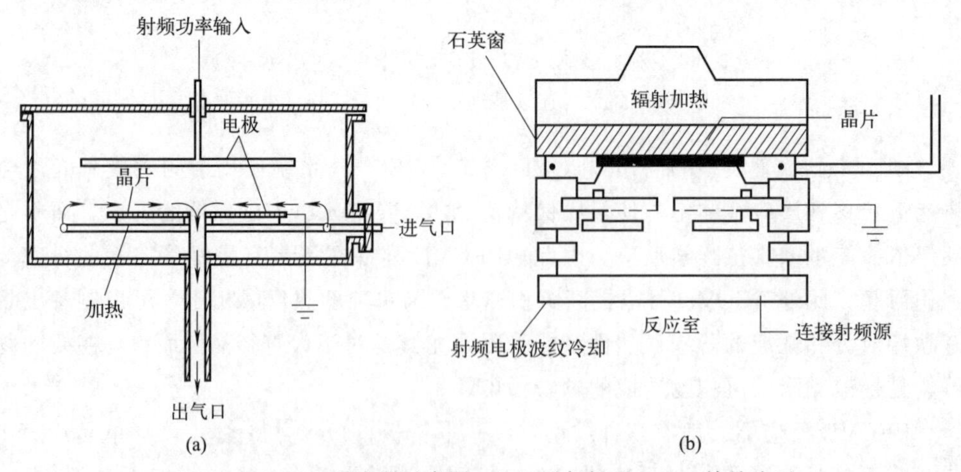

图 8.5 PECVD 反应器示意图。(a) 平行板型；(b) 单晶片型

锁定的，提供盒到盒操作，并提供每个晶片的快速辐射加热，以及允许对薄膜沉积进行现场监测。可以加工直径大于 200mm 的晶片。

安全问题

大多数用于薄膜沉积的气体是有毒的，这些有害气体也会与真空泵油发生反应。这些有害气体可分为四类：自燃（易燃或易爆）、有毒、腐蚀和危险的气体组合。表 8.2 列出了 CVD 中常用的气体。诸如硅烷与卤素、硅烷与氢、氧与氢等气体组合将导致安全问题。此外，硅烷与空气反应形成固体产物，导致气体管线中的颗粒污染。这些颗粒会堵塞管道，可能造成燃烧。

表 8.2 化学气相沉积常用气体

气体	分子式	隐患	空气中的燃烧暴露极限值(体积)/%	毒性限度/10^{-6}
氨气	NH_3	毒性、腐蚀性	16～25	25
氩气	Ar	惰性	—	—
砷化氢	AsH_3	毒性	—	0.05
二硼烷	B_2H_6	毒性、易燃性	1～98	0.1
二氯硅烷	SiH_2Cl_2	毒性、易燃性	4～99	5
氢气	H_2	易燃性	4～74	—
氯化氢	HCl	毒性、腐蚀性	—	—
氮气	N_2	惰性	—	—
一氧化二氮	N_2O	氧化剂	—	—
氧气	O_2	氧化剂	—	—
磷化氢	PH_3	毒性、易燃性	自燃	0.3
硅烷	SiH_4	毒性、易燃性	自燃	0.5

8.4 二氧化硅

有几种沉积方法可用于生产二氧化硅（SiO_2）。通过使硅烷、掺杂剂（例如磷）和氧气在减压或常压下反应，可在低于 500℃的温度下沉积薄膜：

$$SiH_4(g)+O_2(g)\longrightarrow SiO_2(s)+2H_2(g)$$

$$4PH_3(g)+5O_2(g)\longrightarrow 2P_2O_5(s)+6H_2(g)$$

该工艺可在 APCVD 或 LPCVD 室中进行。硅烷氧反应的主要优点是沉积温度低，可在铝金属化层上沉积薄膜。主要缺点是反应器壁上松散黏附的沉积物造成的台阶覆盖性差和高颗粒污染。通过热解四乙氧基硅烷［$Si(OC_2H_5)_4$］，可在 650～750℃的 LPCVD 反应器中沉积二氧化硅，该化合物缩写为 TEOS，从液体源蒸发。这个反应是：

$$Si(OC_2H_5)_4(l) \longrightarrow SiO_2(s) + 副产物(g)$$

副产物为有机物和有机硅化合物，LPCVD TEOS 通常用于沉积多晶硅栅极间隔壁。该工艺具有良好的均匀性和台阶覆盖性，但高温限制了其在铝互连上的应用。

通过二氯硅烷与一氧化二氮反应，也可在约 900℃下通过 LPCVD 沉积硅：

$$SiCl_2H_2(g) + 2N_2O(g) \longrightarrow SiO_2(s) + 2N_2(g) + 2HCl(g)$$

这种沉积技术提供了极好的均匀性，并且像 LPCVD TEOS 一样，它被用于在多晶硅上沉积绝缘层。然而，这种氧化物经常受到少量氯的污染，这些氯可能与多晶硅发生反应，导致薄膜开裂。

PECVD 需要控制和优化射频功率密度、频率和占空比，以及类似于 LPCVD 工艺的条件，如气体成分、流速、沉积温度和压力。与低温下的 LPCVD 工艺一样，PECVD 工艺也受到表面反应的限制，因此需要对衬底温度进行适当的控制，以确保薄膜厚度的均匀性。

通过硅烷与等离子体中的氧或一氧化二氮反应，二氧化硅薄膜可以通过以下反应形成。

$$SiH_4(g) + O_2(g) \longrightarrow SiO_2(s) + 2H_2(g)$$

$$SiH_4(g) + 4N_2O(g) \longrightarrow SiO_2(s) + 4N_2(g) + 2H_2O(g)$$

台阶覆盖性和回流

覆盖曲面形貌的能力也称为台阶覆盖性。随着晶体管横向尺寸的减小，多层的厚度几乎保持不变。在这种情况下，这种台阶是通过绝缘层向下腐蚀至衬底的触点横截面，在该距离范围内（$<1\mu m$），入射材料束可视为无散射。对于沉积的 SiO_2，观察到三种一般类型的台阶覆盖，如图 8.6 所示。图 8.6（a）中所示的完全均匀或保形台阶覆盖是指反应物或反应物在反应前吸附，然后迅速沿表面迁移。当反应物在没有明显表面迁移的情况下吸附和反应时，沉积速率与气体分子的到达角成正比。图 8.6（b）为一个示例，其中气体的平均自由程远大于台阶的尺寸。

顶部水平面的二维到达角为 180°。在垂直台阶的顶部，到达角仅为 90°，因此膜厚度减半。沿垂直壁，到达角 φ 由开口宽度 w 和与顶部的距离 z 决定。

$$\varphi = \arctan(w/z) \tag{8.1}$$

这种类型的台阶覆盖沿垂直壁很薄，可能在台阶底部因自阴影而出现裂缝。图 8.6（c）描述了表面迁移率最小且平均自由程较短的情况。此处，台阶顶部的到达角为 270°，因此形成较厚的沉积物。台阶底部的到达角只有 90°，因此薄膜很薄。台阶顶部较厚的尖头和底部较薄的裂缝结合在一起，形成了一种特别难以用金属覆盖的凹腔式形状。

用作扩散源的掺杂氧化物含有重量为 5%～15%的掺杂剂。用于钝化或层间绝缘的掺杂氧化物含有质量为2%～8%的磷，以防止离子杂质扩散到器件中。用于回流焊工艺的磷硅玻璃（PSG）含有质量为6%～8%的磷。磷浓度较低的氧化物不会软化和流动，但磷浓度较高会产生有害影响，因为磷会与大气水分反应生成磷酸，从而腐蚀铝金属物。向 PSG 中添加硼可进一步降低回流温度，而不会加剧腐蚀问题。硼磷硅玻璃（BPSG）通常含有质量为4%～6%的磷和质量为1%～4%的硼。PSG 或 BPSG 的台阶覆盖不良可通过加热样品直到玻璃软化和流动来纠正。图 8.7 所示的扫描电子显微图显示了 PSG 回流。回流表现为细节的逐渐消失。

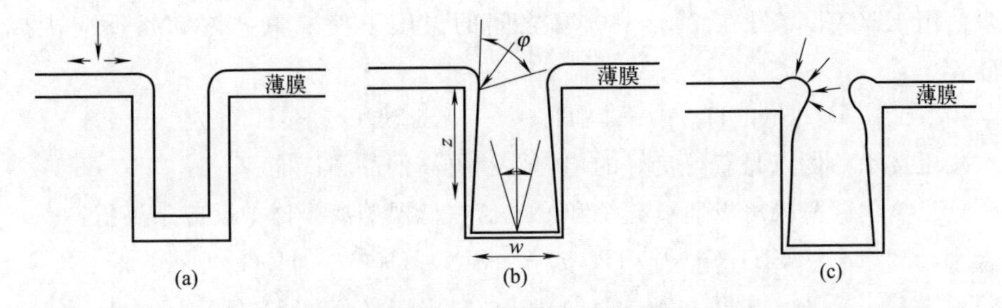

图 8.6　沉积薄膜的台阶覆盖。(a) 快速表面迁移导致的均匀覆盖；(b) 长平均自由程和无表面迁移的非正规台阶覆盖；(c) 短平均自由程和无表面迁移的非保形台阶覆盖

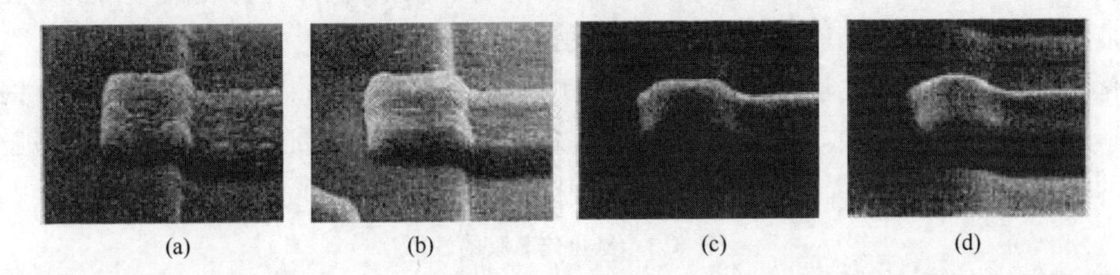

图 8.7　扫描电镜照片（3200×），质量为 4.6%的 PSG 表面在 1100℃蒸汽中退火以下时间：(a) 0min；(b) 20min；(c) 40min；(d) 60min

沉积氧化物的台阶覆盖性可以通过平面化或蚀刻技术来提高。图 8.8 说明了平面化过程。由于有机光刻胶材料的低黏度，因此在涂覆期间或随后的烘焙期间发生

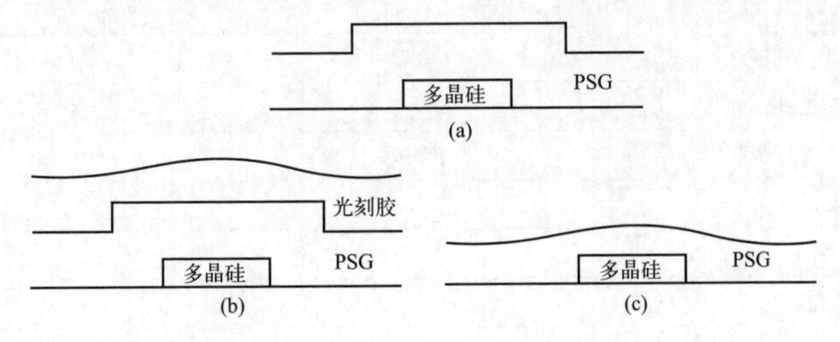

图 8.8　台阶平面化加工示意图。(a) 覆盖 PSG；(b) 光刻胶涂层；(c) 留下平坦的 PSG 表面

回流。然后对样品进行等离子体蚀刻，以去除所有有机涂层和部分 PSG，其蚀刻条件是需要选择同等的速率去除有机材料和 PSG。

8.5 氮化硅

化学计量的氮化硅（Si_3N_4）可在 700～800℃的大气压力下沉积：

$$3SiH_4(g)+4NH_3(g)\longrightarrow Si_3N_4(s)+12H_2(g)$$

使用 LPCVD，可在 700～800℃之间的温度下使二氯硅烷和氨反应生成氮化硅：

$$3SiCl_2H_2(g)+4NH_3(g)\longrightarrow Si_3N_4(s)+6H_2(g)$$

减压技术的优点是获得良好的均匀性和更高的晶圆产能。

氢化氮化硅薄膜可以通过硅烷和氨或氮在低温等离子体中反应来沉积：

$$SiH_4(g)+NH_3(g)\longrightarrow SiN:H(s)+3H_2(g)$$

$$2SiH_4(g)+N_2(g)\longrightarrow 2SiN:H(s)+3H_2(g)$$

等离子体辅助沉积通过辉光放电中的气体反应在低温下生成薄膜。两种等离子体沉积材料：氢化氮化硅（SiNH）和等离子体沉积二氧化硅，在 VLSI 中非常有用。由于沉积温度较低，在 300～350℃之间，因此，等离子体氮化硅可以沉积在最终器件的金属化层上。等离子体沉积的薄膜含有大量的氢（10～35 个原子）。氢化物以 Si—H 的形式与硅结合，以 N—H 的形式与氮结合，以 Si—OH 和 H_2O 的形式与氧结合，表 8.3 给出了使用 LPCVD 和等离子体辅助沉积制备的氮化硅薄膜的一些特性。

表 8.3 氮化硅薄膜的性能

沉积技术	LPCVD	等离子体
温度/℃	700～800	250～350
组成部分	$Si_3N_4(H)$	SiN_xH_y
Si/N 比	0.75	0.8～1.2
H 原子/%	4～8	20～25
折射率	2.01	1.8～2.5
密度/(g/cm^3)	2.9～3.1	2.4～2.8
介电常数	6～7	6～9
电阻率/Ω·cm	10^{16}	10^6～10^{15}
介电强度/(10^6V/cm)	10	5
能隙/eV	5	4～5
应力/10^8Pa	10	2～5

硅的局部氧化（LOCOS）工艺

产生厚氧化物最直接的方法是在器件制造之前直接生长，然后在氧化物中蚀刻孔并在这些孔中制造器件。这种方法有两个严重缺点，第一个是创建的拓扑，后续沉积的台阶覆盖性将很差，光刻将受到影响。如果要刻印小特征，这种问题是非常严重的。第二个缺点不太明显，在轻掺杂衬底上，必须注入保护环以增加寄生阈值电压。除非使用非常高的能量，否则必须在氧化之前进行注入。氧化过程中释放的点缺陷也可能增强氧化过程中的扩散。结合对准公差要求，这将显著降低集成电路的密度。

已成为硅集成电路制造标准的隔离方法是硅的局部氧化或简称 LOCOS。局部氧化本质上是结隔离的产物，解决了隔离和寄生器件形成的问题。通常先通过 LPCVD 生长一层薄的氧化物，并在晶圆上沉积一层 Si_3N_4。在氮化物形成图案之后，可以进行场注入以增加寄生 MOSFET 的阈值电压。然后剥离光刻胶并氧化晶圆。氮化物作为氧化剂扩散的屏障，防止硅的选定区域氧化。在氮化物的顶部也会生长出一层薄薄的氧化物。这一点很重要，因为它将氮化物的最小厚度限制在 1000Å 左右，并且在现场氧化后剥离氮化物之前必须去除氧化物。

由于因为氧化消耗的硅是其生长量的 44%，因此生成的氧化物部分凹陷，并逐渐进入易于覆盖光刻胶和后续层的区域。如果硅在磁场注入之前被蚀刻，那么磁场氧化物可以完全凹陷，形成一个近似平面的表面。图 8.9 显示了局部氧化物的生长以及完整 LOCOS 结构的横截面图。该过程在表面留下一个特征性的凸起，随后逐渐变窄的氧化物尾部进入活动区域。根据其外观，这种结构被称为鸟嘴。这个凸起像鸟的头部形状，在凹进的结构中特别明显。

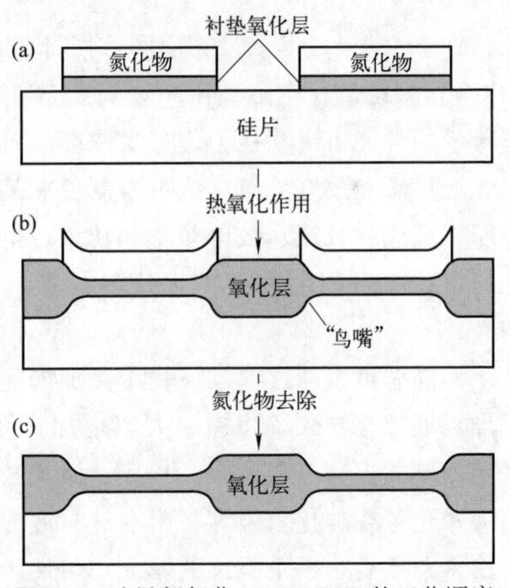

图 8.9 硅局部氧化（LOCOS）的工艺顺序

氮化物下薄衬垫氧化层的目的是减少氧化过程中硅衬底中产生的应力，这种应力是由于衬底和氮化物的热胀系数不匹配以及生长氧化物的体积增加所致。在高温下，氧化物的黏性流动大大降低了应力。在优化氧化物和氮化物层的厚度方面人们已经做了大量的研究。如果应力超过硅的屈服强度，将在衬底中产生位错。较厚的衬垫氧化物将降低衬底中的应力。能够允许而没有位错形成的衬垫氧化物最小厚度约为氮化物厚度的 1/3。这种缺陷保护必须与氧化物增加的横向侵蚀进行权衡，这种氧化物是由于氧化物质通过衬垫氧化物的横向扩散而发生的。氮化物与最终衬垫氧化物的厚度比为2.5∶1时，会产生横向侵蚀或鸟嘴效应，大约等于场氧化物的厚度。

LOCOS工艺的一个问题是白带效应或Kooi氮化物效应。在这种情况下，氮化硅衬垫下方的硅表面处形成了热氮氧化物。白带是由 Si_3N_4 与高温潮湿环境反应形成 NH_3 引起的，NH_3 扩散到 Si/SiO_2 界面，在界面上分解。当反应剧烈时，这些氮化物造成的表面纹理可以被视为活动区域边缘周围的白带效应。该缺陷导致有源区中后续热氧化物（例如栅极氧化层）的击穿电压降低。从器件的角度来看，鸟嘴效应有两个严重的后果，通常活动区域在至少一个方向上定义了器件的边缘。然后侵入会减小器件的有效宽度，从而减少晶体管将要推进的电流量。一个更微妙的影响是由于场掺杂，场氧化导致场注入扩散到有源区的边缘。

8.6 多晶硅

多晶硅在575～650℃之间热解硅烷沉积：

$$SiH_4(g) \longrightarrow Si(s) + 2H_2(g)$$

在0.2～1.0Torr的压力下，将纯硅烷或氮气中20%～30%的硅烷注入LPCVD系统。在实际应用中，需要约10～20nm/min的沉积速率。LPCVD多晶硅薄膜的性能由沉积压力、硅烷浓度、沉积温度和掺杂剂含量决定。

通过辉光放电分解硅烷可以制备非晶硅。沉积速率等工艺参数受沉积变量（如总压、反应物分压、放电频率和功率、电极材料、气体种类、反应器几何形状、泵送速度、电极间距和沉积温度）的影响。沉积温度和射频功率越高，沉积速率越高。

多晶硅可以通过向反应物中添加磷化氢、砷化氢或乙硼烷来掺杂（原位掺杂）。添加乙硼烷会导致沉积速率大幅增加，因为乙硼烷会形成硼烷自由基 BH_3，催化气相反应并提高沉积速率。相反，添加磷化氢或砷化氢会导致沉积速率迅速降低，因为磷化氢或砷化氢强烈吸附在硅衬底表面，从而抑制 SiH_4 的解离化学吸附。尽管掺入杂质后，整个晶圆的厚度均匀性较差，但通过精确控制样品周围反应气体的流动，可以保持均匀性。

多晶硅也可以通过其它方法单独掺杂。图8.10显示了通过扩散、离子注入和原位掺杂磷的多晶硅电阻率。扩散多晶硅中的掺杂剂浓度通常超过固体溶解度极限，过量的掺杂剂原子在晶界处偏析。轻度注入的多晶硅高电阻率是由晶界处的载流子陷阱引起的。一旦这些陷阱被掺杂剂饱和，电阻率迅速降低，并接近注入单晶硅的电阻率。

多晶硅可在900～1000℃的干燥氧气中氧化，以在掺杂多晶硅栅极和其它导电层之间形成绝缘体。所得材料半绝缘多晶硅（SIPOS）也用作高压设备的钝化涂层。

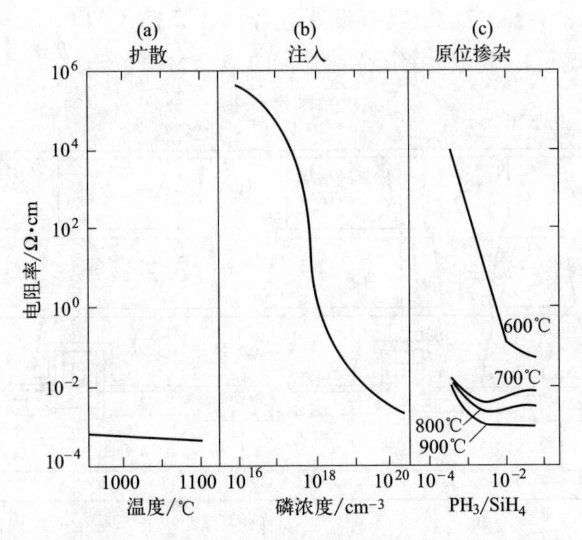

图 8.10　掺磷多晶硅的电阻率。(a) 扩散：指示温度下时长 1h；(b) 注入：1100℃下退火 1h；(c) 原位掺杂：在 600℃下沉积，并在指定温度下退火 30min 后

8.7　金属化处理

许多导体被用于制造半导体器件，如铜、铝和钨等。高导电性金属被广泛用于微电子电路的互连。金属化是在晶圆的表面添加一层金属的过程。金属如铜和铝是良好导体，被广泛用于制作传输电力和信号的导线。微型金属线连接半导体衬底表面上的数百万个晶体管。金属化必须具有低电阻率以实现低功耗和高集成电路速度，光滑表面以实现高分辨率图形化过程，高抗电迁移可以实现高设备可靠性，低薄膜应力可以实现与底层衬底的良好黏附性。其它特性包括在后续加工过程中具有稳定的力学和电气性能、良好的耐腐蚀性以及对沉积和蚀刻的相对接受性。因为集成电路设备的速度与 RC 时间常数密切相关，且 RC 时间常数与用于形成金属线导体的电阻率成正比，所以降低互连线的电阻非常重要。尽管铜的电阻率比铝低，但技术上的困难，如附着力、扩散问题、干法刻蚀困难等，长期以来阻碍了铜在微电子领域的应用。

自半导体工业开始以来，铝一直主导着金属化应用，在 20 世纪 60 年代和 70 年代，纯铝或铝硅合金被用作金属互连材料。到了 20 世纪 80 年代，当器件尺寸缩小时，一层金属互连已不足以布线所有晶体管，多层互连得到了广泛应用。为了增加封装密度，必须有接近垂直的接触孔和通孔，这些孔太窄，铝合金的 PVD 无法填充没有空隙的通孔。因此，钨成为一种广泛用于填充接触孔和通孔的材料，并用作连接不同金属层的插头。在钨沉积之前沉积钛和氮化钛阻挡层或黏合层，以防止钨扩散和剥离。图 8.11 显示了具有铜互连和钨通孔插头的 CMOS 集成电路的横截面图。硼磷硅玻璃（BPSG）用作隔离插头的绝缘材料。

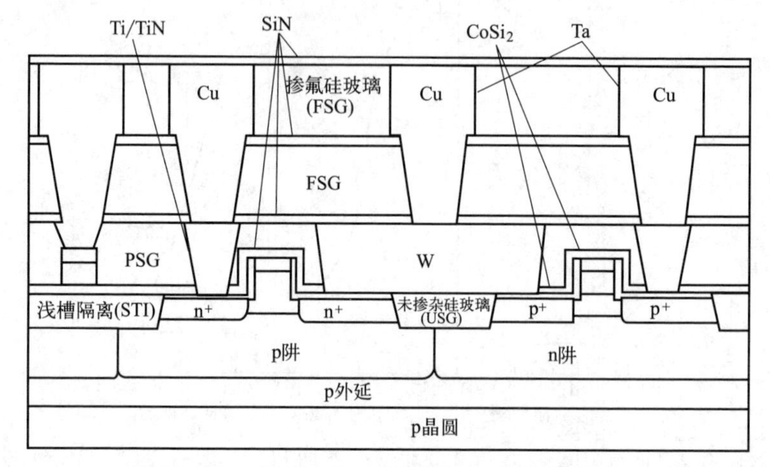

图 8.11　铜互连的 CMOS 集成电路横截面图

8.8　金属化技术在 VLSI 中的应用

对于 VLSI，金属化的应用可分为三组：

① MOSFET 的栅极；

② 欧姆接触；

③ 互连。

互连金属化使用细线金属图案互连数千个 MOSFET 或双极器件。它也和 MOSFET 的栅极金属化相同，所有与半导体直接接触的金属化称为接触金属化。多晶硅薄膜以金属化的形式使用于 MOS 器件的栅极和互连。铝被用作设备上的接触金属和外部世界的第二级互连。已经提出了几种新的金属化方案，以产生与半导体的欧姆接触。在一些情况下，建议采用包含扩散阻挡层的多层结构。铂硅化物（PtSi）已被用作肖特基势垒接触，也被用作深结欧姆接触。钛/铂/金或钛/钯/金束流引线技术已成功提供了与外界的高可靠性连接，VLSI 中任何金属化方案的适用性取决于几个要求，然而重要的要求是在整个集成电路制造过程中金属化的稳定性及其在器件实际使用过程中的可靠性。

欧姆接触

当金属沉积在半导体上时，应形成良好的欧姆接触，这是可能的，如果沉积金属不干扰器件特性。此外，芯片接触在电气和机械上具有很好的稳定性。

金属化的其它重要应用是提供与外界连接的顶层金属。为了降低互连电阻和节省芯片面积，本节讨论的多级金属化也被使用了。金属化还用于在反应金属膜之间产生整流（肖特基势垒）触点、保护环和扩散势垒。

我们已经说明了集成电路金属化的预期特性。没有一种金属能满足所有要求的特性。如上所述，即使是具有大多数所需性能的铝也会受到低熔点限制和电迁移的影响。

多晶硅已用于MOS器件的栅极金属化。近年来，多晶硅/再断裂金属硅化物双层材料已取代了多晶硅，从而在栅极和互连水平上实现了较低的电阻。通过保留多晶硅作为与栅极氧化物接触的“金属”的用途，众所周知的器件特性和工艺没有改变。钼硅化物（$MoSi_2$）、钽硅化物（$TaSi_2$）和钨硅化物（WSi_2）已用于微处理器和随机存取存储器的生产，建议使用 $TiSi_2$ 和 $CoSi_2$ 代替 $MoSi_2$、$TaSi_2$ 和 WSi_2。铝、钨和钼也被考虑用作栅极金属。

对于触点，铝是VLSI的首选金属。然而，对于VLSI应用，一些特殊的因素不能再被忽略，如较浅的结、台阶覆盖、在较高的电流密度下电迁移和接触电阻。因此，考虑了VLSI中接触问题的几种可能解决方案，其中包括使用：

- 稀释硅铝合金。
- 源极、漏极或栅极与顶层Al之间的多晶硅层。
- 选择性沉积钨，即通过CVD方法沉积的钨，这种金属只沉积在硅上，而不沉积在氧化层上。
- 硅和铝之间的扩散阻挡层，使用硅化物、氮化物、碳化物或其组合。

使用自对准硅化物，如PtSi，可确保硅和硅化物之间具有极好的冶金接触。在同时形成浅结和触点的工艺中，也建议使用硅化物。VLSI中有效金属化方案的最重要要求是金属必须黏附在窗口中的硅上和定义为芯片窗口的氧化物上。在这方面，形成氧化物的生成热高于 SiO_2 的一些金属，如Al、Ti、Ta等是最好的。这就是为什么钛是最常用的黏附促进剂。

尽管硅化物用于接触金属化，但需要使用扩散阻挡层来防止与用作顶层金属的铝发生相互作用。在200～500℃的温度范围内，铝与大多数硅化物相互作用。因此，过渡金属氮化物、碳化物和硼化物由于其高化学稳定性而被用作硅化物（或Si）和Al之间的扩散屏障。

8.9 金属化选择

在金属选择方面，互连金属化的重要性已在前面的介绍部分中简要讨论，即通过互连线的电阻来控制传输延迟。线路的RC时间常数随二氧化硅的变化而变化，因为介电材料遵循式（8.2）：

$$RC=\frac{\rho_{Line}}{d_{Line}}\times\frac{L_{Line}\varepsilon_{ox}}{d_{ox}} \tag{8.2}$$

式中，ρ_{Line} 是线路材料的电阻率；d_{Line} 是线路的厚度；L_{Line} 是线的长度；d_{ox} 是氧化物的厚度；ε_{ox} 是氧化物的介电常数。

集成电路金属化的预期特性如下：

- 低电阻率；
- 易于形成；
- 易于蚀刻以生成图案；
- 应在可氧化的氧化环境中保持稳定；
- 机械稳定性，良好的附着力和低应力；
- 表面光滑；
- 整个加工过程的稳定性，包括高温烧结；
- 干湿氧化、吸气、磷玻璃（或其它材料）钝化、金属化、与最终金属无反应；
- 不应污染设备、晶片或工作设备；
- 良好的设备特性和使用寿命；
- 对于窗口触点，低接触电阻、最小结渗透、低电迁移。

8.10 铜金属化

PVD可以用来沉积薄膜，而不是像CVD那样依靠化学反应来生成薄膜。PVD技术通常比CVD方法更通用，因为它允许几乎任何材料的沉积。铜的电阻率（1.7μΩ·cm）低于铝铜合金（2.9～3.3μΩ·cm）。它还具有更高的电子迁移阻力，因为铜原子比铝重得多，并且它具有更好的可靠性。铜一直是集成电路行业中金属互连的良好选择，因为它可以降低功耗并提高集成电路的速度。铜确实存在与二氧化硅黏附的问题，并且在Si和SiO_2中的扩散率很高。铜扩散到硅中会导致重金属污染，并导致集成电路故障。因此，在沉积铜之前，需要沉积例如钽这样的阻挡金属，铜很难干法蚀刻，因为铜卤素化合物的挥发性很低。由于缺乏有效的干法蚀刻方法，铜也存在反渗透性问题，这也导致使用铜作为集成电路常用的互连材料成为一种障碍。

8.11 铝金属化

铝（Al）是大多数集成电路、分立二极管和晶体管金属化最常用的材料。薄膜厚度约为1μm，通常使用约2～25μm的导体宽度。使用铝具有以下优点：

- 铝具有相对良好的导电性；
- 通过真空蒸发很容易沉积铝薄膜；
- 铝与 SiO_2 表面具有良好的黏附性；
- 通过在约 500℃下烧结或在 577℃共晶温度下合金化，铝与硅形成良好的机械结合；
- 铝与 p 型硅和重掺杂 n 型硅形成低电阻、非整流（即欧姆）触点；
- 铝可以通过单一的沉积和蚀刻工艺进行应用和图案化。

铝同样具有一定的局限性：

① 在封装操作过程中，如果温度过高，比如 600℃，或者如果由于电流浪涌而过热，铝会熔断并穿透氧化层进入硅，并可能导致连接短路。通过提供适当的过程控制和测试，可以将此类故障降至最低。

② 硅芯片通常封装在金预制件或硅合金化的芯片背衬中。由于封装引线通常是镀金的，所以金引线已经连接到芯片上的铝膜键合焊盘上。在高温下，这类系统金属之间的反应会导致金属化合物的生成，称为“紫斑”。“紫斑”是金和铝相互扩散时可能发生的六个阶段之一。由于金和铝的扩散速率不同，空洞通常以“紫斑”的形式出现。这些空洞可能导致键减弱、电阻键或灾难性失效。通常，在温度升高的电路中使用铝导线或其它金属系统可以解决该问题。一种方法是在铬的底层上沉积金。铬作为金的扩散屏障，也能很好地黏附在氧化物和金上。金对氧化物的附着力很差，因为它本身不氧化。然而，铬金工艺相对昂贵，并且在合金化过程中与硅发生不可控制的反应。

③ 铝受到电迁移的影响。电迁移会导致金属中大量的物质迁移。这是因为电场的直接影响和电子与原子的碰撞导致原子的增强和定向迁移，从而导致动量转移。器件运行期间，在具有足够电流密度的薄膜导体中，由于存在有助于材料传输的晶界、位错和点缺陷，因此材料传输模式可以在更低的温度下发生（与块体金属相比）。电迁移引起的故障是铝线最重要的故障模式。

铝是第四大导电金属，电阻率为 $2.65\mu\Omega \cdot cm$，仅次于电阻率为 $1.6\mu\Omega \cdot cm$ 的银元素、电阻率为 $1.7\mu\Omega \cdot cm$ 的铜和电阻率为 $2.2\mu\Omega \cdot cm$ 的金。铝可以容易地进行干法蚀刻，以形成微小的金属互连线。CVD 和 PVD 工艺都可以用于沉积铝。PVD 铝具有较高的质量和较低的电阻率。PVD 是微电子工业中比较流行的一种方法。热蒸发、电子束蒸发和等离子溅射可用于铝 PVD。磁控溅射沉积是先进制造中铝合金沉积最常用的 PVD 工艺。铝 CVD 通常是一种采用铝有机化合物的热 CVD 工艺，如二甲基氢化铝 $Al[(CH_3)_2H]$（DMAH），是以铝为母体的。铝在硅中扩散形成铝尖峰，铝尖峰可以确切地通过掺杂漏极/源极结引起衬底硅短路。如图 8.12 所示，这种效应称为结尖峰效应。这个问题可以通过在铝中加入 1%的硅来代替纯铝形成合金来解决。400℃热退火在硅铝界面形成硅铝合金，有助于防止

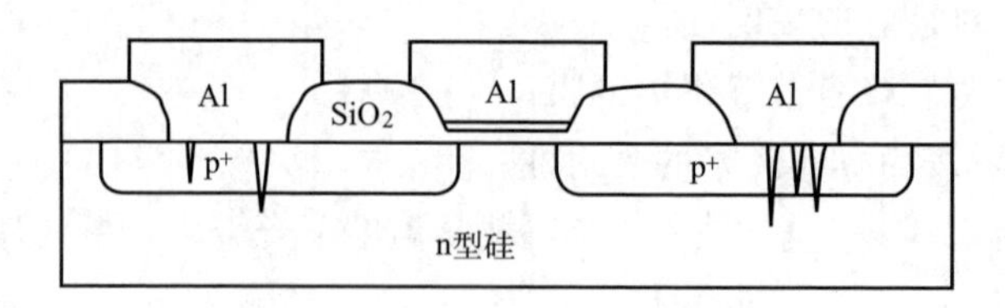

图 8.12 铝扩散引起的结尖峰图示

铝硅互扩散导致结尖峰。

金属铝是一种多晶材料，含有许多细小的单晶颗粒。当电流流过铝线时，一股电子流不断地轰击颗粒，一些较小的颗粒开始向下移动，就像洪水季节底部的岩石向下移动一样。这种效应称为电迁移。电迁移示意图如图 8.13 所示。

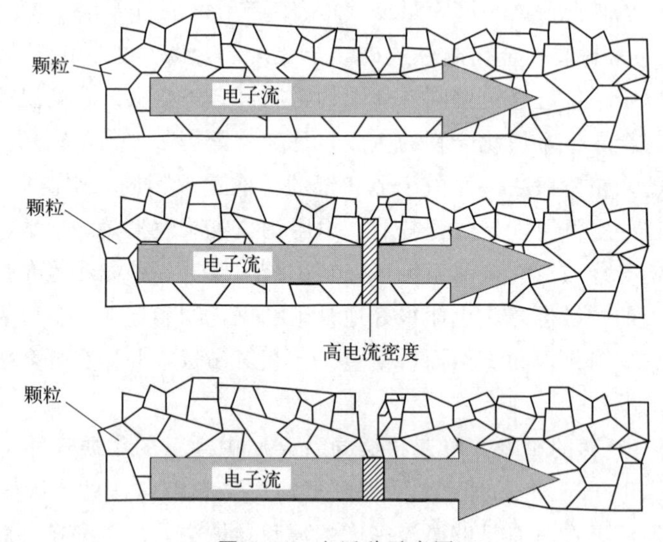

图 8.13 电迁移示意图

电迁移可能会导致铝线出现严重问题。当一些颗粒由于电子轰击而开始移动时，它们会损坏金属线。在某些点上，它们会在这些点上产生更高的电流密度。这加剧了电子轰击，导致更多的铝颗粒。

高电流和高电阻会产生热量，最终导致铝线断裂。因此，电迁移会影响微电子器件的可靠性。在铝中加入少量质量分数为 0.5%的铜，可以显著提高铝的迁移阻力。这是因为铜原子很大，它可以容纳铝颗粒，防止因电子轰击而迁移。

8.12 金属化工艺

金属化工艺可分为两类：

① CVD；

② PVD。

CVD 具有三个重要优势：

① 出色的台阶覆盖性；

② 高处理能力；

③ 低温处理。

基本的 PVD 方法有：

① 蒸发；

② 溅射。

这两种方法有三个相同的步骤：

① 将凝聚相（通常为固体）转化为气态或气相；

② 将气相从源极输送至衬底；

③ 在衬底上冷凝气体源。

在这两种方法中，衬底都远离源极。

在沉积化合物（如硅化物、氮化物或碳化物）的情况下，其中一种成分作为气体，沉积过程称为反应蒸发或溅射。

8.13　沉积方法

在蒸发法中，最简单的方法是通过蒸汽在衬底上的冷凝来沉积薄膜。衬底保持在比蒸汽更低的温度，当加热到足够高的温度时，所有金属都会蒸发。有多种加热方法可用来达到这些温度。对于铝沉积，可以采用电阻、感应（射频）、电子轰击、电子枪或激光加热。对于难熔金属，电子枪非常常见，电阻加热提供低的处理能力。电子枪会造成辐射损伤，但通过热处理可以使其退火。这种方法是有利的，因为蒸发发生在远低于溅射压力的压力下，这使得空气中的气体截留可以忽略不计。蒸发源的射频加热可以证明是提供大的处理能力、清洁环境和最低辐射损伤水平的最佳折中方案。

在溅射沉积法中，靶材料被高能离子轰击以释放一些原子。然后这些原子凝聚在衬底上形成薄膜。与蒸发不同，溅射控制非常好，通常适用于所有金属、合金、半导体和绝缘体材料。射频直流和直流磁控溅射可用于金属沉积。由于薄膜的成分受靶材的成分所锁定，因此通过从合金靶材溅射来沉积合金薄膜是可能的。即使合金成分的溅射速率之间存在相当大的差异，这也是正确的。合金也可以通过使用单个组分靶材成分来很好地控制沉积。在某些情况下，可以通过在反应性环境中溅射金属来沉积化合物。因此，诸如甲烷、氨、氮和二硼烷等气体可以在溅射室中分别用来沉积碳化物、氮化物和硼化物。这种技术称为反应溅射。溅射是在相对较高的压力（0.1～1Pa），由于气体离子是轰击物质，因此薄膜通常最终包含少量气体，被截留的气体会引起应力变化。溅射是一种物理过程，在此过程中沉积的薄膜也会受到离子轰击。这种离子轰击会导致溅射损伤，从而导致不必要的电荷和内部电场，影响器件过氧化。然而，这种损伤可以在相对较低的温度下退火（<500℃），除非损坏严重到导致栅极电介质不可逆击穿。

8.14 沉积装置

金属化通常在真空室中进行。机械泵可将压力降低至约 0.1～10Pa。该压力可能足以用于 LPCVD。油扩散泵可将压力降至 10^{-5}Pa，借助液氮阱可低至 10^{-7}Pa。涡轮分子泵可将压力降至 10^{-9}～10^{-8}Pa。此类泵无油，适用于必须避免油污染的分子束外延。除了泵送系统外，还应评估压力计和控制装置、残余气体分析仪、温度传感器、通过反向溅射清洁晶片表面的能力、污染控制和气体歧管，以及自动化技术的使用情况。

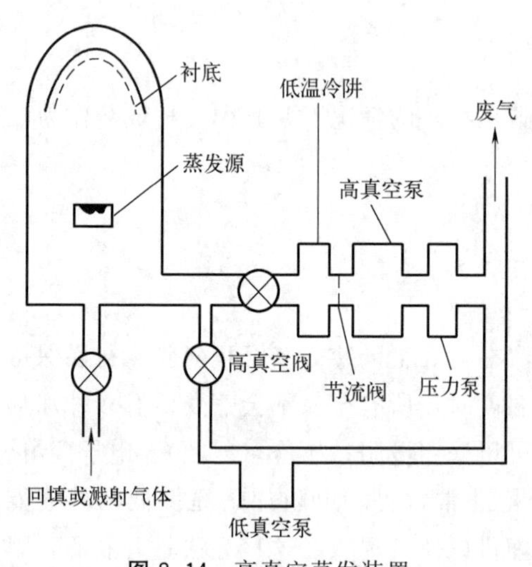

图 8.14 高真空蒸发装置

典型的高真空蒸发装置如图 8.14 所示。

该装置由一个外壳罐组成，外壳罐是一个不锈钢圆柱形容器，顶部封闭，底部用垫片密封。从大气压力开始，通过粗抽泵来抽真空，例如用机械旋转泵将压力降低至约 20Pa 或采用机械式泵或和液氮冷却分子泵的组合（可将压力降低至约 0.5Pa）。在适当压力下，再用一个高真空泵系统对罐进行抽空，继续降低压力。高真空泵系统可包括液氮冷阱和油扩散泵、阱和涡轮分子泵，或阱和闭式循环氦制冷低温泵。低温泵起到阱的作用，必须定期更新，涡轮分子泵和扩散泵起到输送泵的作用，将其气体排放到前置泵。高真空泵送系统使罐处于沉积过程可承受的低压。

腔室中的所有部件都经过化学清洗和干燥。当对 MOS 器件进行涂层时，避免钠污染是至关重要的。

溅射系统在薄膜沉积期间以大约 1Pa 的氩气压力运行。对于溅射，应在阱和高真空泵系统之间放置节流阀。可通过降低高真空泵的有效泵送速度来维持氩气压力，同时对水蒸气阱使用了全泵送速度。在约 10^{-2}Pa 的背景压力下，水蒸气和氧气对薄膜质量有害。在蒸发和溅射沉积中，通常使用厚度监视器。这对于控制膜的厚度是必要的，因为较薄的膜会导致过大的电流密度，而过厚的膜会导致蚀刻困难。

金属化图案

薄膜金属化完成后，必须对薄膜进行图案化，以产生所需的互连和键合焊盘配置。这是通过用于在 SiO_2 层中生成图案的同一类型光刻工艺完成的。铝可以被许多酸和碱溶液腐蚀，包括 HCl、H_3PO_4、KOH 和 NaOH。最常用的铝蚀刻剂是磷酸添加少量 HNO_3 和 CH_3COOH，在 50℃下产生约 1μm/min 的中等蚀刻速率。等离子蚀刻也可用于铝。

8.15 剥离过程

剥离工艺是另一种金属化图案化技术。在该工艺中，正性光刻胶在晶圆上旋转，并使用标准光刻工艺进行图案化；然后在剩余的光刻胶上沉积金属化薄膜；再将晶圆装入合适的溶剂（如丙酮）中，同时进行超声波搅拌。这会导致光刻胶膨胀和溶解。当光刻胶从其上剥离时，为了使剥离过程起作用，金属化膜的厚度通常必须略小于光刻胶的厚度。然而，即使金属化厚度大于线宽，该工艺也可以产生非常细线宽的金属化图案。

也可以使用图 8.15 中所示的添加或剥离工艺，其中衬底首先被有开口的图案化光刻胶所覆盖。将薄膜层沉积在晶圆表面上，沉积在光刻胶层顶部的任何材料将与光刻胶一起去除，将图案化材料留在衬底上。为了使剥离正常工作，上下薄膜之间必须有一个非常薄的区域或间隙，否则会发生撕裂和不完全剥离。

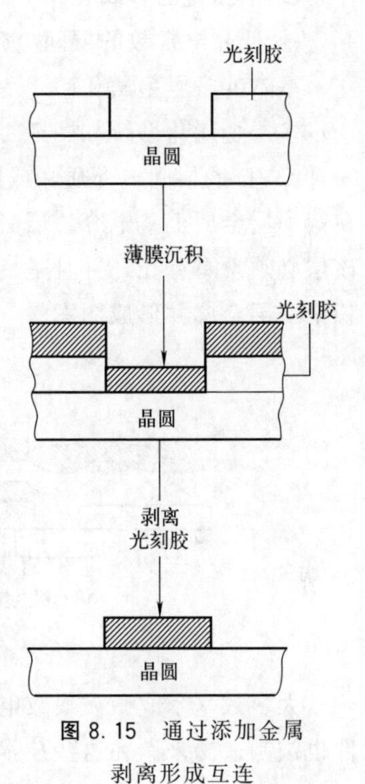

图 8.15　通过添加金属剥离形成互连

8.16 多层金属化

单层金属不能提供足够的能力来完全互连复杂的 VLSI 芯片。许多工艺现在使用 2～3 层多晶硅，以及几层金属层，以确保制线能力并提供足够的配电。

硅和砷化镓（GaAs）技术在触点和焊盘之间的连接上采用了非常不同的方法。在很大程度上，这是因为这些技术的设计任务是不同的。大多数硅技术的设计都是为了实现高集成度。许多砷化镓技术已针对高速模拟操作进行了优化，仅对密度进行了二次强调。这些技术通常只是简单地在镍上放置一层金，以降低互连电阻。晶体管制造完成后，这一层直接沉积在晶圆顶部。最重要的标准是互连具有与器件输入和输出阻抗相匹配的受控特性阻抗。然而，随着数字砷化镓电路上晶体管数量的增加，基于数字砷化镓的技术不得不使用多层互连。在这样做的过程中，业界有时将多年来在硅技术中使用的相同金属化方法嫁接到基本的 MESFET 技术上。因此，我们将主要以独立技术的方式来研究金属化过程。

多层金属化可分为三类：

① 基本的多层金属化；

② 平面化的金属化；

③ 低介电常数的层间电介质。

基本的多层金属化

多层金属化系统如图 8.16 所示。通过标准处理工艺沉积第一层金属并图形化。一种 CVD 的层间电介质，或溅射的 SiO_2，或称为聚酰亚胺的塑料类材料，也沉积在第一层金属上。电介质层必须提供良好的台阶覆盖，并有助于平滑结构。此外，该层必须没有针孔，并且是良好的绝缘体。接下来，在介电层上打开通孔，并且沉积第二层金属并形成图案。

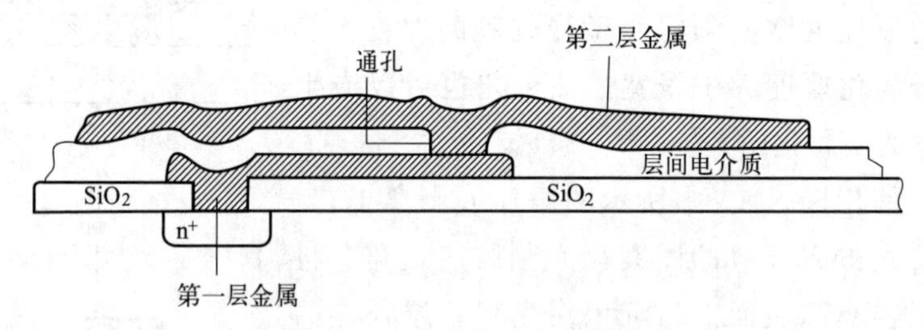

图 8.16　基本的二级金属化

大多数毫米波微波集成电路（MMIC）通常只有少量晶体管，许多分立微波元件也被制造出来。在这些技术中，线密度通常不是问题。一层金属用于互连设备。肖特基栅极金属也常用作平行板电容器的第一层，必要时，Ni/AuGe 用作第二层金属。

在现代硅技术中，整个或“真正的”互连和局部互连是有区别的。虽然铝的电阻率足够低，在大多数情况下长时间运行不会降低性能，但多晶硅的情况并非如此，其电阻率通常为 $10^{-4}\Omega\cdot cm$。硅化物可直接在多晶硅顶部运行，以分流晶硅电阻，但其电阻仍远大于铝（表 8.4）。

表 8.4　互连材料特性

材料	熔点/℃	体电阻率/$\mu\Omega\cdot cm$
Au	1064	2.2
Al	660	2.7

续表

材料	熔点/℃	体电阻率/$\mu\Omega\cdot$cm
Cu	1083	1.7
W	3410	5.7
$TiSi_2$	1540	15
WSi_2	2165	40

平面化的金属化

由于光刻工艺中的焦深限制，图 8.16 中简单多层互连工艺产生的拓扑结构无法用于亚微米工艺。化学机械平面化（CMP）工艺用于获得高度平面化的层。在图 8.17 所示的工艺流程中，通孔填充技术用于在金属层之间形成通孔。

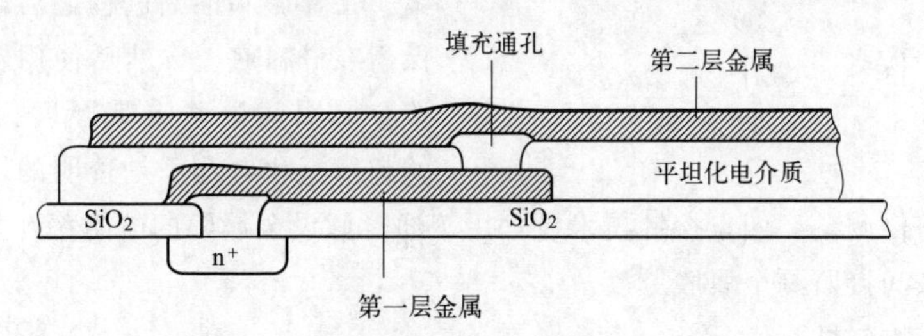

图 8.17　实现更多平面结构的附加工艺步骤

低介电常数的层间电介质

与互连相关的传播延迟是高性能微处理器以及其它集成电路中的一个关键问题。与这些互连相关的 RC 产品可以通过降低电阻、电容或两者来减少该类问题。

8.17　金属薄膜的特性

导电薄膜通常具有多晶结构。金属电弧的导电性和反射率与晶粒尺寸有关，晶粒尺寸越大，导电性越高，反射率越低。对于较高温度的沉积，通常在衬底表面的沉积原子具有较高的迁移率，并且在沉积膜中形成大晶粒。本节将讨论金属膜的一些特性，包括膜的厚度、均匀性、应力、反射率和 RC 常数。

金属膜厚度

金属薄膜的厚度测量与介质薄膜的厚度测量有很大的不同。很难直接精确地测量不透明薄膜（如铝、钛、氮化钛和铜）的厚度，在引入声学测量方法之前，通常需要在测试晶片上以破坏性的方式进行测量。需要去除金属膜，并通过扫描电子显微镜（SEM）或轮廓仪测量台阶高度来测量其厚度。高能电子束在金属膜上扫描产生金属样品的二次电子发射，通过测量二次电子发射的强度，可以从二次电子发射的图像中知道厚度。

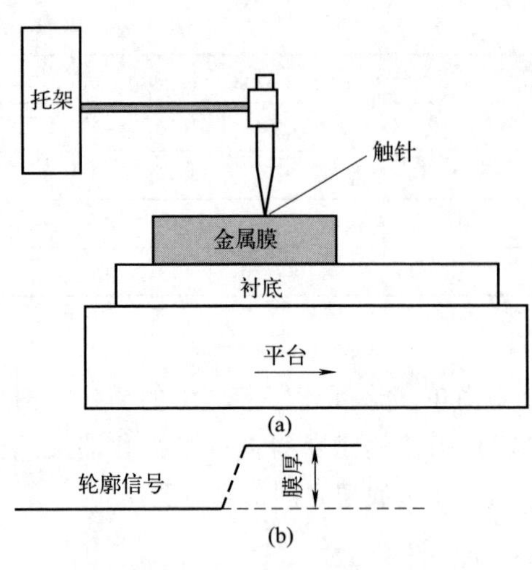

图 8.18 (a) 触针轮廓仪示意图；(b) 厚度剖面图

我们还知道，不同的金属会有不同的二次电子发射率。SEM 方法也可以检测金属膜中的空洞。表面轮廓仪测量可提供有关厚度和均匀性的信息，适用于厚度超过 1000Å 的薄膜。如图 8.18 所示，在使用轮廓仪的触针测量金属之前，需要先沉积金属图案。

金属图案是通过在硅衬底上沉积一层金属来完成的，然后用金属图案掩模进行光刻工艺，在光刻胶上形成金属图案。在显影和蚀刻过程之后，金属图案保留在硅衬底上。然后使用轮廓仪测量该金属图案以确定其厚度。50～100Å 的超薄氮化钛几乎是透明的，其厚度可用反射光谱仪测量。四点探针技术也常用于通过假设金属膜的电阻率在整个晶圆中保持恒定来间接监测金属膜厚度。

金属膜均匀性

金属膜的不均匀性可通过测量图 8.19 所示图形中晶圆多个位置上的薄层电阻和反射率来测量。

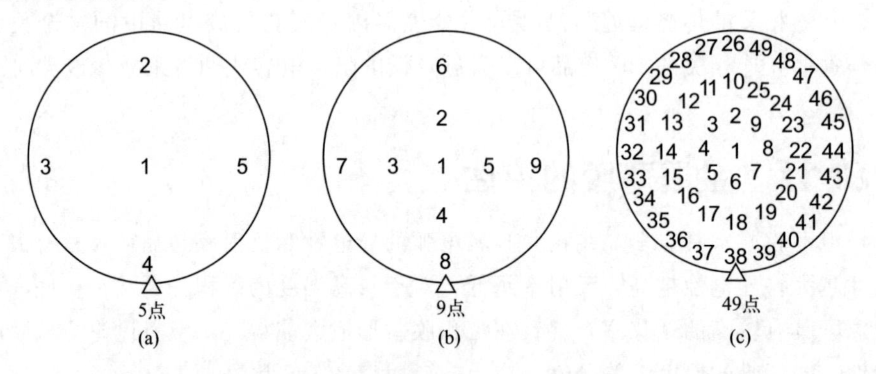

图 8.19 晶圆映射图。(a) 5 点测量；(b) 9 点测量；(c) 49 点测量

测量点越多，可以达到的精度就越高。在行业中，通常使用 5 点和 9 点测量来节省成本和时间。49 点和 3σ 标准差是半导体工业鉴定过程中最常见的定义标准。

金属膜应力

应力是由薄膜和衬底之间的材料不匹配引起的。有两种类型的应力，即压缩应力和拉伸应力。若应力过高，则可能导致严重问题，如图 8.20 所示的突起和裂缝。

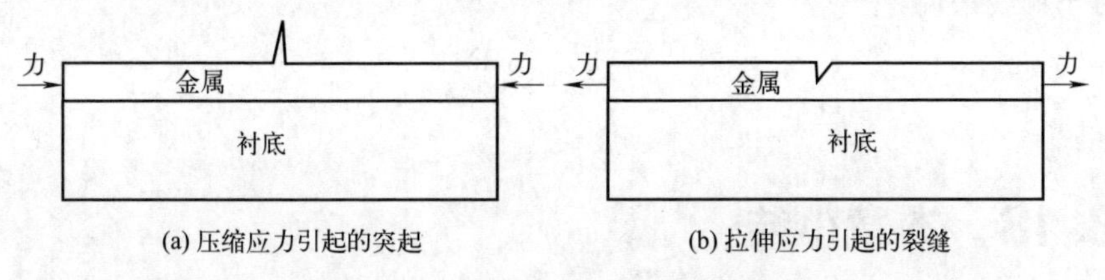

(a) 压缩应力引起的突起　　(b) 拉伸应力引起的裂缝

图 8.20 高应力引起的突起和裂缝

存在两种类型的应力

内应力和热应力。内应力是由薄膜密度引起的。这是由等离子体溅射沉积过程中的离子轰击决定的。当晶圆表面的原子受到等离子体金属膜高能离子应力的猛烈轰击时，它们在形成薄膜的同时被紧密地挤压在一起。这种类型的薄膜会膨胀，但它被衬底压缩，这种类型的应力是压缩类型。较高的沉积温度增加了原子的迁移率，从而增加了薄膜密度，并导致较小的拉伸应力。内应力还与晶圆温度变化以及薄膜和衬底的不同热胀系数有关。当在250℃的高温下并在硅衬底上沉积铝膜时，铝的热胀系数为$23.6\times10^{-6}K^{-1}$，硅的热胀系数为$2.6\times10^{-6}K^{-1}$，在冷却后，铝比硅收缩更多，这将导致硅衬底对铝薄膜产生拉伸应力。

金属薄膜的反射率

反射率是金属薄膜的一个重要特性。对于稳定的金属化过程，沉积膜的反射率应保持恒定，反射率的变化是工艺漂移的标志。反射率是薄膜粒度和表面平滑度的函数。通常，较大的晶粒尺寸意味着较低的反射率。金属表面越平滑，反射率越高。

反射率对光刻工艺很重要，因为它会由于入射光和反射光之间的干扰而产生驻波效应，从而导致周期性过度曝光和曝光不足引起光刻胶叠层的侧壁上出现波纹槽。通常涂覆抗反射剂以防止在图案加工过程中产生这种影响，尤其是具有很高反射率（相对于硅为180%～200%）的铝图案。

实例：一根0.25μm的金属线有500μm长，它位于0.5μm的SiO_2之上，还有两条相同的线，每侧一条，线间距为0.25μm，其间也充满了二氧化硅。忽略边缘效应，计算0.40μm厚Cu和0.65μm厚Al/Cu的线对线和线对衬底的电容。

解：无论哪种情况，线对衬底的电容都是：

$$C_{w\text{-}s}=\frac{(5\times10^{-2}\,\text{cm})\times(6.5\times10^{-5}\,\text{cm})\times3.9\times8.84\times\dfrac{10^{-14}\,\text{F}}{\text{cm}}}{2.5\times10^{-5}\,\text{cm}}=45\text{fF}$$

对于铝线而言：

$$C_{w\text{-}s}=2\times\frac{(5\times10^{-2}\,\text{cm})\times(6.5\times10^{-5}\,\text{cm})\times3.9\times8.84\times\dfrac{10^{-14}\,\text{F}}{\text{cm}}}{2.5\times10^{-5}\,\text{cm}}=90\text{fF}$$

对于铜线来说：

$$C_{w\text{-}w}=55fF$$

8.18 本章小结

本章介绍了器件绝缘、触点连接和互连的工艺模块。最简单的绝缘技术包括结隔离。各种基于 LOCOS 的方法已被广泛使用，但它们在小结点间距处受到侧向侵蚀和不完全绝缘的影响，基于沟槽的方法已成为亚微米技术的流行方法。

对于砷化镓技术，几乎所有的器件绝缘都是用半绝缘衬底完成的。

导电岛可以通过质子注入或台面蚀刻产生，触点分为整流触点和欧姆触点。对于整流触点，势垒高度是金属/半导体界面性质的敏感指标。对于欧姆触点，实现低接触电阻率需要在金属/半导体界面处有较大的掺杂浓度。

大多数硅技术通过注入实现重掺杂。自对准硅化物（salicide）已被开发用于降低硅中浅结的串联电阻。许多砷化镓技术使用合金触点，有时使用注入，以获得可接受的低值接触电阻率。高性能互连要求在低电容电介质上使用低电阻率金属。铝合金是硅基技术中应用最广泛的，尽管铜现在开始取代铝合金。金通常用于砷化镓技术。CVD 的 SiO_2 是最常用的电介质，尽管低介电常数薄膜（如聚酰亚胺）正在为未来的应用而开发。

习题

1. 本章提出了一种用于高密度硅基集成电路的先进金属化工艺，这个工艺使用几种新材料。说出每种新材料的一个优点和一个缺点：(a) CVD 钨；(b) 电镀铜；(c) 旋涂聚酰亚胺。

2. 如果金属层的势垒高度为 0.8eV，则计算 $10^{17}cm^{-3}$ 的 n 型 GaAs 触点在室温下的特定接触电阻。

3. 说明缩小到较小线宽不会影响 RC 时间常数，边缘场的影响除外。

4. 陈述为什么接触通孔中的空洞是无法接受的。

5. 陈述减少铝渗入硅衬底的方法。

6. 陈述减少铝的电迁移的方法。

7. 为什么氧化硅薄膜在室温下有压缩应力？

8. 用于测量 n 型硅片电阻的四点探针强制电流为 0.4mA，测量电压为 10mV，求 n 型硅的薄层电阻。

参考文献

1. J. D. Pummer, M. D. Del, and Peter Griffin, "Silicon VLSI Technology: Fundamentals, Practices, and Modeling", Prentice Hall, (2000).
2. Hong Xiao, "Introduction to Semiconductor Manufacturing Technology," Pearson Prentice Hall, (2001).
3. Debaprasad Das, "VLSI Design," Oxford University Press, (2011).
4. P. B. Ghate, "Electromigration Induced Failures in VLSI Interconnects," *Proc. IEEE 20th Int. Rel. Phys. Symp.*, 292(1982).
5. J. M. Towner and E. P. van de Ven, "Aluminum Electromigration Under Pulsed D. C. Conditions," *21stAnnu. Proc. Rel. Phys. Symp.*, 36(1983).
6. J. A. Maiz, "Characterization of Electromigration Under Bidirectional(BDC)and Pulsed Unidirectional Currents," *Proc. 27th Int. Rel. Phys. Symp.*, 220(1989).
7. S. Vaidya, T. T. Sheng, and A. K. Sinha, "Line Width Dependence of Electromigration in Evaporated Al-0.5%Cu," *Appl. Phys. Lett.* 36:464(1980).
8. T. Turner and K. Wendel, "The Influence of Stress on Aluminum Conductor Life," *Proc. IEEE Int. Rel. Phys. Symp.*, 142(1985).
9. H. Kaneko, M. Hasanuma, A. Sawabe, T. Kawanoue, Y. Kohanawa, S. Komatsu, and M. Miyauchi, "A Newly Developed Model for Stress Induced Slit-like Voiding," *Proc. IEEE Int. Rel. Phys. Symp.*, 194 (1990).
10. K. Hinode, N. Owada, T Nishida, and K. Mukai, "Stress-Induced Grain Boundary Fractures in Al-Si Interconnects," *J. Vacuum Sci. Technol. B* 5:518(1987).
11. S. Mayumi, T. Umemoto, M. Shishino, H. Nanatsue, S. Ueda, and M. Inoue, "The Effect of Cu Addition to Al-Si Interconnects on Stress-Induced Open-Circuit Failures," *Proc. IEEE Int. Rel. Phys. Symp.*, 15(1987).
12. P. Singer, "Double Aluminum Interconnects," *Semicond. Int.* 16:34(1993).
13. R. A. Levy and M. L. Green, "Low Pressure Chemical Vapor Deposition of Tungsten and Aluminum for VLSI Applications," *J. Electrochem. Soc.* 134:37C(1987).
14. R. J. Saia, B. Gorowitz, D. Woodruff, and D. M. Brown, "Plasma Etching Methods for the Formation of Planarized Tungsten Plugs Used in Multilevel VLSI Metallization," *J. Electrochem. Soc.* 135:936(1988).
15. D. C. Thomas, A. Behfar-Rad, G. L. Comeau, M. J. Skvarla, and S. S. Wong, "A Planar Interconnect Technology Utilizing the Selective Deposition of Tungsten—Process Characterization," *IEEE Trans. Electron Dev.* 39:893(1992).
16. T. E. Clark, P. E. Riley, M. Chang, S. G. Ghanayem, C. Leung, and A. Mak, "Integrated Deposition and Etch back in a Multi-Chamber Single Wafer System," *IEEE VLSI Multilevel Interconnect Conf.*, 478(1990).

17. K. Suguro, Y. Nakasaki, S. Shima, T. Yoshii, T. Moriya, and H. Tango, "High Aspect Ratio Hole Filling by Tungsten Chemical Vapor Deposition Combined with a Silicon Sidewall and Barrier Metal for Multilevel Metallization," *J. Appl. Phys.* 62:1265(1987).
18. P. E. Riley, T. E. Clark, E. F. Gleason, and M. M. Garver, "Implementation of Tungsten Metallization in Multilevel Interconnect Technologies," *IEEE Trans. Semicond. Manuf*, 3: 150 (1990).

第9章 封装

9.1 简介

封装是半导体器件制造的倒数第二个阶段，测试是最后阶段。在半导体工业中，它被称为简单的包装，有时也被称为半导体器件组装，包装也被称为封装，因为术语封装通常包括器件的安装和互连的步骤或技术。在集成电路的发展早期，陶瓷扁平封装因其可靠性和小尺寸而被军方使用。双列直插式封装（DIP）是第一个成功的商业封装，首先采用的是陶瓷，后面采用的是塑料。大约在20世纪80年代，VLSI电路的引脚数超过了DIP封装的限制。这一限制带来了引脚网格阵列技术（PGA，也称针栅阵列）。

被称为表面贴装（SMD或SMT）的封装技术在1985年左右出现并广泛流行。SMT的面积比相应的DIP小40%～50%，厚度小70%。然后，半导体行业见证了塑料有引线片式载体（PLCC）的封装。20世纪90年代末，塑料四面引线扁平封装（PQFP）和薄型小外形封装（TSOP）成为高引脚数器件最常见的方式。

Intel和AMD已从PGA封装过渡到高性能处理器上的栅格阵列（LGA）封装。球栅阵列（BGA）封装发明于20世纪70年代。1990年见证了倒装芯片球栅阵列封装（FCBGA）。FCBGA封装允许比当时可用的其它封装类型更多的引脚数，在这种封装中，裸片（die，即芯片、管芯）倒置（翻转）安装并通过封装衬底连接到封装焊球。

FCBGA封装允许在整个芯片上分布一系列输入-输出信号。与芯片上信号相比，从裸片出来、通过封装并进入印制电路板的走线具有很不同的电气特性，而且它们需要特殊的设计技术，并且比限制在芯片本身的信号需要更多的电力。

当多个裸片堆叠在一个封装中时，称为系统级封装（SiP）。多芯片模块（MCM）是指在一个小衬底（通常是陶瓷）上组合多个裸片。今天大多数集成电路都封装在陶瓷或塑料绝缘材料中，金属引脚或引线用于与外界建立连接。封装是指在集成电路中提供电气连接的一组独特工艺。封装还为芯片提供物理保护或机械强度。各种组件可以同时集成到一个芯片中，这对于一个目标系统来说，被称为片上系统（SoC）。与封装相关的另一个术语是系统级封装（SiP）。SiP 是指集成在一个封装上的具有特定功能的多个芯片。以下是影响封装工艺的集成电路特性：

① 集成度；

② 晶圆厚度；

③ 芯片尺寸；

④ 环境敏感性；

⑤ 物理脆性；

⑥ 发热性。

9.2 封装类型

有多种封装可用于 VLSI 设备。封装大致可以分为两类。

① **密封陶瓷封装：** 在这里，芯片被保存在一个不受外部环境影响的环境中。为此，我们使用了真空密封外壳。

② **塑料封装：** 塑料封装并非完全不受外界环境的影响。它是用树脂材料封装，一般使用环氧基树脂。它们具有很强的成本竞争力，并且由于塑料技术的快速发展，其受欢迎程度仍在上升。

应用最广泛的装配技术是塑料技术和密封组装技术。对于表面贴装技术和通孔贴装技术，塑料装配可以分为几种封装类型。塑料封装类型有以下几种：

- 塑料 DIP（PDIP）；
- 塑料 QFP（PQFP）；
- 小外形封装（SOP）；
- 塑料有引线片式载体（PLCC）。

图 9.1 说明了各种封装类型的总体概述。

对于国防、航空和工业应用，基本采用密封封装技术。密封封装技术经常用于高可靠性集成电路。在这项技术中，集成电路通过使用真空密封外壳而不受外部环境的影响。陶瓷 DIP、BGA 和 PGA 是使用这种技术组装的一些最广泛应用。图 9.2 显示了一个典型的密封封装，硅芯片放置在基于陶瓷的封装空腔中。

为了批量封装低成本集成电路，一般塑料封装技术是最常见的。在这项技术中，芯片没有与外部环境分离，并保持与环氧树脂接触。在长时间置于环境中后，污染物可以穿透塑料到达集成电路，如果发生这种情况，可能会导致严重的可靠性问题。然而，随着现代技术的发展，塑料封装器件被广泛接受用于容纳高可靠性产品。一种具有硅芯片和金属框架的塑料封装结构如图 9.3 所示。

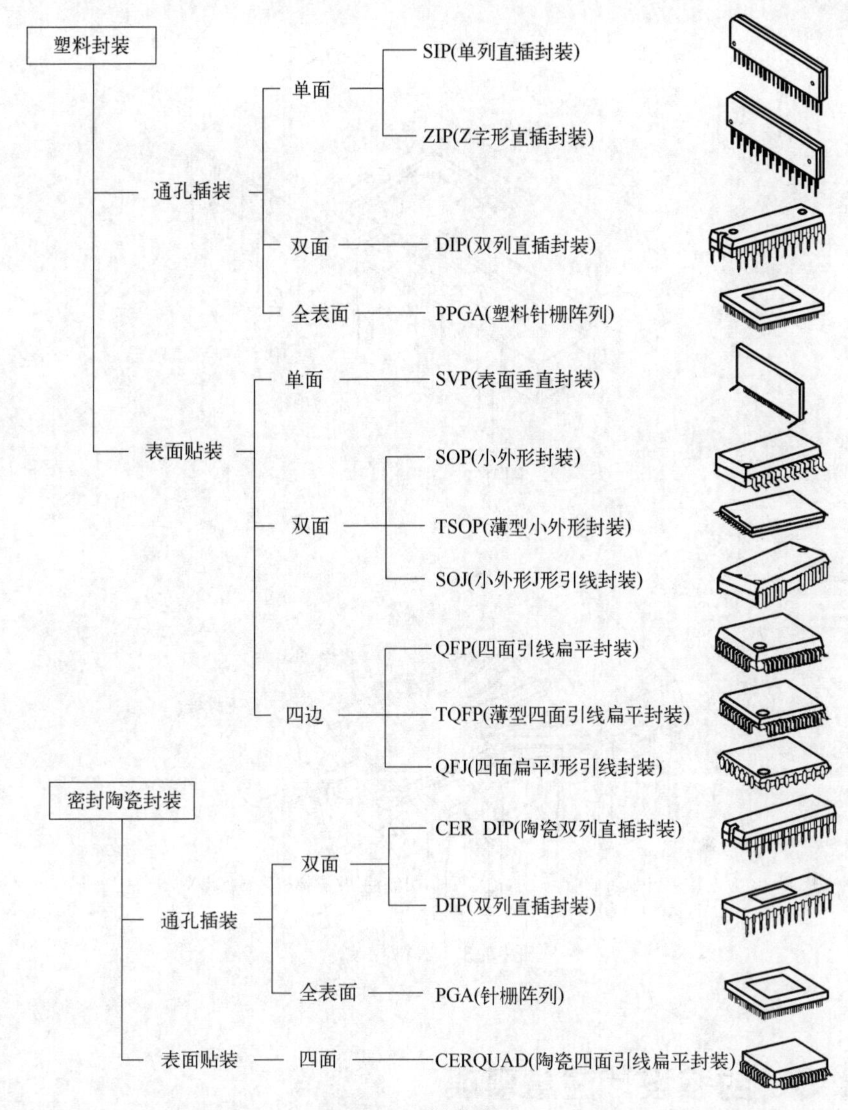

图 9.1　封装类型

大多数塑料封装在电子设备中得到应用，存储设备通常成本较低。低成本存储设备的需求是更便宜的塑料封装背后的推进力，多种表面贴装用的塑料封装如SOJ、SOP、薄型 SOP（TSOP）已成功开发用于工业用途。除 TSOP 外，这些塑料封装均采用 2mm 厚的主体制造。对于紧凑型应用，TSOP 封装的设计厚度仅为1mm。芯片占用率不断增长，所需的严格规范导致封装结构发生相当大的变化。在芯片引线结构中，封装内的导线互连在芯片电路上方进行，这是了不起的成就。老一代设备的传统封装如图 9.2 和图 9.3 所示，在这种封装中，互连仅在芯片区域之外进行。

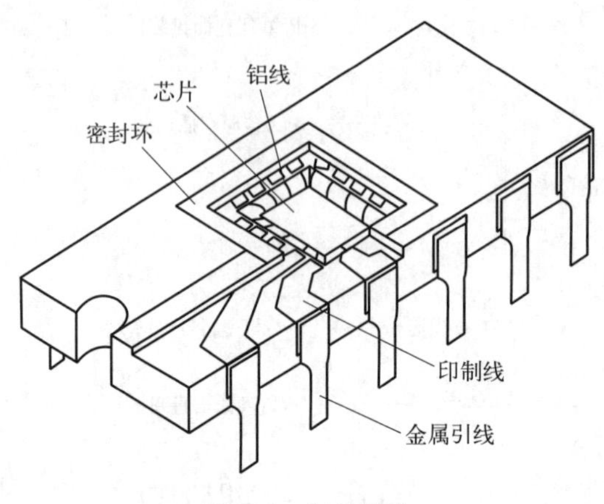

图 9.2　密封封装

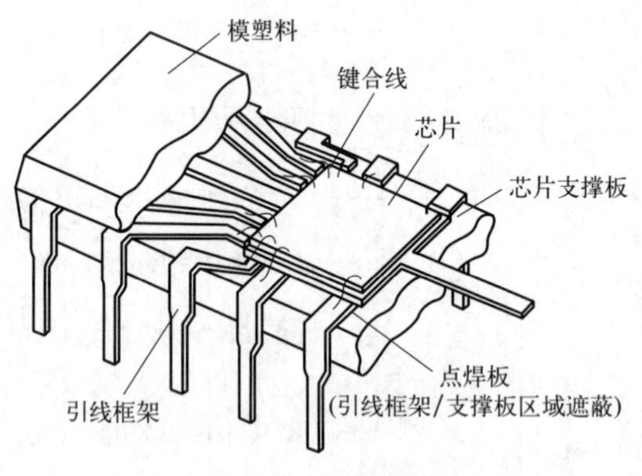

图 9.3　塑料封装

9.3 封装设计注意事项

集成电路封装对元件的工作和效率起着至关重要的作用。封装通过导线将电信号和电压输入和输出到硅芯片中。它还有助于消除电路产生的热量，封装提供机械支撑以加强集成电路强度。它还可以保护集成电路免受高温和潮湿等极端环境条件的影响。此外，封装对处理器和数字信号处理器等集成电路的功耗和效率产生了重大影响。由于内部信号延迟和芯片上寄生电容的减少，随着尺度降低技术的提高，这种影响变得越来越明显。封装延迟是导致高性能计算机 50% 延迟的原因。这些延迟是由封装材料的电容和电感寄生引起的。随着集成电路的不断扩展，需要更多的输入-输出引脚。这是因为连接的数量与电路的复杂性成正比，IBM 的 E. Rent 开发了一个称为 Rent 规则的经验公式来证明这种关系。Rent 规则将输入/输出引脚的数量（P）与电路的复杂性联系起来，复杂性是通过组件数量来衡量的：

$$P=kG^{\beta} \tag{9.1}$$

式中，k 为每个组件的平均输入/输出数；G 为门极的数量，它的值在 0.1～0.8 之间变化；β 和 k 的值取决于架构、电路组织和应用领域，如表 9.1 所示。

表 9.1 Rent 规则参数值

芯片/系统	β	k
静态存储器	0.12	6.00
门阵列	0.50	1.90
微处理器	0.45	0.80
高速计算机电路	0.25	82.0
高速计算机芯片	0.60	1.45

从表 9.1 中可以清楚地看出，与静态存储器相比，微处理器具有非常不同的输入/输出行为。观察到的 IC 引脚数每年增加率在 9%～12%之间变化，研究人员估计，在 2020 年底需要超过 3000 个引脚的封装。由于所有或某些原因，传统的 DIP、通孔插装封装已被较新的方法所取代，如多芯片模块、表面贴装和球栅阵列技术等。电路设计人员必须了解所有可用选项及其优缺点。因其要具有多功能性，那么高效封装必须具备多种规格，即热、电、机械和成本要求。

9.4 集成电路封装

一般而言，封装包括封装集成电路裸片并将其展开到另一个可以轻松连接的器件中。裸片上的外部连接是通过一小段金线连接到封装上的引脚。这些是非常重要的，因为它们将连接电路中的电线和其它剩余组件。现如今各种类型的封装都在被使用着，而且所有封装类型都有独特的尺寸、引脚数和安装类型。

封装安装方式

封装如何安装到电路板上是区分封装类型的主要特征。所有类型的封装都分为两种类别：

① 通孔插装；

② 表面贴装（SMD 或 SMT）。

使用通孔插装很容易，因为它们通常尺寸更大。它们被卡在板的一侧并焊接到另一侧。

与通孔插装不同，表面贴装具有小尺寸特点。它们都被贴在电路板的一侧并焊接到表面，表面贴装的引脚垂直于芯片。在某些情况下，引脚在芯片底部呈矩阵排列，表面贴装不太适合手工封装或者说对用户不太友好。它们需要特殊的 CAD 工具的帮助来完成这个过程。

DIP 封装

最常见的封装是 DIP（双列直插）封装。这是现在传统的封装类型，它是一种通孔 IC 封装，这些集成电路芯片有两排平行的引脚，两排插针垂直伸出黑色矩形塑料外壳。一种 DIP 封装如图 9.4 所示。

图 9.4　28 针 DIP 封装的 AT mega 328 微控制器

在双列直插式封装中，两个引脚相距 0.1in（2.54mm），这是标准间距。事实证明，它非常适合装入实验电路板（俗称面包板），引脚数决定 DIP 封装的整体尺寸。该封装可能有 4～64 个引脚。除了用于面包板外，DIP IC 还可以焊接到印制电路板（PCB）中。它们从电路板的一侧插入并焊接在电路板的另一侧，最好不要直接焊接到 IC 上，而是为芯片使用插座。带插座的 DIP IC 可以轻松拆卸和更换。

表面贴装

表面贴装有多种配置可供选择。要在表面贴装中构建集成电路，通常需要为其定制印制电路板，将它们焊接在匹配的铜图案上。

小外形封装（SOP）

小外形集成电路（SOIC）的封装是一种 SMD/SMT 封装。它被认为是 DIP 封装的“近亲”。这些封装是最简单的 SMD 部件，可以轻松进行手工焊接。在这种封装中，两个引脚通常分开放置近 0.05in（1.27mm）。

SMD 中可用的其它变体是：

- SSOP，收缩小外形封装（图 9.5）；

图 9.5　SSOP 封装

- TSSOP，薄型收缩小外形封装；
- TSOP，薄型小外形封装。

四面扁平封装（QFP）

四面扁平封装在所有四个方向都有 IC 引脚。QFP IC 每侧包含 8 个引脚（所有 4 侧共 32 个引脚）到 75 个以上（所有 4 侧共 300 个以上引脚）。QFP 封装上的两个引脚通常相距 0.5～1mm。标准 QFP 封装还有几种可用的变体，包括：

- 薄型 QFP（TQFP），图 9.6；
- 极薄型 QFP；
- 超薄型 QFP（LQFP）。

图 9.6　TQFP 封装

四面扁平无引线封装（QFN）

QFN 封装（图 9.7）就像 QFP 封装一样有滞后。QFN 封装有微小的连接。这种类型的封装在 IC 的底角边缘包含裸露焊盘。在某些情况下，它们会环绕包裹起来并在侧面和底部暴露。

图 9.7　QFN 封装

薄型 QFN、超薄型 QFN 和微引线 QFN 封装是 QFN 封装较小的三种变体。另一种可用的封装类型，只有两侧有引脚，包括：

- 双无引线（DFN）封装；
- 薄型双无引线（TDFN）封装。

现在有许多采用 QFP 或 QFN 封装的微控制器、传感器和其它现代集成电路。例如，Atmel 的 AT mega 328 微控制器有 TQFP 和 QFN 型（MLF）两种封装，而 MPU-6050 采用微型 QFN 封装。

球栅阵列封装

最新的 IC 需要球栅阵列（BGA）封装（图 9.8），这是一种复杂的小封装。这里的小焊球被布置在集成电路底部的二维网格中。在某些情况下，焊球直接安装到芯片上。

BGA 封装通常用于高级微处理器，如 Arduino、Raspberry Pi（树莓派）或 ARM 控制器。要将 BGA 封装的集成电路焊接到 PCB 上，需要一台自动取放机。

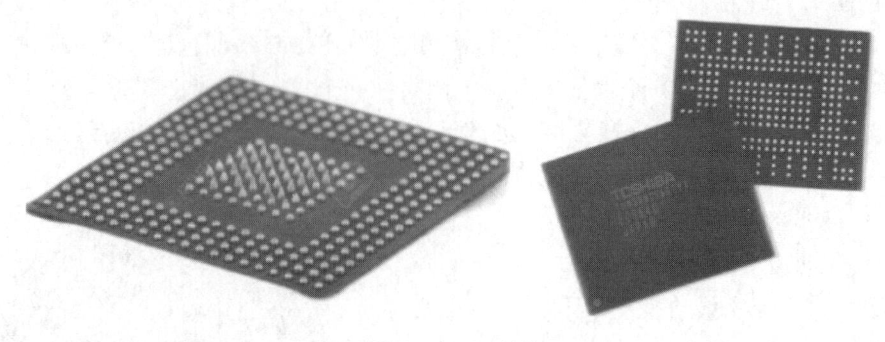

图 9.8 BGA 封装

9.5 VLSI 组装技术

VLSI 组装技术涵盖了当今用于 VLSI 器件的基本组装操作。适用于陶瓷或塑料封装的组装流程如图 9.9 所示。

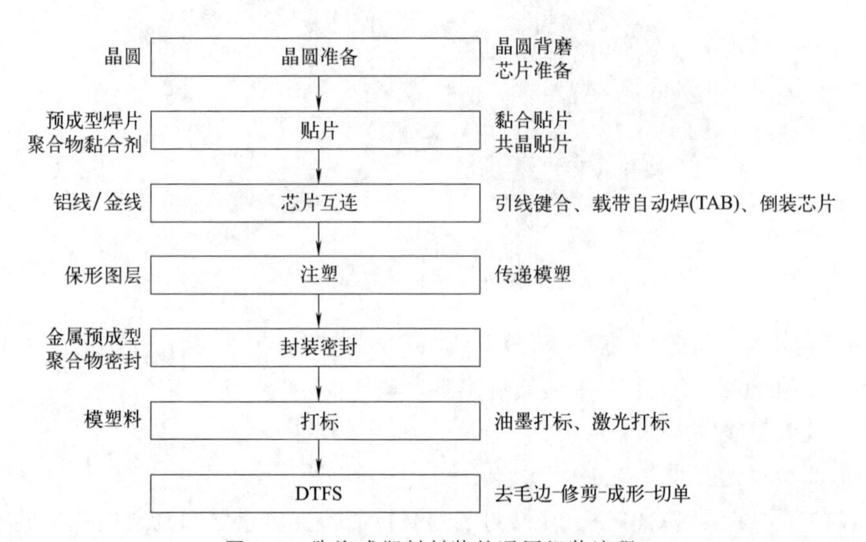

图 9.9 陶瓷或塑料封装的通用组装流程

① **晶圆准备。**在第一步中，晶圆要经过清洗和表面层压。在组装之前，晶圆背面被研磨到正确的晶圆厚度，这个过程被称为晶圆背面磨削。重要的磨削砂轮参数包括：主轴冷却水温度、速度、初始和最终晶圆厚度及流速。为了去除碎屑，在背面研磨过程中应不断清洗晶片。

② **芯片互连。**在此步骤中，使用贴片机拾取芯片。然后贴片机将晶圆放置在框架上。先进的贴片机使用晶圆映射方法，只拾取好的芯片。在键合工艺前，需要使用如金、焊线（锡基引线）或银环氧树脂胶等芯片贴合材料。

根据电路规格使用金线或铝线，导线通过陶瓷毛细管送入。通过保持超声波能量和温度的良好结合，形成良好的金属化引线键合。

③ **贴片。** 在贴片过程中，硅芯片与支撑结构的芯片焊盘相连。使用聚酰亚胺、环氧树脂和银填充玻璃等黏合材料贴合硅芯片。而在另一种芯片连接方法中，使用共晶合金将芯片连接到腔体或焊盘，而 Au-Si 合金是最优选的应用材料。这种方法如图 9.11 所示。

图 9.10 芯片互连加工设备

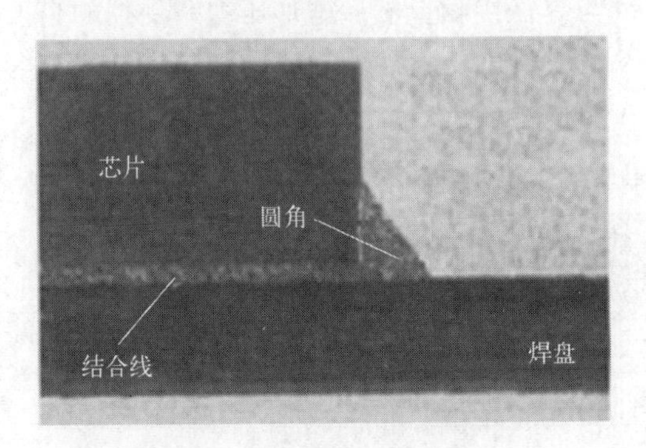

图 9.11 黏结剂是颗粒材料

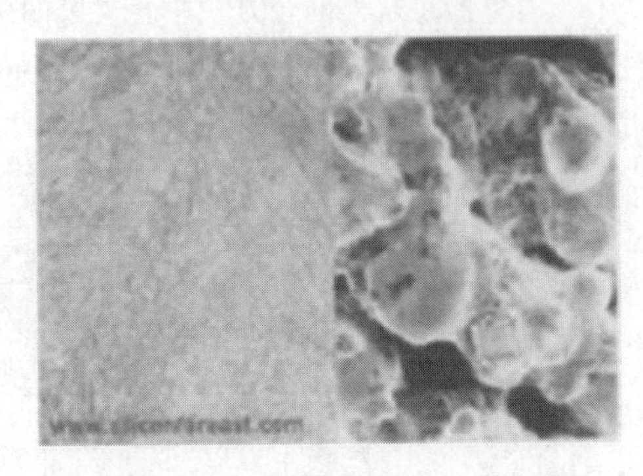

图 9.12 普通共晶芯片贴合和球化

④ **引线键合。** 在贴片到适当的零件后，对其进行 IC 上的引线键合。建立质量可靠的引线键合工艺的主要问题是工艺控制，目前使用两种类型的工艺测试。有引线拉力测试和球剪切力测试，引线拉力测试用于评估球焊和楔焊已经有很长一段时间了，常用的引线材料是：

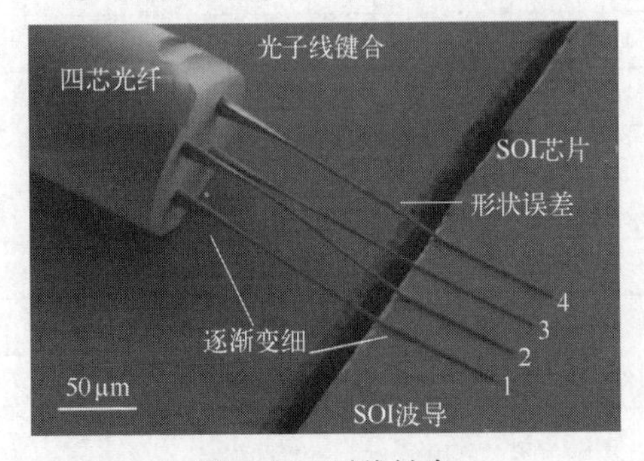

图 9.13 引线键合

- 金；
- 铝；
- 铜。

引线键合可分为以下两类。

球焊：将引线的末端熔化，形成金球。将自由清洁的空气球与焊盘接触，然后施加足够的热量、超声波力和压力电弧，再将导线连接到引线框架的等效引脚上。这在引脚和焊盘之间形成了渐变的弧形，如图 9.14 显示了金线与引脚和芯片的结合。

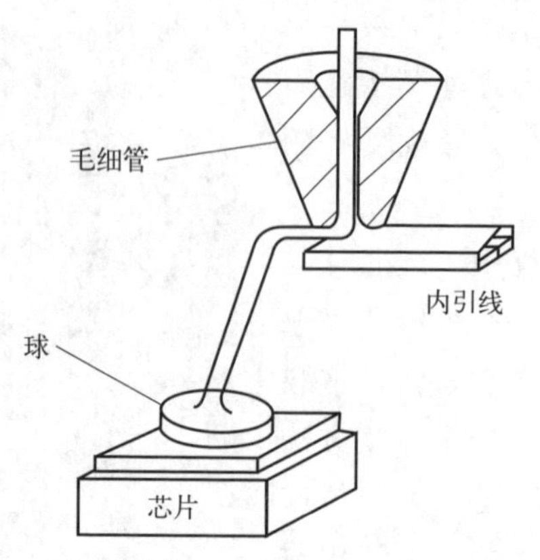

图 9.14 金线键合（引自 *Microchip Fabrication*）

楔焊：在这种键合方式中，夹紧的引线与焊盘接触。然后施加压力和受控的超声波能量，再将引线连接到等效的引脚，并再次按下。再次向导线施加超声波能量以形成第二次键合。

表 9.2 Intel 针对多层封装的封装 I/O 引线电寄生技术总结

电气参数	引线键合封装类型			倒装芯片封装类型	
	CPGA	PPGA	H-PBGA	OLGA	FC-PGA
焊线/芯片凸点 R/mΩ	126～165	136～188	114～158	2	0.06
焊线/芯片凸点 L/nH	2.3～41	2.5～4.6	2.1～4.1	0.02	0.013
迹线 R/(mΩ/cm)	1200	66	66	590	120
迹线 L/(nH/cm)	4.32	3.42	3.42	3.07	2.329
迹线 C/(pF/cm)	2.47	1.53	1.53	1.66	1.707
迹线 Z_0/Ω	42	47	47	43	38.5
引脚/焊盘 R/mΩ	20	20	0	8	20
引脚/焊盘 L/nH	4.5	4.5	4.0	0.75	2.9
电镀迹线 R/(mΩ/cm)	1200	66	66	—	—
电镀迹线 L/(nH/cm)	4.32	3.42	3.42	—	—
电镀迹线 C/(pF/cm)	2.47	1.53	1.53	—	—
电镀迹线 Z_0/Ω	42	47	47	—	—
走线长度范围/mm	8.83～26.25	6.60～42.64	4.41～22.24	3.0～18.0	10.0～42.6
电镀走线长度范围/mm	1.91～10.50	1.91～16.46	0.930～8.03	—	—

9.6 良品率

集成电路制造商最终感兴趣的是有多少成品芯片可供销售。当加工结束在晶片探测步骤中进行测试时，给定晶片上的大部分裸片将无法正常工作。在裸片分离和封装操作期间会损失额外的裸片，并且许多封装器件将无法通过最终测试。

封装和测试的成本是巨大的，这可能在小芯片制造成本中占主导地位。对于低良品率的大芯片，制造成本是由晶圆加工成本决定的。人们已经花费大量时间来尝试对与IC生产相关的晶圆良品率进行计算。晶圆良品率与工艺的复杂性有关，并且很大程度上取决于IC芯片的面积。

良品率是芯片制造中的一个重要参数，如果生产1000个芯片，而1000个芯片中只有900个通过所有测试，那么良品率将是90%。每个人都希望获得100%的最好收益，但通常，存储芯片的良品率大于95%，处理器芯片的良品率在工艺和设计合理的情况下为60%～80%。以下参数对于分析良品率能力很重要。

① 方向性：这是缺陷尺寸和良品率损失之间的定量关系。

② 缺陷密度：探索芯片故障的原因，也称为根本原因分析，以便制造可以采取所需的补救措施。

缺陷率：该参数与良品率密切相关。它降低了制造过程中产生的缺陷水平。所有集成电路芯片均在符合国际标准的洁净室中制造，但即使在洁净室中，也不可能保持100%的洁净度。即使非常小心，也有一些小缺陷或颗粒漂浮在周围。在制造过程中，一些颗粒会沉淀在晶圆上。缺陷尺寸分布（DSD）和缺陷数量这两个参数是良品率的重要参数。在维护得当的洁净室中，缺陷水平会随着粒径的增加而降低。缺陷密度可以定义为每单位面积的缺陷数量。

均匀缺陷密度

通过图9.15中的晶圆，可以直观地看到芯片面积如何影响良品率。其中有120个芯片，点代表随机分布的缺陷，这些缺陷导致裸片在晶片探测步骤中测试失败。在图9.15（a）中120个小方块中有52个是好的方块，表明良品率为43%。如果芯片尺寸翻倍，见图9.15（b），则该特定晶片的良品率将降低至22%。

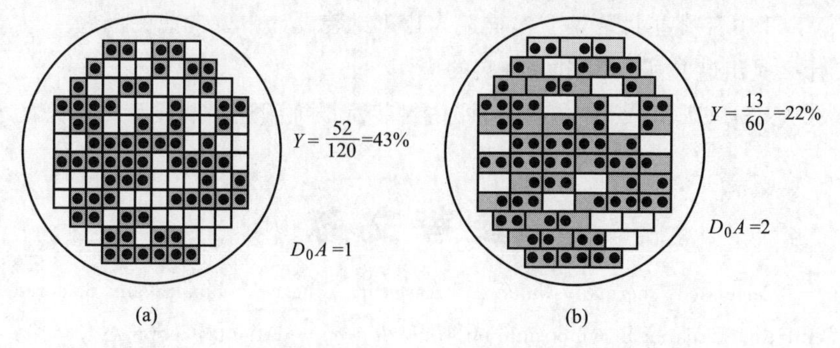

图9.15 晶圆显示芯片尺寸对良品率的影响。点表示缺陷芯片存在位置。（a）对于特定芯片尺寸，良品率为43%；（b）如果芯片尺寸翻倍，良品率变为22%

可以从概率论中的一个经典问题中找到对良好的芯片良品率的估计，其中 n 个缺陷随机放置在 N 个芯片位置，给定芯片位置恰好包含 k 个缺陷的概率 P_k 由二项式分布给出：

$$P_k=\frac{n!}{k!(n-k)!}N^{-n(N-1)^{n-k}} \tag{9.2}$$

9.7 本章小结

加工完成后，通过使用晶圆上的特殊测试点检查各种加工和器件参数来筛选晶圆。如果参数在适当的范围内，则晶圆上的每个芯片都会进行功能测试。

接下来，用金刚石锯或划线和折断工艺将芯片与晶片分离。一些芯片损失是由于分离过程中的损坏造成的。剩余的好裸片使用环氧树脂或共晶芯片连接技术安装在陶瓷或塑料 DIP、LCC、PGA、SMD 或 BGA 封装中。使用 15～75μm 铝或金线的超声波或热超声将芯片的焊盘焊接到封装上的引线，也可以使用批量制造的倒装芯片和 TAB 互连工艺，这会允许同时形成数百甚至数千个键合。

集成电路的最终制造成本按生产功能部件的单位计算。总良品率是有效封装的裸片数量与晶圆上原始裸片数量的比值。良品率损失是由于晶圆上的缺陷、加工误差、封装期间的损坏以及最终测试期间缺乏完整的功能性。芯片尺寸越大，晶片上可用的合格芯片数量就越少。

习题

1. 什么是封装？写下关于封装类型的简短说明。
2. 简要说明对 DIP 封装的理解。
3. 写出关于封装技术的详细说明，并解释每个阶段的意义。
4. VLSI 中有哪些封装类型？描述 VLSI 封装设计中要考虑的问题。
5. 什么是组装技术？写出一些它的应用。
6. 在 VLSI/ULSI 设计中，如何评估封装？详细阐述封装设计需考虑的事项。

参考文献

1. E. Suhir, "Calculated Thermally Induced Stresses in Adhesively Bonded and Soldered Assemblies", ISHM International Symposium on *Microelectronics*, Atlanta, Georgia, (1986).
2. "Guidelines for Accelerated Reliability Testing of Surface Mount Solder Attachments", IPCSM-785, (1992).

3. M. Born and E. Wolf, "Principles of Optics," 286-300, Pergamon Press, Oxford(1980).
4. Y. Guo, and S. Liu, "Development in Optical Methods for Reliability Analyses in Electronic Packaging Applications," *Experimental/Numerical Mechanics in Electronic Packaging*, 2: 10-21 Bellevue. WA, (1997).
5. D. Post, B. Han, and P. Ifju, "High Sensitivity Moire: Experimental Analysis for Mechanics and Materials," Springer-Verlag, Inc. , New York(1994).
6. J. W. Stafford, "The Implications of Destructive Wire bond Pull and Ball Bond Shear Testing on Gold Ball-Wedge Wire Bond Reliability," *Semiconductor International*, 82, (1982).
7. W. C. Till and J. T. Luxon, "Integrated Circuits: Materials, Devices and Fabrication", Prentice-Hall, Englewod Cliffs, NJ, (1982).
8. B. T. Murphy, "Cost Size Optima of Monolithic Integrated Circuits," *Proceedings of the IEEE*, 52:1537(1964).
9. R. B. Seeds, "Yield and Cost Analysis of Bipolar LSI", *IEE IEDM Proceedings*, 12, (1967).
10. The International Technology Roadmap for Semiconductors, The Semiconductor Industry Association(SIA), San Jose, CA: 1999, (http://www.semichips.org).

10.1 简介

1952年，G. W. A. Dummar认识到电子设备可以由导电、绝缘、放大和整流材料的单层制成，这是集成电路发展中的第一个描述。第一个电路是由晶片上的锗晶体管、电阻和电容组成的。

现代VLSI制造的发展被认为可能有10^2～10^4个步骤，其中，晶体管的制造本身也是非常复杂的，不同的工艺也有很大的差异。制造步骤变化原因示例如下：

① 集成电路中是否只有一种pMOS晶体管和一种nMOS晶体管？在复杂的现代设计中是不太可能的。如果是这样，可能需要多个光刻掩模和多个其它步骤来独立地对不同类型的器件进行图案化和掺杂。

② 与传统的平面CMOS晶体管相比，石墨烯FET、石墨烯MOSFET、Fin-FET等多器件的制造可能涉及更复杂的工艺。

③ 在现代工艺技术（如14～32nm）中，晶体管栅极、触点和其它特征的间距远小于用于对其进行图案化的光波长（浸没光刻的典型值是193nm）。

10.2 IC加工的基本考虑

在单片硅晶体中构建器件是一个构建连续的绝缘、导电和半导体材料层的过程。每一层都被图案化，以提供与附近区域和后续层不同的功能和关系。这些层是使用本书前9章中介绍的技术制造和图案化的。

构建各个层

图10.1显示了在硅晶体中或硅晶体上创建层的一些更重要的方法。这些层是通过硅的氧化、注入、沉积或外延生长形成的。这些层中的每一层都可以通过两种方式创建：

① 均匀法；

② 选择法。

图 10.1（a）显示了均匀法成形，图 10.1（b）显示了选择法成形。

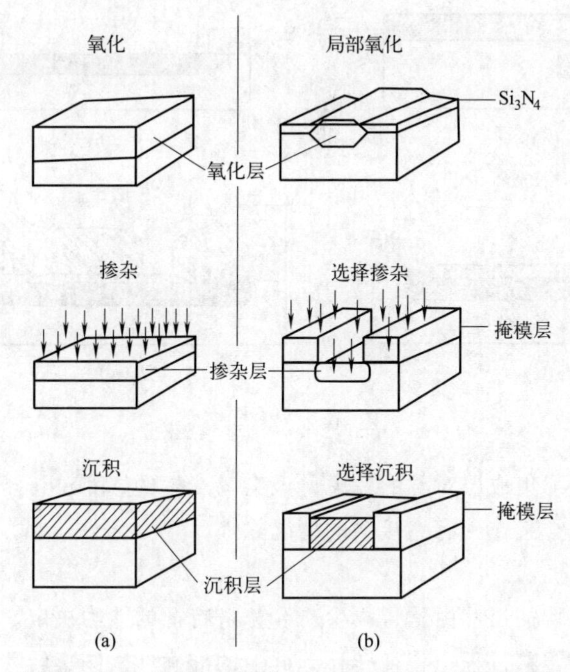

图 10.1　硅中各层的形成。(a) 均匀法；(b) 选择法

光刻和蚀刻程序用于实现选择性形成层的图案化。获取各个层的各种方法对特定应用有其自身的用处。例如，如果需要绝缘层，硅的氧化会形成一层二氧化硅。然而，二氧化硅层的形成会消耗硅，且较厚层的热循环较长。因此，对于较厚的绝缘氧化层，可能需要氧化沉积。与最终生长的氧化物相比，沉积的氧化物具有较差的均匀性，但可以在较低的温度下沉积。在流程开发的每个步骤中，必须进行此类分析，以确定哪一层将在不影响前一层的情况下提供所需的结果。氧化和沉积是形成介电层最常用的方法。通过在氧化之前沉积和图案化 Si_3N_4，可以选择性地产生氧化层。这种技术称为局部氧化。

集成工艺步骤

为了构建层，需要仔细考虑每个层相对于其它层的相对位置。图 10.2 显示了构建各层工艺的示例，该示意图说明了制作简单 MOS 电容器的顺序。

图 10.2（a）显示了初始氧化层形成，之后便可在氧化层上施加图案化工艺，并蚀刻以形成电容器的有源区。

如图 10.2（b）所示，活性区是通过将硼离子注入到氧化层蚀刻暴露的硅中形成的。

图 10.2（c)、(d) 显示了沉积和图案化铝。

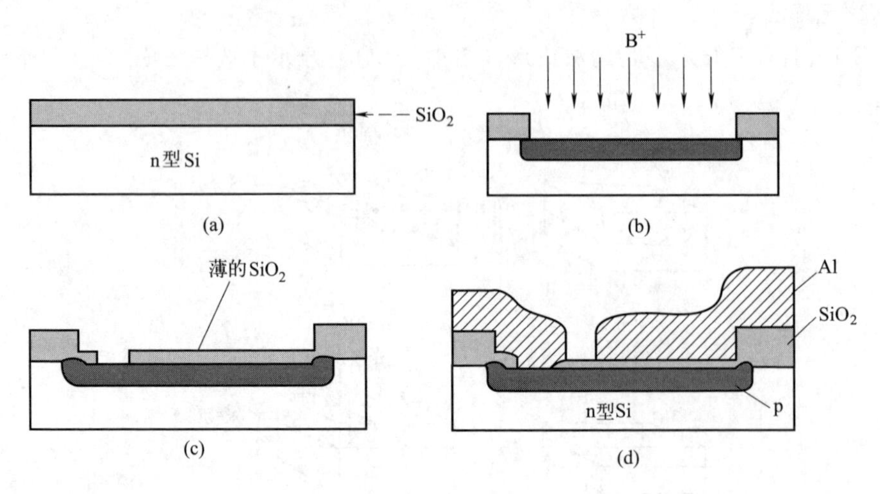

图 10.2 层集成

这些步骤描述了集成层对准的考虑。该工艺产生的 MOS 电容器只有在绝缘各层的情况下才能正常工作，有意接触的情况除外。

VLSI 的小型化

每一层的最小特征尺寸由常规再生产和分辨特征的能力决定。这个尺寸包括了微小尺寸和在图案转移过程中特征转移到硅上的准确性。图案转移过程对最小特征大小的影响是不同的。干法蚀刻在图案层中蚀刻的特征尺寸变化很小。局部氧化导致特征生长，因为氧化层变得更厚。离子注入涉及侧向散射，从掩模尺寸增加图案特征尺寸。掺杂剂的扩散增加了硅掺杂区域的特征尺寸。所有这些因素决定了最终的特征尺寸，因此在确定掩模尺寸时必须加以考虑。

10.3 nMOS 集成电路技术

在现代 MOS 集成电路的制造过程中，有大量不同的基本制造步骤。相同的制造工艺可用于 CMOS/BiCMOS 器件的设计。常用的基材是蓝宝石上硅 (SOS)。为了避免诸如晶体管等寄生元件的存在等闭锁问题，在技术中引入了一些变化。

nMOS（n 型金属氧化物半导体）工艺制造步骤可概述如下。

步骤 1：

在高纯度单晶硅上进行加工，当晶体生长时，在单晶硅上引入所需的 p 杂质。此类晶片直径约为 75～150mm，厚度约为 0.4mm，且掺杂硼的杂质浓度为 10^{15}～$10^{16}/cm^3$。

步骤 2：

在晶圆的整个表面上生长一层通常为 $1\mu m$ 厚的二氧化硅，以保护表面，在加工期间充当掺杂剂的缓冲层，并提供可沉积和图案化其它层的一般绝缘衬底。

步骤 3：

表面现在覆盖了一层光刻胶材料，这是通过沉积在晶圆上，均匀旋转达到所需厚度。

步骤 4：

将上述步骤中沉积的光刻胶层暴露于紫外线下，为此创建了掩模。掩模确定了发生扩散工艺的通过区域。掩模分为两个区域：覆盖区域和紫外线照射区域。暴露在紫外线辐射下的区域会聚合（硬化），而需要扩散的区域则被掩模屏蔽，不受影响。

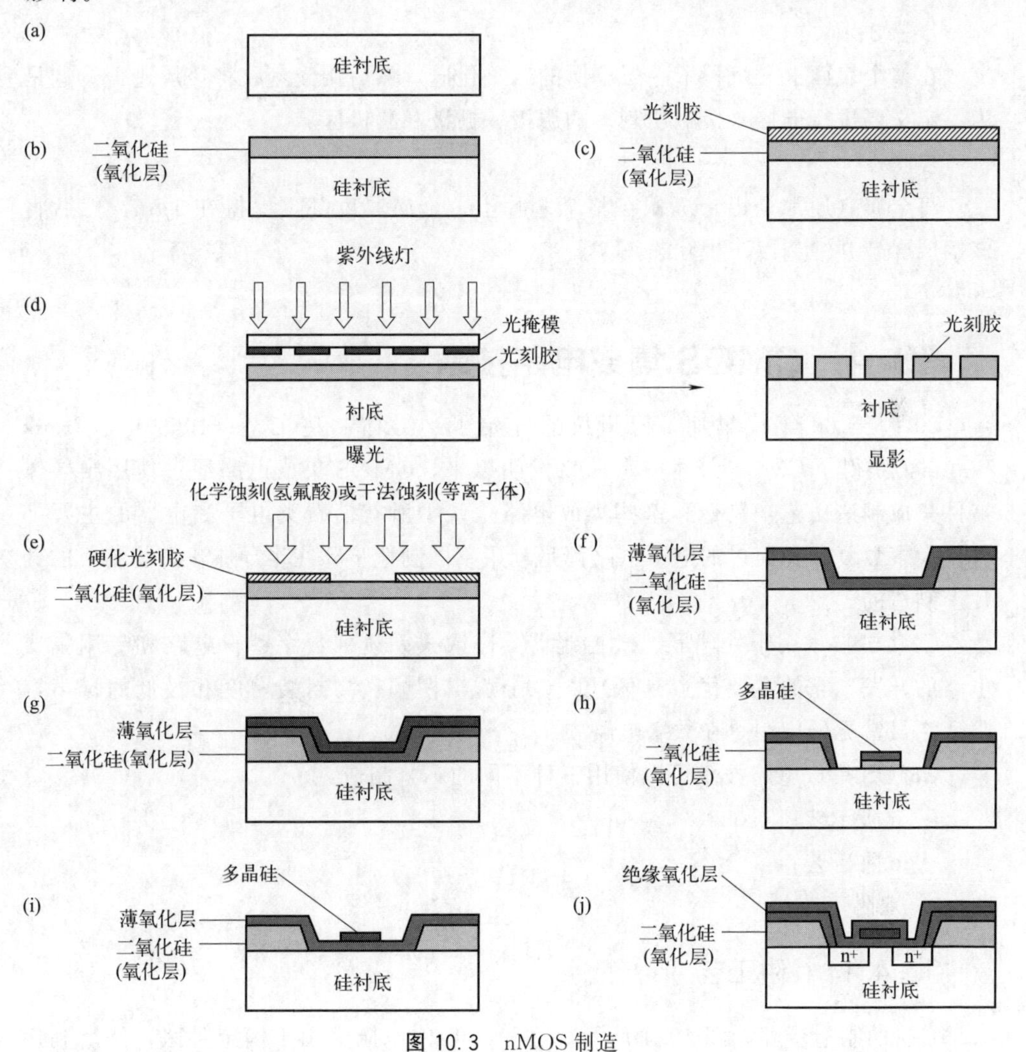

图 10.3　nMOS 制造

步骤 5：

蚀刻是制造的下一步。在上一步中未受影响的区域将被蚀刻掉，下面的二氧化硅也被蚀刻掉，以在掩模确定的开口中暴露晶圆表面。

步骤 6：

现在又在整个表面上沉积了一层 0.2μm 的二氧化硅薄层。然后多晶硅生长在这个氧化层的顶部。这种多晶硅是通过 CVD 工艺沉积的。这形成了栅极结构。在制作图形器件时，必须精确控制电阻率、厚度和杂质浓度。

步骤 7：

再次应用光刻胶涂层并确定掩模。掩模允许多晶硅被图案化。在此之后，n 型杂质通过掩模扩散，以确定源极和漏极。晶圆在非常高的温度下加热，并通过含有所需 n 型杂质的腔室，这就是扩散过程。

步骤 8：

在整个表面上又沉积了一层厚厚的二氧化硅，然后用光刻胶将该层遮盖。这是为了定义要进行连接（接触切割）的源极、栅极和漏极区域。

步骤 9：

将金属（通常是铝）沉积在整个芯片上，金属厚度基本保持在 1μm，然后将该铝层屏蔽并蚀刻以产生互连图案。

10.4 CMOS 集成电路技术

20 世纪 60 年代早期，德州仪器开始了半导体制造工艺；1963 年，Frank Wanlass 获得了 CMOS 技术专利。自发明以来，CMOS 集成电路通过使用半导体器件集成制造工艺来制造。这些集成电路是几乎所有消费类电子和电器的主要部件。大多数复杂和简单的电子电路都是利用不同制造步骤在半导体化合物制成的硅片上制造的。

CMOS 技术用于处理器、微控制器、嵌入式系统、数字逻辑电路和专用集成电路的开发。它的主要优点是低功耗、全逻辑摆幅、高封装密度和极低的噪声容限。它最常见的应用是在数字电路中。

CMOS 集成电路技术可以使用三种不同的工艺制造：

- n 阱工艺；
- p 阱工艺；
- 双阱工艺。

10.4.1 n 阱工艺

n 阱的制造步骤如图 10.4 所示。在第一步中，掩模用于确定阱区，然后利用扩散过程在高温下形成 n 阱。磷注入物用于扩散过程。优化阱深，以避免顶部扩散破裂。

之后步骤是确定器件和扩散路径，生长场氧化层，沉积多晶硅并图案化，进行扩散过程，再进行接触切割，最后进行金属化。

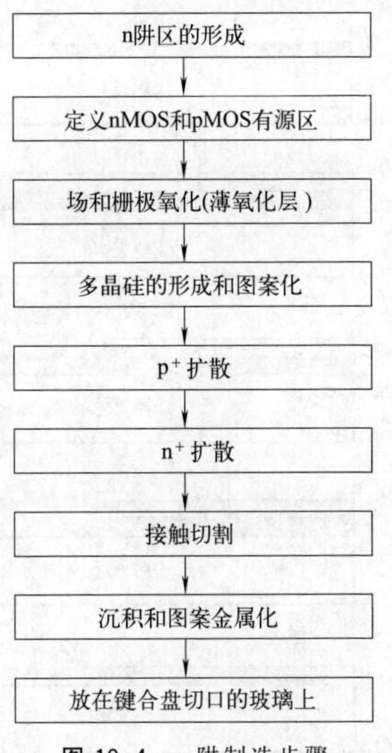

图 10.4 n 阱制造步骤

图 10.5 显示了 CMOS 反相器的制作。

① 取一个硅空白晶片。该晶片通过氧化过程被均匀的二氧化硅层覆盖。

② 然后用一层光刻胶材料覆盖整个二氧化硅层。在这个阶段，这种材料是高度不溶的。现在将掩模放置在由二氧化硅覆盖的衬底上，然后再由光刻胶材料覆盖。现在，它通过 n 阱掩模暴露在紫外线下（光刻）。

③ 使用有机溶剂去除暴露于紫外线的区域，即制造步骤中的蚀刻过程。

④ 重复蚀刻过程，使用氢氟酸（HF）去除未覆盖的氧化层。

⑤ 然后用酸蚀刻掉残留的光刻胶。

⑥ 使用扩散或离子注入工艺，在 p 衬底内形成 n 阱。

⑦ 再次使用氢氟酸蚀刻掉剩余的氧化层。在随后的步骤中，重复光刻工艺。

⑧ 沉积一层薄薄的氧化层。使用化学气相沉积（CVD）形成多晶硅并大量掺杂，以增加导电性。

⑨ 通过光刻工艺，得到图案化多晶硅。

⑩ 然后整个表面被一层薄薄的氧化层覆盖。沉积该层以生成 n 扩散区域。

⑪ 在此之后，利用扩散或离子注入工艺生成 n 扩散区。

⑫ 使用蚀刻工艺去除氧化层以完成图案化步骤。

⑬ 使用类似步骤创建 p 扩散区域。

⑭ 用薄场氧化层覆盖芯片，在需要接触切割的地方，蚀刻氧化层。

⑮ 去除多余的金属留下金属线。

10.4.2 p 阱工艺

p 阱工艺的制造步骤简要概述可参考图 10.6，注意其基本加工步骤与 nMOS 使用的工艺具有相同的性质。

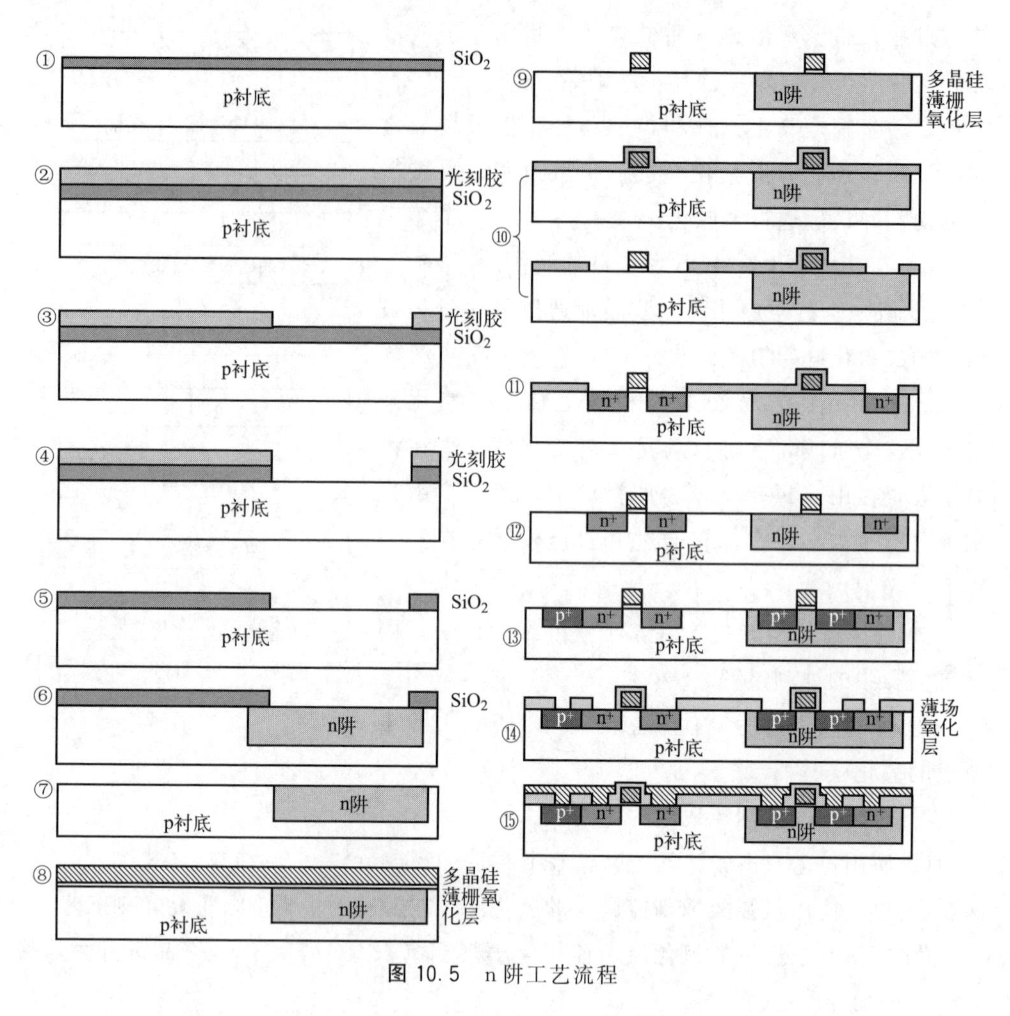

图 10.5　n 阱工艺流程

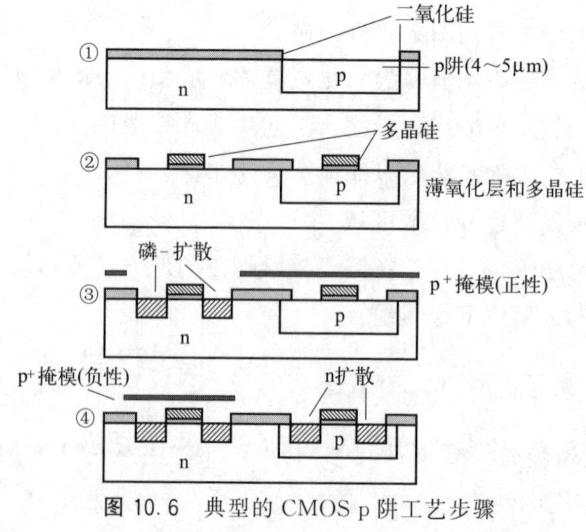

图 10.6　典型的 CMOS p 阱工艺步骤

p 阱工艺包括适当的掩模和扩散。在这个放置 n 型器件的过程中，一个深 p 阱扩散到 n 型衬底中。

该制造包括两个衬底，为此需要两个连接，即 V_{DD} 和 V_{SS}，如图 10.7 所示。

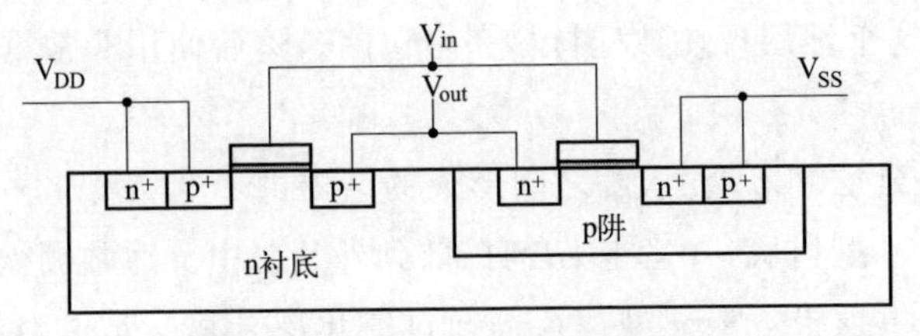

图 10.7　CMOS p 阱逆变器组件

在大多数情况下，诸如掩模、图案化、扩散等制造步骤类似于 nMOS 制造。制造步骤定义为从 M1 到 M8 的八个步骤。

M1：掩模 1。在该区域产生了深 p 阱扩散。

M2：确定薄氧化层区域。在这种情况下，生长薄氧化层以容纳导线、n 型晶体管和 p 型晶体管，而剥离厚氧化层。

M3：在该步骤中，多晶硅层被图案化。在薄氧化层之后沉积该层。

M4：p 型扩散将要产生的所有区域均使用了 p^+。

M5：在这一步中，负形式的 p^+ 掩模用于产生 n 型扩散。

M6：接触切割现在被确定。

M7：该掩模确定了金属层图案。

M8：此处为焊盘创建了开口。为此，现在（在玻璃表面）沉积钝化层。

10.4.3 双阱工艺

双阱制造工艺是 n 阱和 p 阱工艺的逻辑延伸。在这种情况下，使用具有高电阻率的 n 型材料衬底。在形成该 n 阱和 p 阱区域后，该工艺具有保持 n 型晶体管性能而不降低 p 型晶体管性能的优点。在这种情况下，可以有效地控制掺杂。闩锁效应可以有效地控制。该过程允许对 p 型和 n 型晶体管进行单独优化。图 10.8 显示了使用双阱的逆变器的制造步骤。

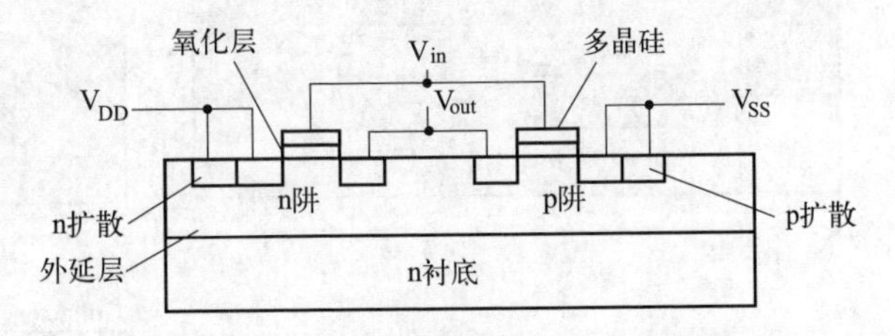

图 10.8　CMOS 双槽工艺的典型步骤

10.5 双极 IC 技术

① npn 晶体管的基材是 p 型衬底，该衬底在 $10^{16}cm^{-3}$ 或以下浓度掺杂。

② 使用高剂量的 n 型掺杂剂形成埋层。通常，使用磷的 n 型掺杂剂。无论是使用 CVD 还是外延沉积，硅层都沉积在整个表面上。

③ 如此生长出来的外延层形成晶体管的集电极区。高掺杂（低电阻率）埋层形成等电位区。这个埋层现在被硅材料完全包围。然后使用非常重的 p 型掺杂形成 p^+ 绝缘区。

④ 在 n 型外延层和 p^+ 注入物之间形成的结提供了电隔离。

⑤ 为了产生 p 型衬底，p 型掺杂剂扩散到外延层中。通常硼被用作注入物。

⑥ 为了产生发射极，重 n 型掺杂剂通过氧化层开口扩散。对于晶体管，这种注入物的控制是非常重要的。

⑦ 在 p 基极中创建 n^+ 发射极区域后，基本双极晶体管（BJT）结构就完成了。现在只剩下形成金属触点。

⑧ 生长一层氧化物以绝缘金属连接。在进行氧化层生长后，使用蚀刻法在氧化层中形成开口。该氧化层开口允许进入基极、发射极和集电极区域。然后在整个表面上沉积金属（通常是铝），并在整个表面上形成光刻胶。金属掩模用于暴露连接区域，进行蚀刻以在触点之间形成互连。这样就形成了一个完整的结构。

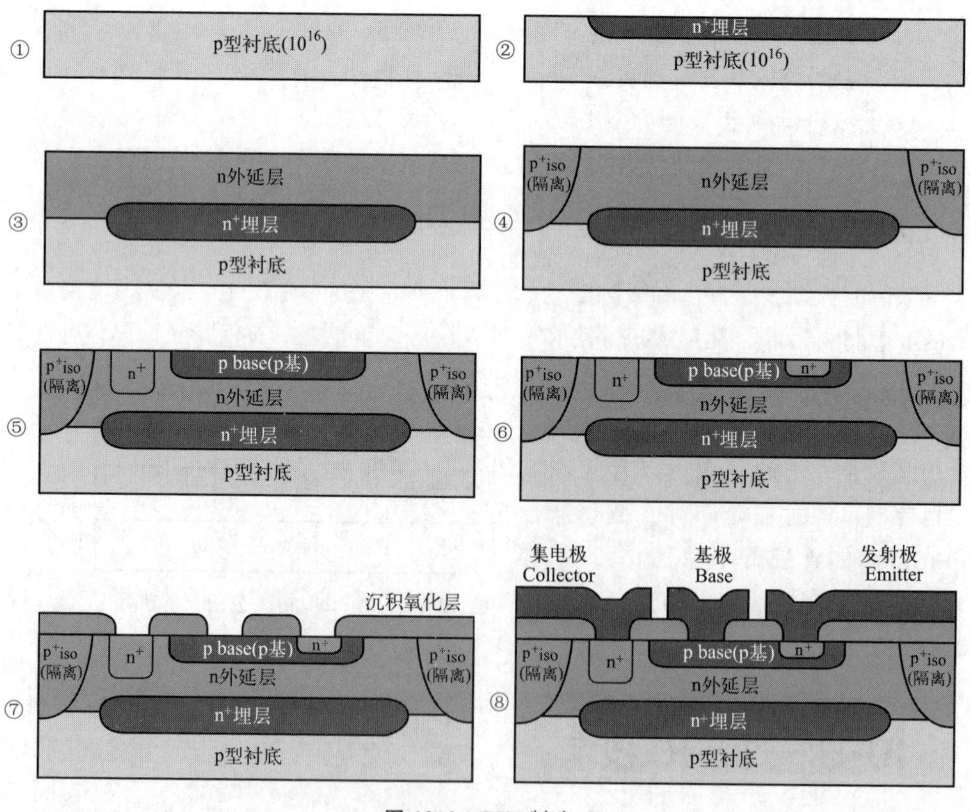

图 10.9 BJT 制造

10.6 Bi-CMOS工艺

MOS技术的负载驱动能力有限。n型和p型晶体管的拉电流和灌电流有限。然而，我们可以使用这些MOS晶体管设计超级缓冲器，但双极晶体管的能力可以提高它们的性能。与MOS晶体管相比，双极晶体管具有高增益、更好的噪声特性和更高的频率。双极和CMOS的结合（即Bi-CMOS）提高了VLSI电路的速度。

然而，Bi-CMOS在诸如算术逻辑单元（ALU）、只读存储器（ROM）、寄存器堆或桶形移位器等子系统中的应用并不总是提高速度的有效方法。这是因为这种结构中的大多数栅极不必驱动大电容负载，因此使用Bi-CMOS没有速度优势。

只有在考虑整个功能单元而不仅仅是单个组件时，才能发挥Bi-CMOS的全部潜力。表10.1列出了CMOS与双极技术的对比，差异显而易见。Bi-CMOS在一定强度上融合了两种技术。

表10.1 CMOS技术和双极技术的比较

序号	参数	双极技术	CMOS技术
1	功耗	很高	低
2	输入阻抗	低	高
3	噪声容限	低	高
4	封装密度	低	高
5	对负载的延迟敏感度	低	高
6	定向能力	单向	双向(源极和漏极可互换)
7	电压摆幅	高	低
8	运行速度	高	中间
9	掩模层数	12～20	12～16
10	切换适用性	非理想器件	理想器件

Bi-CMOS工艺的优势

- Bi-CMOS技术本质上是动态的，可根据温度和其它工艺参数变化提供良好的经济考虑，这使得电气参数的变化性非常小。
- 它可按要求/规范提供高负载拉电流和灌电流。
- 与双极技术相比，Bi-CMOS技术具有低功耗的特点。
- Bi-CMOS器件非常适合输入/输出（I/O）密集型应用，并提供灵活的输入/输出。
- 与基于CMOS的技术相比，该技术提高了速度性能。

- 避免闩锁效应。
- 这种技术具有双向能力，意味着漏极和源极可以互换。

Bi-CMOS 技术的主要应用

- 适合密集型输入/输出的应用。
- 最初被应用在精简指令集计算机（RISC）处理器中。
- 应用在微处理器存储器和输入/输出设备中。
- 由于其高输入阻抗，可用于采样保持应用。
- 具有数模转换器（DAC）、模数转换器（ADC）、混频器和加法器等应用。

10.7 Bi-CMOS 制造

Bi-CMOS 器件可以通过结合 BJT 和 CMOS 的制造工艺来制造。Bi-CMOS 制造工艺的工艺步骤为：

首先，p 衬底被一层氧化物覆盖。

在此之后，在氧化层上形成一个小开口。该开口用于引入 n 型杂质。

整个层再次被氧化层覆盖。现在通过氧化层形成两个开口，这里需要两个 n 型孔。在氧化层的这两个开口处，n 型杂质扩散，扩散的杂质形成 n 阱。

为了形成三个有源器件，通过氧化层形成开口。整个表面覆盖着薄薄的氧化物和多晶硅。由此产生了 pMOS 和 nMOS 栅极端子。

p 型杂质扩散到双极晶体管的基极，类似的 n 型杂质扩散到 BJT 的发射极、nMOS 的漏极和源极。n 型杂质扩散到 n 阱的集电极中，用于接触。

然后 p 型杂质大量扩散，产生 pMOS 的源极和漏极，并在 p 基极形成接触。

整个表面再次被厚厚的氧化层（二氧化硅）覆盖。通过这层厚厚的氧化层，切口被图案化，形成金属接触（通常为铝）。

金属触点通过氧化层上的切口制成，最后形成所谓的端子，如图 10.10 所示。

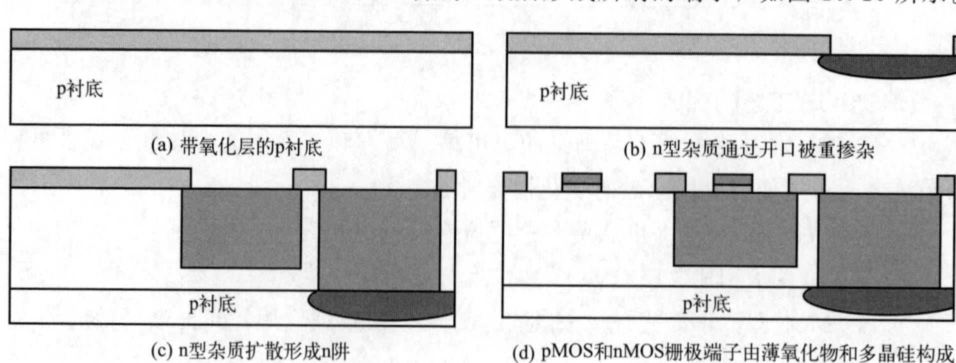

(a) 带氧化层的p衬底

(b) n型杂质通过开口被重掺杂

(c) n型杂质扩散形成n阱

(d) pMOS和nMOS栅极端子由薄氧化物和多晶硅构成

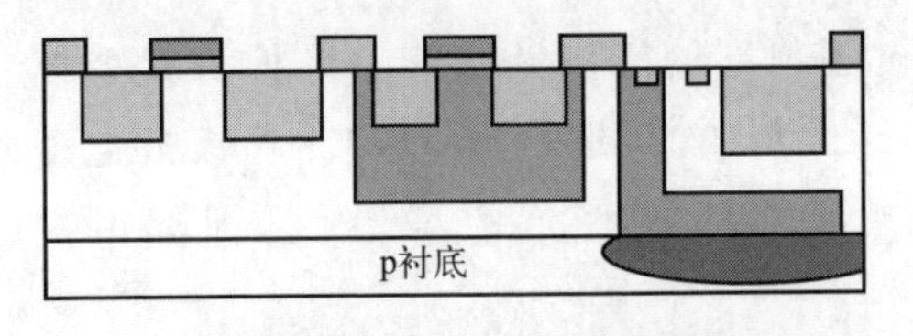

(e) p型杂质被重掺杂以形成pMOS的源极和漏极

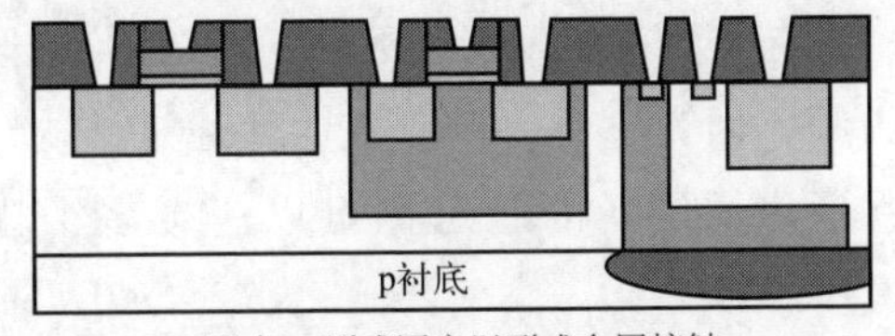

(f) 切口形成图案以形成金属接触

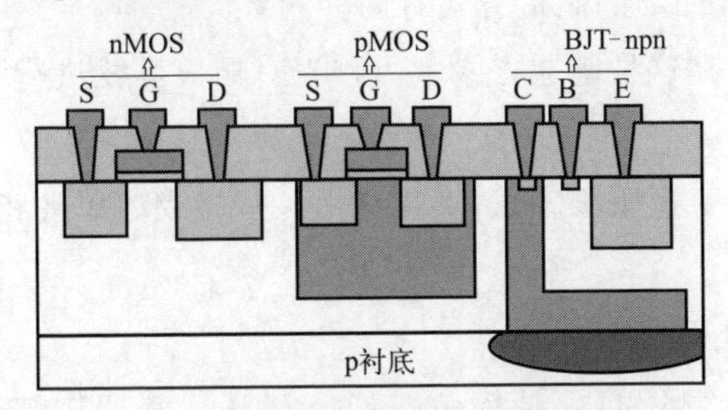

(g) 金属接触通过切口形成，即为端子

图 10.10　Bi-CMOS 制造流程

10.8　鳍式场效应晶体管（FinFET）

传统 MOSFET 器件向微米/纳米方向的扩展受到了短沟道效应的影响，因此，人们总是渴望获得能够克服传统 MOSFET 器件短沟道效应的新器件。一些新型器件，如双栅极 MOSFET（DG-MOSFET）、FinFET 和全耗尽 SOI MOSFET，有望进一步缩小器件的尺度。研究表明，这些器件都克服了短沟道效应和闩锁效应。

FinFET 的基本操作模式和布局类似于传统的场效应晶体管。与传统 FET 类似，有一个源极、一个漏极和一个栅极触点来控制电流。

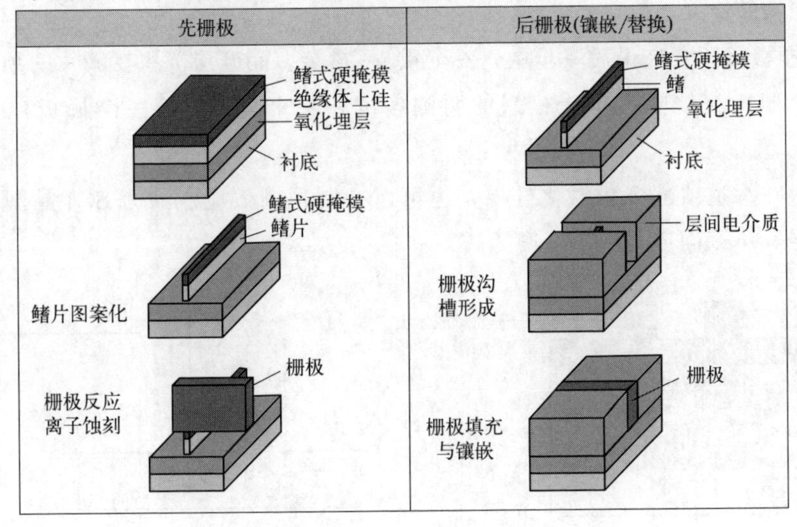

图 10.11　FinFET 制造工艺

与平面 MOSFET 相反，沟道形成硅衬底顶部的三维条状物。这种装置被称为鳍，因为它有一个垂直的薄通道结构，就像鱼的鳍一样。在这里，栅极被包裹在通道周围，因此每侧可以产生多个栅极，这导致推进电流增强和泄漏电流减少。

据广泛报道，FinFET 的制造方式有两种：

• **先栅极工艺**：在这种制造方式中，首先对栅极堆栈进行图形化/成型，然后对漏极和源极进行成型。

• **后栅极工艺（替换栅极工艺）**：在这里，首先成型源极和漏极区域，然后成型栅极端子。

体硅基 FinFET 的研制

① **衬底**：采用非常轻的 p 型掺杂衬底，在其顶部使用硬掩模（通常为氮化硅），然后沉积图案化光刻胶层。

② **鳍片蚀刻**：使用高度各向异性的蚀刻工艺来形成鳍片。与绝缘体上硅一样，蚀刻过程必须精确地控制时间。对于 22nm 工艺，鳍片的宽度约为 10～15nm，高度为其 2 倍。

③ **氧化层沉积**：采用高纵横比的厚氧化层沉积将两个鳍片分开。

④ **平坦化**：通过 CMP（化学机械抛光）对氧化硅进行平坦化。硬掩模用作停止层。

⑤ **凹坑蚀刻**：为了使鳍片横向隔离，采用蚀刻工艺使氧化膜凹陷。

⑥ **栅极氧化层**：通过热氧化技术沉积栅极氧化层，以绝缘沟道和栅电极。在这个阶段，鳍片仍然连接在氧化层下面。为了实现完全绝缘，鳍片底部的高剂量注入物会形成掺杂结。

⑦ **栅极沉积**：在最后一步中，一个重 n^+ 掺杂多晶硅层沉积在鳍片的顶部。因此，三个栅极缠绕在沟道上：鳍的两侧各沉积一个栅极，第三个栅极位于鳍的上方。

通过在沟道顶部沉积氮化硅层，也可以抑制顶栅效应。因为 SOI 晶圆上有一个氧化层，所以沟道之间是隔离的。

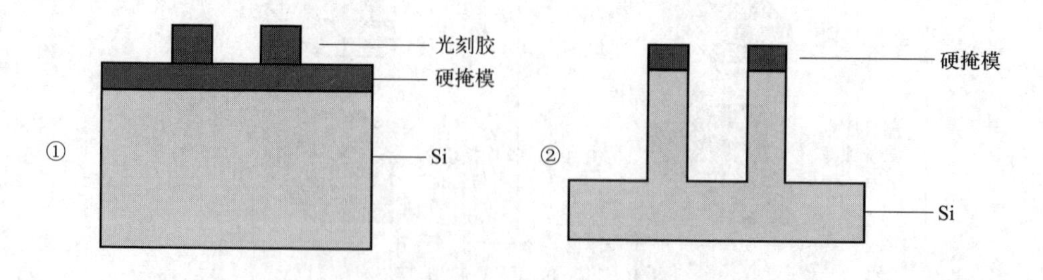

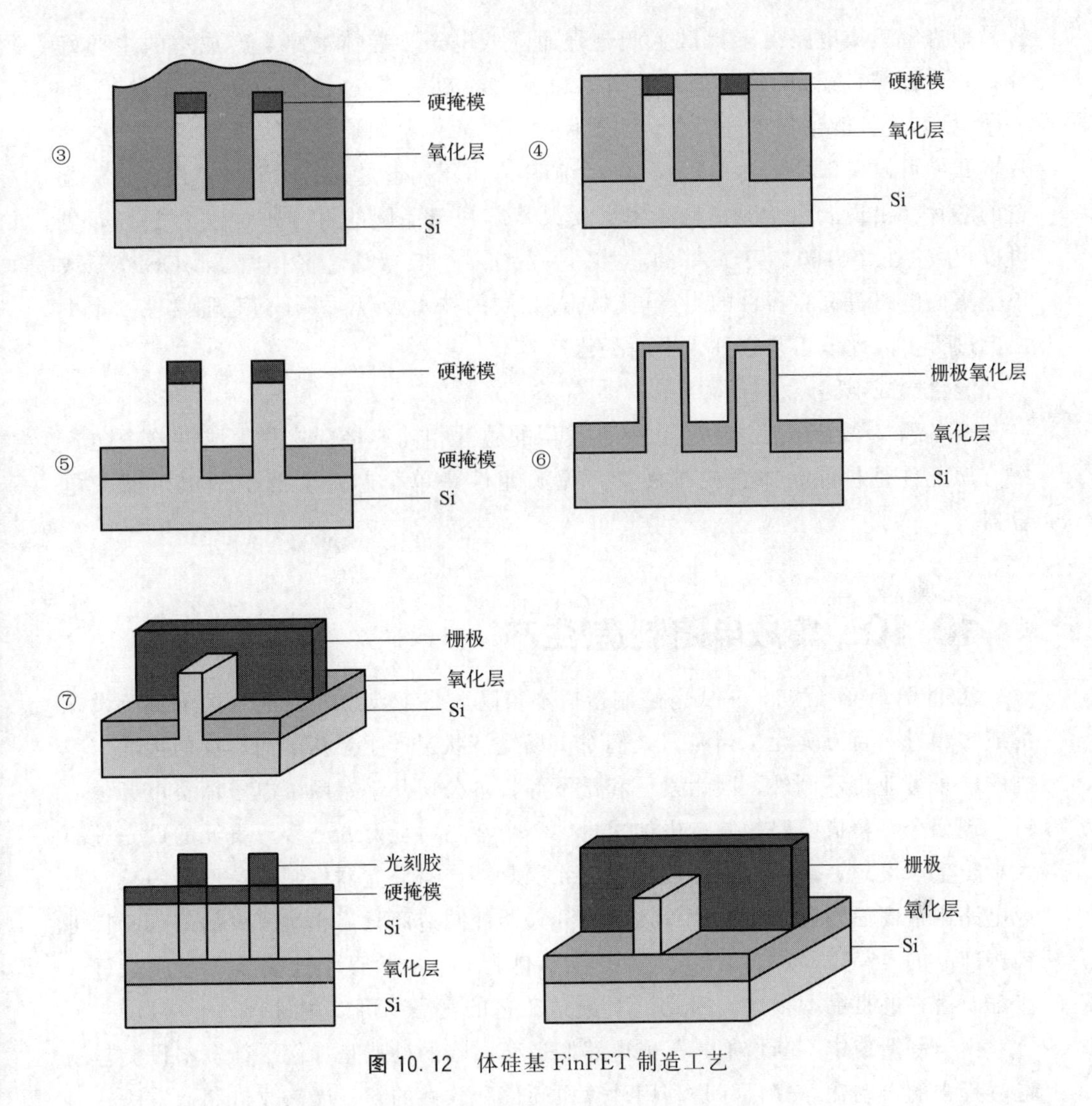

图 10.12　体硅基 FinFET 制造工艺

10.9　单片集成电路和混合集成电路

根据制造过程中使用的方法或技术，IC 可分为两类：

① 单片集成电路；

② 混合或多芯片集成电路。

单片集成电路

单片电路，从字面上说，是指由一块石头或一块单晶制成的电路。“单片”（monolithic）一词来源于希腊语，“mono”意为“单个”，“lithos”意为“石头”。

事实上，单片集成电路是由一块单晶硅制成的。通过一个简单的例子，可以很容易地理解集成电路由于批量生产过程而降低电子半导体电路生产成本的主要好处。一个标准直径为10cm的晶片可以分成大约8000个边长为1mm的矩形芯片。一个IC芯片可能包含少至5个、多至数十万个元件，如果一批处理10个这样的晶片，我们可以一次性同时生产85000个芯片。由于制造过程中的缺陷，许多这样制造的芯片将出现故障。即使良品率（无故障芯片与晶圆的百分比）仅为20%，也可以得到一批约16000个良好的芯片。一般来说，二极管、晶体管、MOSFET或单个集成电路等分立器件的生产可以通过相同的技术实现。多个过程通常在一个平面上进行，因此该工艺被称为平面工艺。

混合集成电路

顾名思义，混合意味着不止一种类型的芯片相互连接。这种集成电路中包含的有源元件是扩散晶体管或二极管，无源元件是单个芯片上的扩散电阻器或电容器。

10.10 集成电路制造/生产

20世纪80年代初，集成电路制造成本很高。一个典型的先进大批量生产设施的成本超过一百万美元。当时，人们对市场经济状况产生了深刻而广泛的担忧。美国的电子行业也不例外，因为索尼和松下等日本公司几乎垄断了电子消费市场。

现如今，集成电路的制造更加昂贵。一个在当时耗资900多万美元的最先进的大批量生产设施，现在则耗资数十亿美元。此外，与分立器件制造商不同的是，集成电路制造商面临着独特的障碍，因为分立器件制造商只需相对较少的返工，且可销售产品的良品率往往高于95%。半导体制造工艺由数百个连续步骤组成，每一步都有潜在的良品率损失。因此，IC制造工艺的良品率可以达到20%～80%。

由于制造成本不断增加，集成电路制造商面临的挑战是如何平衡资本投资与制造过程中的自动化，其目标是利用计算机硬件和软件的新发展来改进制造方法。因此，这些努力导致了电路的计算机集成制造（CIM）。

集成电路制造的目标包括提高芯片制造良品率、缩短产品周期、保持产品性能的可靠水平以及提高加工设备的可靠性。表10.2显示了东芝在1986年的一项研究数据。这项研究给出了使用IC-CIM方法生产56Kb DRAM存储器电路的结果。

表10.2 1986年东芝的研究结果

生产率指标	使用CIM	不使用CIM
周转时间	0.58	1.0
集成单元输出	1.50	1.0
平均设备正常运行时间	1.32	1.0
直接工时	0.75	1.0

为了成功制造 VLSI，工艺步骤必须在一个清洁度、温湿度和有序性受到严格控制的环境中完成，制造的监控和控制也是非常重要的其它方面。

10.11　制造设备

关于洁净室和制造设备的介绍可参看第 1 章 1.3 节。

工艺流程及关键检测要点

当我们监测一个物理系统时，首先观察该系统的行为，再根据观察结果采取适当的行动来影响该行为，以便将系统引导到理想的状态。半导体制造系统包括一系列连续的工艺步骤，其中，材料层沉积在衬底上，掺杂有杂质，并使用光刻技术（第 4 章）制作图案，以生产复杂的集成电路和器件。

作为这种系统的一个示例，图 10.13 描述了一个典型的 CMOS 工艺流程。在流程图的不同位置插入了表示关键检测点的符号（Ⓜ）。显然，CMOS 技术涉及许多单元工艺，具有高度的复杂性和严格的公差。这就需要经常通过在线过程监控来确保高质量的最终产品。

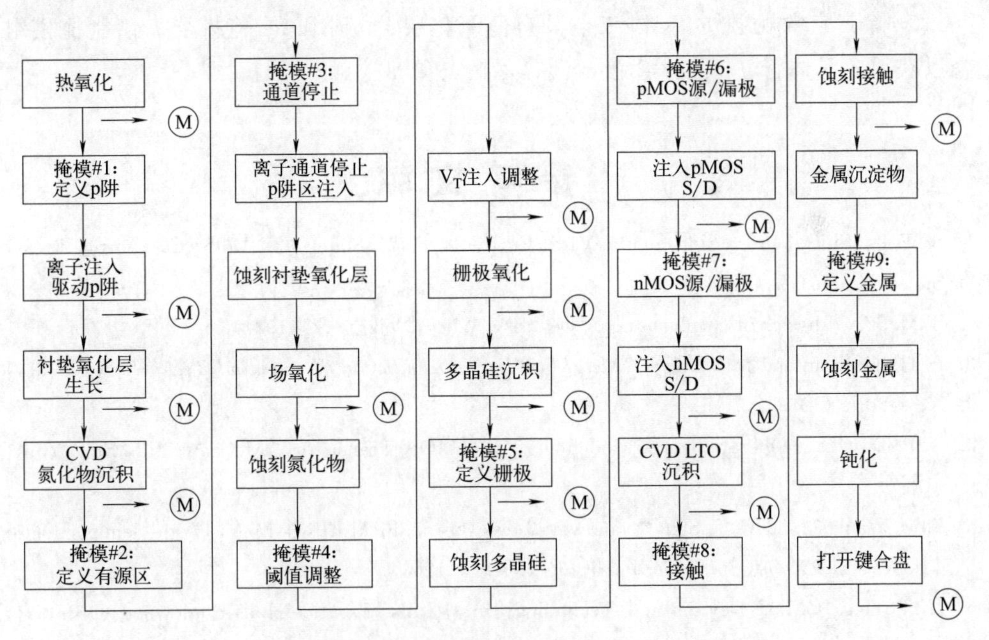

图 10.13　显示关键检测点的 CMOS 工艺流程

所需检测可以表征物理参数，如膜厚度、均匀性和特征尺寸，或电气参数，如电阻和电容。这些测量可以直接在产品晶圆上进行，也可以直接或使用测试结构进行，或者在非功能性监测晶片（或假片）上进行。除此之外，一些检测实际上是在“原位”或在制造步骤中进行的。当一个过程序列完成时，产品晶圆被切割、包装，并接受最终的电气和可靠性测试。

10.12 本章小结

本章讨论了无源器件、有源器件和集成电路的处理技术，详细讨论了基于双极晶体管的四种主要 IC 技术，即 MOS-FET、CMOS、Bi-CMOS 和 FinFET。至少到 2025 年，FinFET 将成为主导技术，因为其性能优于同类器件。对于 100nm CMOS 技术，使用 SOI 衬底与铜和低 k 材料互连的结合是一个很好的候选方案。

习题

1. 用简洁的草图解释 Bi-CMOS 制造工艺。
2. 描述 CMOS 制造的各个步骤。
3. 讨论用于 CMOS 制造的 n 阱工艺。
4. 讨论 CMOS 相对于双极器件的优势。
5. 除其它常规层外，n 阱工艺具有薄氧化层、n 阱和 n^+ 掩模层。绘制掩模组合以获得 n 晶体管、p 晶体管触点、V_{DD} 触点和 V_{SS} 触点。

参考文献

1. S. Wolf,“Silicon Processing for the VLSI Era,Vol 3,”*The Submicron MOSFET*,Lattice Press, Sunset Beach,CA,(1995).
2. S. M. Sze,“Physics of Semiconductor Devices,”Wiley,New York,(1981).
3. E. H. Nicollian and J. R. Brews,“*Metal Oxide Semiconductor Physics and Technology*,”Wiley, New York,(1982).
4. Y. P. Tsividis,“Operation and Modeling of the MOS Transistor,”McGraw-Hill, New York, (1987).
5. F. M. Wanlass and C. T. Sah,“Nanowatt Logic Using Field-Effect Metal-Oxide-Semiconductor Triodes,”*IEEE Int. Solid-State Circuits Conf.*,(1963).
6. J. Y. Chen,“CMOS Devices and Technology for VLSI,”Prentice-Hall, Englewood Cliffs, NJ, (1989).
7. R. Chwang and K. Yu,“CMOS—An n-Well Bulk CMOS Technology for VLSI,”*VLSI Design*, 42(1981).
8. L. C. Parrillo,L. K. Wang,R. D. Swenumson,R. L. Field,R. C. Melin,and R. A. Levy,“Twin-Tub CMOS Ⅱ,”*IEDM Tech. Dig.* 706(1982).
9. R. H. Dennard,F. H. Gaensslen,H. N. Yu,V. L. Rideout,E. Barsous and A. R. LeBlanc,“Design

of Ion-Implanted MOSFETs with Very Small Physical Dimensions,"*IEEE J. Solid-State Circuits* SC,9:256(1974).

10. Y. El Maney,"MOS Device and Technology Constraints in VLSI," *IEEE Trans. Electron* Dev. ED,29:567(1982).
11. J. R. Brews,W. Fichtner,E. H. Nicollian,and S. M. Sze,"Generalized Guide for MOSFET Miniaturization,"*IEEE Electron Devices Lett*. EDL 1:2(1980).
12. M. H. White,F. Van de Wiele,and J. P. Lambot,"High-Accuracy Models for Computer-Aided Design,"*IEEE Trans. Electron Dev.* ED,27:899(1980).
13. P. L. Suciu and R. I. Johnston. "Experimental Derivation of the Source and Drain Resistance of MOS Transistors,"*IEEE Trans. Electron Dev.* ED,27:1846(1980).
14. M. C. Jeng,J. E. Chung,P. K. Ko,and C. Hu,"The Effects of Source/Drain Resistance on Deep Submicrometer Device Performance,"*IEEE Trans. Electron Dev.* 37:2408(1990).
15. C. Y. Lu,J. M. J. Sung,R. Liu,N. S. Tsai,R. Singh,S. J. Hillenius,and G. C. Kirsch,"Process limitation and Device Design Trade-offs of SelfAligned $TiSi_2$ Junction Formation in Submicrometer CMOS Devices,"*IEEE Trans. Electron Dev.* 38:246(1991).
16. B. Davari, W. H. Chang, K. E. Petrillo, C. Y. Wong, D. Moy, Y. Taur, M. W. Wordeman, J. Y. C. Sun,C. C. H. Hsu,and M. R. Polcari,"A High Performance 0.25mm CMOS Technology: Ⅱ—Technology,"*IEEE Trans. Electron Dev.* 39:967(1992).
17. S. Nygren and F. d'Heurle,"Morphological Instabilities in Bilayers Incorporating Polycrystalline Silicon,"*Solid State Phenom.* 23&24:81(1992).
18. A. Ohsaki,J. Komori,T. Katayama,M. Shimizu,T. Okamoto,H. Kotani,and S. Nagao,"Thermally Stable $TiSi_2$ Thin Films by Modification in Interface and Surface Structures," *Ext. Absstr. 21st SSDM*,13(1989).
19. C. Y. Ting,F. M. d'Heurle,S. S. Iyer,and P. M. Fryer,"High Temperature Process Limitationson $TiSi_2$,"*J. Electrochem. Soc.* 133:2621(1986).
20. H. Sumi,T. Nishihara,Y. Sugano,H. Masuya,and M. Takasu,"New Silicidation Technology by SITOX(Silicidation Through Oxide) and Its Impact on Sub-Half-Micron MOS Devices," *Proc. IEDM*,249(1990).
21. F. C. Shone,K. C. Saraswat and J. D. Plummer,"Formation of a 0.1m n/p and p/n Junction by Doped Silicide Technology,"*IEDM Tech. Dig.*,407(1985).
22. R. Liu,D. S. Williams,and W. T. Lynch,"A Study of the Leakage Mechanisms of Silicided n^+/p Junctions,"*J. Appl. Phys.* 63:1990(1988).
23. M. A. Alperin,T. C. Holloway,R. A. Haken,C. D. Gosmeyer,R. V. Karnaugh,and W. D. Parmantie," Development of the Self-Aligned Titanium Silicide Process for VLSI Applications,"*IEEE J. Solid-State Circuits* SC,20:61(1985).
24. R. Pantel,D. Levy,D. Nicholas,and J. P. Ponpon,"Oxygen Behavior During Titanium Silicide Formation by Rapid Thermal Annealing,"*J. Appl. Phys.* 62:4319(1987).
25. D. B. Scott, W. R. Hunter, and H. Shichijo, " A Transmission Line Model for Silicided

Diffusions: Impact on the Performance of VLSI Circuits," *IEEE Trans. Electron Dev.* ED, 29: 651(1982).

26. P. Liu, T. C. Hsiao, and J. C. S. Woo, "A Low Thermal Budget Self-Aligned Ti Silicide Technology Using Germanium Implantation for Thin-Film SOI MOSFETs," *IEEE Trans. Electron. Dev.* 45(6): 1280(1998).
27. J. A. Kittl and Q. Z. Hong, "Self-aligned Ti and Co Silicides for High Performance sub-0.18μm CMOS Technologies," *Thin Solid Films* 320: 110(1998).

附 录

附录 A　Ge和Si在300K下的性能

性能	Ge	Si
原子数/cm^{-3}	4.42×10^{22}	5.0×10^{22}
原子量	72.60	28.09
击穿场强/(V/cm)	约 10^5	约 3×10^5
晶体结构	钻石型	钻石型
密度/(g/cm^3)	5.3267	2.328
介电常数	16.0	11.9
导带中的有效态密度 N_C/cm^{-3}	1.04×10^{19}	2.8×10^{19}
价带中的有效态密度 N_V/cm^{-3}	6.0×10^{18}	1.04×10^{19}
有效质量，m^*/m_0 电子	$m_l^*=1.64$ $m_t^*=0.082$	$m_l^*=0.98$ $m_t^*=0.19$
有效质量，m^*/m_0 空穴	$m_{lh}^*=0.044$ $m_{hh}^*=0.28$	$m_{lh}^*=0.16$ $m_{hh}^*=0.49$
电子亲和能 χ/V	4.0	4.05
300K时的能隙/eV	0.66	1.2
本征载流子浓度/cm^{-3}	2.4×10^{13}	1.45×10^{10}
本征德拜长度/mm	0.68	24
本征电阻率/$\Omega\cdot cm$	47	2.3×10^5
晶格常数/Å	5.64613	5.43095
线膨胀系数 $\Delta L/(LdT)$/℃$^{-1}$	5.8×10^{-6}	2.6×10^{-6}
熔点/℃	937	1415

续表

性能	Ge	Si
少数载流子寿命/s	10^{-3}	2.5×10^{-3}
迁移率(漂移)/[cm^2/(V·s)]	3900 1900	1500 450
光子能量/eV	0.037	0.063
光子平均自由程 l_0/Å	105	76(电子) 55(空穴)
比热/[J/(g·℃)]	0.31	0.7
300K时的热导率[W/(cm·℃)]	0.6	1.5
热扩散率/(cm^2/s)	0.36	0.9
蒸气压/Pa	1330℃时为1 760℃时为10^{-6}	1650℃时为1 900℃时为10^{-6}

附录B 符号表

符号	单位	说明
m^*	kg	有效质量
m_0	kg	电子静止产量
L	cm或μm	长度
k_T	ev	热能
k	J/K	玻尔兹曼常数
J	A/cm^2	电流密度
I	A	电流
h_v	eV	光子能量
h	J·s	普朗克常数
f	Hz	频率
ε_m	V/cm	最大场法
ε	V/cm	电场
E_g	eV	带隙能量
E_F	eV	费米能级
E	eV	能量

续表

符号	单位	说明
D	cm^2/s	扩散系数
C	F	电容
c	cm/s	真空中的光速
B	Wb/cm^2	磁感应
a	Å	晶格常数
φ	V	势垒高度或准费米能级
ρ	Ω·cm	电阻率
μ_p	$cm^2/(V \cdot s)$	空穴迁移率
μ_n	$cm^2/(V \cdot s)$	电子迁移率
μ_0	H/cm	真空迁移率
T	s	寿命或衰减时间

附录 C　常用物理常数

物理量	数值	符号
1eV 量子波长	1.23977μm	λ
300K 时的热电压	0.0259V	kT/q
千分之一英寸(密耳)	25.4μm(1mil)	
托(Torr)	1mmHg(133.3224Pa)	
标准大气压	$1.01325\times10^5 N/m^2(Pa)$	
真空的光速	$2.99792\times10^{10} cm/s$	c
光子的静止质量	$1.67264\times10^{-27} kg$	M_p
约化普朗克常数	$1.05458\times10^{-34} J\cdot s$	$h=h/(2\pi)$
室温 kT 值	0.0259eV	
微米	10^{-4}cm	μm
气体常数	1.98719cal/(mol·K),8.314J/(mol·K)	R
摩尔	6.023×10^{23} 分子	
电子伏特	1.60218×10^{-19}	eV
电子静止质量	0.91095×10^{30}	m_0

续表

物理量	数值	符号
元电荷	1.60218×10^{-19}C	q
卡[路里]	4.184J	
玻尔半径	0.52917Å	a_B
玻尔兹曼常数	1.38066×10^{-23}J/K	k
阿伏伽德罗常数	$6.02204\times10^{23}\text{mol}^{-1}$	N_{AVO}
大气压	760mmHg	
埃	$1\text{Å}=10^{-1}$nm	Å

附录 D　误差函数的一些性质

误差函数（erf）：$\text{erf}\ u=\frac{2}{\sqrt{\pi}}\int e^{-z^2}\,dz=\frac{2}{\sqrt{\pi}}\left(u-\frac{u^3}{3\times1!}+\frac{u^5}{5\times2!}-\cdots\right)$

因此：

$$\text{erf}(-u)=-\text{erf}\ u$$

$$\text{erfc}\ u=1-\text{erf}\ u=\frac{2}{\sqrt{\pi}}\int_u^{\infty}e^{-z^2}\,dz$$

$$\text{erf}\ u\approx\frac{2u}{\sqrt{\pi}},\ u\ll1$$

$$\text{erf}\ u\approx\frac{1}{\sqrt{\pi}}\times\frac{e^{-u^2}}{u},\ u\gg1$$

$$\text{erf}(\infty)=1,\text{erf}(0)=0$$

$$\text{erf}(0)=1,\text{erfc}(\infty)=0$$

$$\frac{d\ \text{erf}\ u}{du}=\frac{2}{\sqrt{\pi}}e^{-u^2}$$

$$\int_0^u \text{erfc}z\,dz=u\ \text{erfc}u\ \frac{1}{\sqrt{\pi}}(1-e^{-u^2})$$

$$\int_0^{\infty}\text{erfc}z\,dz=\frac{1}{\sqrt{\pi}}$$

$$\int_0^{\infty}e^{-u^2}\,du=\frac{\sqrt{\pi}}{2},\int_0^u e^{-z^2}\,dz=\frac{\sqrt{\pi}}{2}\text{erf}\ u$$

u	erf(u)	u	erf(u)	u	erf(u)	u	erf(u)
0.00	0.000000	0.44	0.466225	0.88	0.786687	1.32	0.938065
0.01	0.011283	0.45	0.475482	0.89	0.791843	1.33	0.940015
0.02	0.022565	0.46	0.484655	0.90	0.796908	1.34	0.941914
0.03	0.033841	0.47	0.493745	0.91	0.801883	1.35	0.943762
0.04	0.045111	0.48	0.502750	0.92	0.806768	1.36	0.945561
0.05	0.056372	0.49	0.511668	0.93	0.811564	1.37	0.947312
0.06	0.067622	0.50	0.520500	0.94	0.816271	1.38	0.949016
0.07	0.078858	0.51	0.529244	0.95	0.820891	1.39	0.950673
0.08	0.090078	0.52	0.537899	0.96	0.825424	1.40	0.952285
0.09	0.101281	0.53	0.546464	0.97	0.829870	1.41	0.953852
0.10	0.112463	0.54	0.554939	0.98	0.834232	1.42	0.955376
0.11	0.123623	0.55	0.563323	0.99	0.838508	1.43	0.956857
0.12	0.134758	0.56	0.571616	1.00	0.842701	1.44	0.958297
0.13	0.145867	0.57	0.579816	1.01	0.846810	1.45	0.959695
0.14	0.156947	0.58	0.587923	1.02	0.850838	1.46	0.961054
0.15	0.167996	0.59	0.595936	1.03	0.854784	1.47	0.962373
0.16	0.179012	0.60	0.603856	1.04	0.858650	1.48	0.963654
0.17	0.189992	0.61	0.611681	1.05	0.862436	1.49	0.964898
0.18	0.200936	0.62	0.619411	1.06	0.866144	1.50	0.966105
0.19	0.211840	0.63	0.627046	1.07	0.869773	1.51	0.967277
0.20	0.222703	0.64	0.634586	1.08	0.873326	1.52	0.968413
0.21	0.233522	0.65	0.642029	1.09	0.876803	1.53	0.969516
0.22	0.244296	0.66	0.649377	1.10	0.880205	1.54	0.970586
0.23	0.255023	0.67	0.656628	1.11	0.883533	1.55	0.971623
0.24	0.265700	0.68	0.663782	1.12	0.886788	1.56	0.972628
0.25	0.276326	0.69	0.670840	1.13	0.889971	1.57	0.973603
0.26	0.286900	0.70	0.677801	1.14	0.893082	1.58	0.974547
0.27	0.297418	0.71	0.684666	1.15	0.896124	1.59	0.975462
0.28	0.307880	0.72	0.691433	1.16	0.899096	1.60	0.976348
0.29	0.318283	0.73	0.698104	1.17	0.902000	1.61	0.977207
0.30	0.328627	0.74	0.704678	1.18	0.904837	1.62	0.978038
0.31	0.338908	0.75	0.711156	1.19	0.907608	1.63	0.978843
0.32	0.349126	0.76	0.717537	1.20	0.910314	1.64	0.979622
0.33	0.359279	0.77	0.723822	1.21	0.912956	1.65	0.980376
0.34	0.369365	0.78	0.730010	1.22	0.915534	1.66	0.981105
0.35	0.379382	0.79	0.736103	1.23	0.918050	1.67	0.981810
0.36	0.389330	0.80	0.742101	1.24	0.920505	1.68	0.982493
0.37	0.399206	0.81	0.748003	1.25	0.922900	1.69	0.983153
0.38	0.409009	0.82	0.753811	1.26	0.925236	1.70	0.983790
0.39	0.418739	0.83	0.759524	1.27	0.927514	1.71	0.984407
0.40	0.428392	0.84	0.765143	1.28	0.929734	1.72	0.985003
0.41	0.437969	0.85	0.770668	1.29	0.931899	1.73	0.985578
0.42	0.447468	0.86	0.776110	1.30	0.934008	1.74	0.986135
0.43	0.456887	0.87	0.781440	1.31	0.936063	1.75	0.986672

续表

u	erf(u)	u	erf(u)	u	erf(u)	u	erf(u)
1.76	0.987190	2.22	0.998308	2.67	0.999841	3.13	0.99999042
1.77	0.987691	2.23	0.998388	2.68	0.999849	3.14	0.99999103
1.79	0.988641	2.24	0.998464	2.69	0.999858	3.15	0.99999160
1.80	0.989091	2.25	0.998537	2.70	0.999866	3.16	0.99999214
1.81	0.989525	2.26	0.998607	2.71	0.999873	3.17	0.99999264
1.82	0.989943	2.27	0.998674	2.72	0.999880	3.18	0.99999311
1.83	0.990347	2.28	0.998738	2.73	0.999887	3.19	0.99999356
1.84	0.990736	2.29	0.998799	2.74	0.999893	3.20	0.99999397
1.85	0.991111	2.30	0.998857	2.75	0.999899	3.21	0.99999436
1.86	0.991472	2.31	0.998912	2.76	0.999905	3.22	0.99999473
1.87	0.991821	2.32	0.998966	2.77	0.999910	3.23	0.99999507
1.88	0.992156	2.33	0.999016	2.78	0.999916	3.24	0.99999540
1.89	0.992479	2.34	0.999065	2.79	0.999920	3.25	0.99999570
1.90	0.992790	2.35	0.999111	2.80	0.999925	3.26	0.99999598
1.91	0.993090	2.36	0.999155	2.81	0.999929	3.27	0.99999624
1.92	0.993378	2.37	0.999197	2.82	0.999933	3.28	0.99999649
1.93	0.993656	2.38	0.999237	2.83	0.999937	3.29	0.99999672
1.94	0.993923	2.39	0.999275	2.85	0.999944	3.30	0.99999694
1.95	0.994179	2.40	0.999311	2.86	0.999948	3.31	0.99999715
1.96	0.994426	2.41	0.999346	2.87	0.999951	3.32	0.99999734
1.97	0.994664	2.42	0.999379	2.88	0.999954	3.33	0.99999751
1.98	0.994892	2.43	0.999411	2.89	0.999956	3.34	0.99999768
1.99	0.995111	2.44	0.999441	2.90	0.999959	3.35	0.999997838
2.00	0.995322	2.45	0.999469	2.91	0.999961	3.36	0.999997983
2.01	0.995525	2.46	0.999497	2.92	0.999964	3.37	0.999998120
2.02	0.995719	2.47	0.999523	2.93	0.999966	3.38	0.999998247
2.03	0.995906	2.48	0.999547	2.94	0.999968	3.39	0.999998367
2.04	0.996086	2.49	0.999571	2.95	0.999970	3.40	0.999998478
2.05	0.996258	2.50	0.999593	2.96	0.999972	3.41	0.999998582
2.06	0.996423	2.51	0.999614	2.97	0.999973	3.42	0.999998679
2.07	0.996582	2.52	0.999634	2.98	0.999975	3.43	0.999998770
2.08	0.996734	2.53	0.999654	2.99	0.999976	3.44	0.999998855
2.09	0.996880	2.54	0.999672	3.00	0.99997791	3.45	0.999998934
2.10	0.997021	2.55	0.999689	3.01	0.99997926	3.46	0.999999008
2.11	0.997155	2.56	0.999706	3.02	0.99998053	3.47	0.999999077
2.12	0.997284	2.57	0.999722	3.03	0.99998173	3.48	0.999999141
2.13	0.997407	2.58	0.999736	3.04	0.99998286	3.49	0.999999201
2.14	0.997525	2.59	0.999751	3.05	0.99998392	3.50	0.999999257
2.15	0.997639	2.60	0.999764	3.06	0.99998492	3.51	0.999999309
2.16	0.997747	2.61	0.999777	3.07	0.99998586	3.52	0.999999358
2.17	0.997851	2.62	0.999789	3.08	0.99998674	3.53	0.999999403
2.18	0.997951	2.63	0.999800	3.09	0.99998757	3.54	0.999999445
2.19	0.998046	2.64	0.999811	3.10	0.99998835	3.55	0.999999485
2.20	0.998137	2.65	0.999822	3.11	0.99998908	3.56	0.999999521
2.21	0.998224	2.66	0.999831	3.12	0.99998977	3.57	0.999999555

续表

u	erf(u)	u	erf(u)	u	erf(u)	u	erf(u)
3.58	0.999999587	3.69	0.999999820	3.80	0.999999923	3.91	0.999999968
3.59	0.999999617	3.70	0.999999833	3.81	0.999999929	3.92	0.999999970
3.60	0.999999644	3.71	0.999999845	3.82	0.999999934	3.93	0.999999973
3.61	0.999999670	3.72	0.999999857	3.83	0.999999939	3.94	0.999999975
3.62	0.999999694	3.73	0.999999867	3.84	0.999999944	3.95	0.999999977
3.63	0.999999716	3.74	0.999999877	3.85	0.999999948	3.96	0.999999979
3.64	0.999999736	3.75	0.999999886	3.86	0.999999952	3.97	0.999999980
3.65	0.999999756	3.76	0.999999895	3.87	0.999999956	3.98	0.999999982
3.66	0.999999773	3.77	0.999999903	3.88	0.999999959	3.99	0.999999983
3.67	0.999999790	3.78	0.999999910	3.89	0.999999962		
3.68	0.999999805	3.79	0.999999917	3.90	0.999999965		

附录 E　中英文术语对照表

A

Aluminium metallization　铝金属化

Aluminum etching　铝蚀刻

Ambient control　环境控制

Anisotropy　各向异性

Annealing　退火

As diffusion　砷扩散

Atomic mechanisms of diffusion　原子扩散机制

Au diffusion　金扩散

Autodoping　自掺杂

B

B Diffusion　硼扩散

Ball bonding　球焊

Ball grid arrays package　球栅阵列封装

Beam line system　光束线系统

Bi-CMOS fabrication　双极 CMOS 制造

Bipolar IC Technology　双极型集成电路技术

Building individual layers　构建单层

Bulk defect　体缺陷

Buried insulator　埋层绝缘体

Buried layer pattern transfer　埋层图形转移

C

Capacitance-voltage plotting（C-V）电容-电压图

Chemical cleaning 化学清洁

Chemical vapor deposition 化学气相沉积

Clean room 洁净室

CMOS IC technology 互补金属氧化物半导体集成电路技术

Color chart 色卡

Contact optical lithography 接触式光刻

Control system 控制系统

Copper metallization 铜金属化

Crystal defect 晶体缺陷

Crystal growth 晶体生长

Crystal manufacturing 晶体制造

Crystal pulling 拉（单）晶法

Crystal structure 晶体结构

Cubic structure 立方结构

Czochralski technique 直拉技术

D

Defectivity 缺陷率

Defects 缺陷

Deposition apparatus 淀积设备

Deposition methods 沉积方法

Die bonding 贴片

Die interconnection 芯片互连

Diffusion 扩散

Diffusion in polysilicon 多晶硅中的扩散

Diffusion process properties 扩散工艺特性

Diffusion profiles 扩散浓度分布图

Diffusion systems 扩散系统

Diffusion temperature 扩散温度

Diffusion time 扩散时间

Diffusivity of antimony 锑的扩散系数

Diffusivity of arsenic 砷的扩散系数

Diffusivity of boron 硼的扩散系数

Diffusivity of phosphorus 磷的扩散系数

DIP　双列直插式封装

Doping profile of ion implant　离子注入的掺杂曲线

Doping　（在半导体材料中）掺杂（质）

Dry etching process　干法蚀刻工艺

Dry oxidation　干法氧化

Dual diffusion process　双扩散工艺

E

Electron beam lithography　电子束光刻

Electron optics　电子光学

Electron projection printing　电子投影式曝光

Electron proximity printing　电子接近式曝光

Electron-matter interaction　电子-物质相互作用

Emitter push effect　发射极推进效应

Error function properties　误差函数特性

Etch parameters　蚀刻参数

Etch profile　蚀刻曲线

Etch rate　蚀刻速率

Etching　蚀刻

Etching reactions　蚀刻反应

Evaporation　蒸发

Extrinsic diffusion　非本征扩散

F

Fabrication facilities　生产设备

Fick's laws of diffusion　菲克扩散定律

Field-aided diffusion　场辅助扩散

Fin etch　鳍片蚀刻

FinFET　鳍式场效应晶体管

Fixed oxide charge　氧化物中的固定电荷

Float zone（FZ）technique　区熔法，浮区技术

Flux　通量

Four Point Probe　四探针

Furnace annealing　炉内退火

Furnace　（熔）炉

G

Gas source diffusion　气体源扩散

Gas system　气体系统

Gaussian diffusion　高斯扩散

Gettering　吸杂

H

Hardback　硬烘烤

Hermetic ceramic packages　密封陶瓷封装

High energy implantation　高能注入

Hybrid or multichip ICs　混合或多芯片集成电路

I

IC fabrication　集成电路制造

Implanted silicides and polysilicon　注入硅化物和多晶硅

Impurity effect on the oxide rate　杂质对氧化速率的影响

Impurity redistribution　杂质再分布

Inductively coupled plasma etching（ICP）　电感耦合等离子体蚀刻

Ingot slicing　晶棒切片

Ingot trimming　晶棒切边

Integrated circuit package　集成电路封装

Interface-trapped charges　界面陷阱电荷

Interstitial diffusion　间隙扩散

Intrinsic diffusion　本征扩散

Ion beam lithography　离子束光刻

Ion implant stop mechanism　离子注入停止机制

Ion implantation　离子注入

Ion implanter　离子注入机

Ion source　离子源

M

Masks　掩模

Mass analyzer　质谱仪

Metallization　金属化

Metallization patterning　金属化图案

Metallization processes　金属化工艺

Metallization choices　金属层的选择

Microscopic growth　微观生长

Miniaturizing VLSI circuits　超大规模集成电路小型化

Mobile ionic charge　移动离子电荷

Molecular beam epitaxy（MBE）分子束外延

Monolithic ICs　单片集成电路

Moore's law　摩尔定律

Multilevel metallization　多层金属化

N

nMOS IC Technology　nMOS集成电路技术

n-well　n阱

O

Ohmic contacts　欧姆接触

Optical lithography　光学光刻

Oxidation growth and kinetics　氧化生长与动力学

Oxidation techniques　氧化技术

Oxidation　氧化

Oxide charges　氧化层电荷

Oxide furnaces　氧化炉

Oxide masking　氧化层掩模

Oxide property　氧化层性质

Oxide thickness measurement　氧化层厚度测量

Oxide thickness　氧化层厚度

Oxide trapped charge　氧化层陷阱电荷

P

Package types　封装类型

Packaging　封装

Packaging design considerations　封装设计注意事项

Particle-based lithography　基于粒子的光刻

Pattern inspection　图案检查

Phase shifting mask　相移掩模

Photomask fabrication　光掩模制造

Photoresist　光刻胶

Photoresist stripping　光刻胶剥离

Physical vapor deposition（PVD）物理气相沉积

Planarized metallization　平面金属化

Plasma chemical etching process　等离子化学蚀刻工艺

Plasma etching process　等离子蚀刻工艺

Plastic packages　塑料封装

Point defect　点缺陷
Polishing　抛光
Polysilicon　多晶硅
Post acceleration　后加速
PQFP　塑料四面（引线）扁平封装
Process flow　工艺流程
Projection optical lithography　投影光学光刻
Proximity optical lithography　接近光学光刻
Proximity printing　接近式曝光
p-well　p 阱

Q

QFN　四面扁平无引脚封装
Quad flat packages（QFP）　四面扁平封装

R

Range and straggle of ion implant　离子注入的范围和分布
Rapid thermal annealing　快速退火
Reactive ion etching（RIE）process　反应性离子蚀刻工艺
Reactors　反应器
Recess etch　凹槽蚀刻
Reflectivity of metal film　金属薄膜反射率
Resists　光刻胶

S

Sb diffusion　锑扩散
Secondary ion mass spectroscopy（SIMS）　二次离子质谱
Selective epitaxy　选择性外延
Selectivity　选择比
Semiconductor material　半导体材料
Shallow junction formation　浅结形成
Silicon dioxide　二氧化硅
Silicon dioxide etching　二氧化硅蚀刻
Silicon etching　硅蚀刻
Silicon nitride　氮化硅
Silicon on insulator（SOI）　绝缘体上硅
Silicon on sapphire（SOS）　蓝宝石上硅
Silicon on SiO_2　二氧化硅上硅

Silicon properties　硅性能

Silicon purification　硅纯化

Silicon shaping　硅成形

Small-outline package　小外形封装

Softbake　软烘烤

Solid solubility　固溶度，固溶性

Solid source diffusion　固体源扩散

Spreading resistance probe　扩展电阻探针

Sputter etching process　溅射蚀刻工艺

Sputtering　溅射法

Staining　染色

Step coverage and reflow　台阶覆盖和回流

Stress of metal film　金属薄膜应力

Substitutional diffusion　替代扩散

Surface defect　面缺陷

Surface-mount package　表面贴装封装

T

Theortical treatment　理论处理

Thickness of masking　掩模厚度

Thickness of metal film　金属膜厚度

Through-hole package　通孔封装

Tilted ion beam　斜离子束

Twin tub process　双阱工艺

U

Ultra violet lithography　紫外光刻

Uniform defect densities　平均缺陷密度

Uniformity of metal film　金属薄膜均匀性

Uniformity　均匀性

V

Vacuum system　真空系统

Vapour phase epitaxy　气相外延

VLSI assembly technologies　超大规模集成电路集成技术

VLSI generation　超大规模集成电路的产生

Volume defect　体缺陷

W

Wafer processing 晶片加工

Wedge bonding 楔焊

Wet etching process 湿法蚀刻工艺

Wet oxidation 湿法氧化

Wire bonding 引线键合

X

X-ray lithography X射线光刻

X-ray masks X射线掩模

X-ray resist X射线光刻胶

X-ray sources X射线源

Y

Yield 良品率